普通高等教育计算机类系列教材

数据库原理及应用 SQL Server 2019 （慕课版）

主　编　郑晓霞
副主编　邓　红　刘　超　吴长伟
参　编　邹　钰　张艳艳

机 械 工 业 出 版 社

本书全面系统地讲述了数据库技术的基本原理和应用，内容完整，结构合理，符合教学基本规律。

本书共 10 章，主要内容为概述、关系数据库、关系数据库标准语言 SQL 及 SQL Server 2019 的使用、关系数据库的规范化设计、数据库安全、数据库完整性、数据库设计、数据库恢复技术、并发控制和数据库高级应用。本书基于 SQL Server 2019 数据库管理工具进行介绍，读者可以充分利用 SQL Server 2019 平台深刻理解数据库技术原理，达到理实结合的目的。

本书可作为高等院校计算机及相关专业的教材，也可供从事计算机软件开发工作的工程技术人员及相关人员使用。

图书在版编目（CIP）数据

数据库原理及应用 SQL Server 2019：慕课版／郑晓霞主编 . —北京：机械工业出版社，2021. 9（2023. 7 重印）

普通高等教育计算机类系列教材

ISBN 978-7-111-69362-8

Ⅰ.①数… Ⅱ.①郑… Ⅲ.①关系数据库系统-高等学校-教材 Ⅳ.①TP311. 132. 3

中国版本图书馆 CIP 数据核字（2021）第 207209 号

机械工业出版社（北京市百万庄大街 22 号　邮政编码 100037）

策划编辑：王玉鑫　责任编辑：王玉鑫

责任校对：张亚楠　封面设计：张　静

责任印制：张　博

北京雁林吉兆印刷有限公司印刷

2023 年 7 月第 1 版第 4 次印刷

184mm×260mm · 20 印张 · 496 千字

标准书号：ISBN 978-7-111-69362-8

定价：59. 00 元

电话服务　　　　　　　　　网络服务

客服电话：010-88361066　　机　工　官　网：www.cmpbook.com

　　　　　010-88379833　　机　工　官　博：weibo.com/cmp1952

　　　　　010-68326294　　金　书　网：www.golden-book.com

封底无防伪标均为盗版　机工教育服务网：www.cmpedu.com

前　言

　　数据库技术是 21 世纪计算机科学中发展非常快的领域之一，也是应用非常广的技术之一。"数据库原理及应用"是电子信息类专业的核心基础课程，也是计算机应用开发人员必须掌握的专业技能。该课程的主要目的是使学生在较好掌握数据库系统原理的基础上，理论联系实际，能够全面透彻地掌握数据库应用技术。

　　本书是在充分调研，并借鉴现有优秀教材的基础上编写完成的。本书以 SQL Server 2019 数据库管理系统为开发工具，以一类案例贯穿始终，围绕数据库系统原理及数据库应用技术两个核心要点展开，内容循序渐进，深入浅出，要点突出。

　　全书共 10 章，第 1 章主要包括数据库的产生和发展、数据库系统的组成、数据库的体系结构、数据模型、数据库的分类及常见的关系数据库；第 2 章主要讲解关系数据库的层次结构、关系模型的基本概念及关系运算，借助数学的方法，较深刻透彻地介绍关系代数和关系演算；第 3 章结合 SQL Server 2019 介绍 SQL 的使用和 SQL Server 2019 数据库管理系统的主要功能，主要包括数据查询、数据定义、数据操纵等；第 4 章是关系数据库的规范化设计方面的内容，主要介绍了关系模式的设计问题、函数依赖、范式、数据依赖的公理系统等；第 5 章系统介绍数据库安全，包括数据库安全控制方法及备份和恢复；第 6 章主要介绍数据库完整性的含义、完整性约束及完整性控制；第 7 章主要介绍数据库设计，包括概念模型与 E-R 模型、逻辑设计、物理设计等。第 8 章主要介绍数据库运行中可能产生的故障类型、事务的基本概念和事务的 ACID 性质、数据库恢复的实现技术等；第 9 章主要介绍数据库的事务处理和 SQL 中的事务操作；第 10 章介绍视图和索引等数据库高级对象、Transact-SQL 基本语法及基于 Transact-SQL 的存储过程、触发器和游标的使用方法。本书内容翔实、精练、实用，适合数据库原理及应用类课程教学需要。

　　本书编写团队是省级精品在线课程"数据库原理"的全体成员，目前课程已经在智慧树上线，成为智慧树优选课程。读者可使用移动设备 App（如微信、QQ）中的"扫一扫"功能扫描封面上的二维码，在线查看相关资源。为方便读者学习和教师授课使用，本书还提供了 PowerPoint 电子讲稿和习题答案，读者可在线下载。

　　本书由郑晓霞任主编，邓红、刘超、吴长伟任副主编，参加本书编写的还有邹钰、张艳艳。其中，郑晓霞编写第 1 章、第 2 章中的第 2.1～2.3 节、第 7 章、第 10 章中的第 10.2 节；邓红编写第 4 章和第 9 章；刘超编写第 3 章中的第 3.1～3.7 节，第 3 章习题，第 10 章中的第 10.1 节和习题；吴长伟编写第 3 章中的第 3.8～3.10 节和第 10 章中的第 10.3～10.6 节；邹钰编写第 5 章和第 8 章；张艳艳编写第 2 章中的第 2.4～2.7

节和第 6 章。

在编写本书过程中，编者得到了黑龙江工程学院数据库原理课程团队的大力协助和支持，获益良多，在此表示衷心的感谢。

由于编者水平有限，书中难免有疏漏和欠妥之处，敬请广大读者与同行专家批评指正。

编者
2021 年 3 月

目　录

Chapter

第1章

概　　述

 学习目标

1. 了解数据库的产生和发展
2. 掌握数据库系统的组成
3. 掌握数据库的体系结构
4. 掌握数据模型
5. 了解数据库的分类
6. 了解常见的关系数据库

1.1　数据库系统概述

1.1.1　数据库的产生和发展

数据库起源于20世纪60年代，当时美国为了战争的需要，把各种情报收集在一起，存储在计算机内，称其为Data Base（DB）。如今数据库已经发展成为一门计算机基础学科，其以数据模型和DBMS（Database Management System，数据库管理系统）核心技术为主，内容丰富，领域宽广，形成了一个巨大的软件产业，DBMS及其相关工具产品在发展的同时也给人们的生产生活带来了巨大变化。同时，数据库的建设规模、数据库信息量的大小和使用频度已成为衡量一个国家信息化程度的重要标志。

数据库经历了3代演变，形成了层次/网状系统、关系系统、新一代数据库系统家族，同时造就了3位图灵奖得主。

Bachman，被誉为网状数据库之父，是1973年图灵奖获得者。

Codd，被誉为关系数据库之父，是1981年图灵奖获得者。

James Gray，被誉为数据库技术和事务处理专家，是1998年图灵奖获得者。

数据库从诞生到现在短短的60年间，取得了巨大的成就，下面简单介绍数据库的发展历程。

1962年，"数据库（database）"一词流行于美国硅谷的系统研发公司的技术备忘录中。

1968年，网状数据库系统出现，伴随阿波罗登月计划，商业数据库雏形诞生，出现了IMS（Information Management System，信息管理系统）、Mainframe（大型商业服务器）及

1

navigational 数据库。这一时期是数据库的第一阶段，即萌芽阶段。

1970 年，IBM 研究院的埃德加·弗兰克·科德发表了论文《大型共享数据库的关系模型》。

1974 年，IBM 在校企联合计划中与加利福尼亚州的伯克利分校 Ingres 数据库研究项目携手创建了 RDMBS（Ralational Database Management System，关系数据库管理系统）的原型R 系统。

1979 年，伯克利分校 Ingres 数据库研究项目联合 Oracle 创建了第一个商业 RDMBS。

1983 年，IBM 自主开发了关系数据库管理系统 DB2。

1984 年，DavidMarer 所著的《关系数据库理论》一书出版，标志着数据库的理论和应用进入成熟阶段。

1985 年，个人计算机（Personal Computer，PC）数据库应用出现，如 Ashton-Tole 公司的 DBaseⅢ、微软公司的 Access 等，个人计算机开始使用数据库。

1986 年，首个面向对象的商业数据库出现。

1988 年，IBM 研究员提出并解释了"数据仓库"一词的行业标准。

1989 年，第一款内存数据库发布，内存屏障及高速缓存冲刷指令为内存数据库提供简单高效的原子性，保证了与中央处理器本身原子操作的一致性服务。

1991 年，第一款开源文件数据库发布，它提供的是一系列直接访问数据库的函数。

1992 年，第一款多维数据库 Essbase 出现，它使用在线分析处理（On-Line Analytical Processing，OLAP），可迅速提供复杂数据库的查询答案。

1995 年，MySQL AB 公司发布并推广第一款开源数据库 MySQL。

1996 年，第一款对象关系数据库管理系统 Illustra 发布，它支持对复杂数据库类型的面向对象管理，同时又提供高效的查询语言。

1998 年，第一款商用多值数据库 KDB 发布，它封装了丰富的命令，可实现运行控制、内存操纵、寄存器操纵等功能。

1999 年，英国的 Endeca 公司发布第一款商用数据库搜索产品，标志着互联网时代的数据库来临。

2002 年，专攻高效能资料仓储软硬体整合装置的 Netezza 公司将存储、处理、数据库和分析融入一个高性能数据仓库设备中，资料仓库如硬件整合数据仓库出现。

2005 年，复杂事件处理技术解决方案提供商 Streambase 发布第一款 time-series DBBMS，它使用 Index 技术快速挖掘相似的时间序列。

2007 年，第一款内容管理数据库 ModeShape 发布。

2008 年，Facebook 基于静态批处理的 Hadoop 封装发布了一个开源项目——数据仓库 Hive。

2009 年，分布式文档存储数据库 MongoDB 引发了一场去 SQL（Structured Query Language，结构化查询语言）化的浪潮。

2010 年，Hbase 发布，在 Hadoop 之上提供了类似于 Bigtable 的能力，其是一个适合非结构化数据存储的数据库，采用基于列的而不是基于行的模式。

2011 年，基于资源描述框架（资源-属性-属性值）的高性能图形数据库管理系统或称为三元组法数据库管理系统出现。

2012 年，第一款事务存储型开源数据库发布。

2014 年，Spark 和 Scala 能够紧密集成，其中 Scala 可以像操作本地集合对象一样轻松地操作分布式数据集，表示有共享无体系结构的多模型数据库（multi-model DBMS）出现。

2015 年，大数据处理作为云服务体系介入企业应用，市场需求应用可以自行判断数据流的激活状态并快速集成数据进行实时分析处理，Apache 软件基金会发布超过 25 个数据工程项目。

数据库系统技术在数据模型、新技术内容、应用领域上继续发展。

1）面向对象的方法和技术对数据库发展的影响最为深远。数据库研究人员借鉴和吸收了面向对象的方法和技术，提出了面向对象的数据库模型（简称对象模型）。

2）数据库技术与多学科技术的有机结合。数据库技术与多学科技术的有机结合是当前数据库发展的重要特征。人们建立和实现了一系列新型数据库，如分布式数据库、并行数据库、演绎数据库、知识库、多媒体库、移动数据库等，它们共同构成了数据库大家族。

3）面向专门应用领域的数据库技术的研究。为了适应数据库应用多元化的要求，在传统数据库基础上，结合各个专门应用领域的特点，研究适合该应用领域的数据库技术，其表现为数据种类越来越多，越来越复杂，数据量剧增，应用领域越来越广泛。可以说数据管理无处不需，无处不在，数据库技术和系统已经成为信息基础设施的核心技术和重要基础。

1.1.2 数据库技术的发展阶段

一般认为数据库技术大致经历了人工管理阶段（20 世纪 50 年代后期之前）、文件系统阶段（20 世纪 50 年代后期到 60 年代中期）和数据库系统阶段（20 世纪 60 年代后期到现在）。

1. 人工管理阶段

这一阶段的计算机主要用于科学计算，它没有存储设备，也没有操作系统和管理数据的软件，数据处理方式是批处理。

这一阶段数据管理的特点如下。

1）数据不保存：需要时输入数据，计算后保存结果，原始数据不用保存。

2）没有管理数据的软件系统：程序员规定数据的逻辑结构，在程序中设计物理结构，包括存储结构、存取方法、输入/输出方式等。因此，程序中存取数据的子程序随着存储的改变而改变，数据与程序不具有一致性。

3）没有文件的概念：数据的组织方式由程序员自行设计。

4）一组数据只对应于一个程序：数据无法共享、无法相互利用和互相参照，存在数据冗余。

2. 文件系统阶段

这一阶段的计算机不仅用于科学计算，也用于管理数据。此时有了存储设备和管理数据的软件。

这一阶段数据管理的特点如下。

1）数据保存在外存上供反复使用：可以对它进行查询、修改、插入和删除等操作。

2）程序之间有了一定的独立性：操作系统提供了文件管理功能和访问文件的存取方法，程序和数据之间有了数据存取的接口，程序可以通过文件名调用数据，数据有了物理结构和逻辑结构的区别，但此时程序和数据之间的独立性不充分。

3）文件的形式已经多样化：有了索引文件、链表文件等，因而对文件的访问可以是顺序访问，也可以是直接访问。

4）数据的存取基本上以记录为单位：数据是记录的集合。

3. 数据库系统阶段

这一阶段数据库中的数据不再是面向某个应用或某个程序，而是面向整个企业（组织）或整个应用。

这一阶段数据管理的特点如下。

1）采用复杂的结构化的数据模型：数据库系统不仅要描述数据本身，还要描述数据之间的联系。这种联系是通过存取路径来实现的。

2）较高的数据独立性：数据和程序彼此独立，数据存储结构的变化尽量不影响用户程序的使用。

3）最低的冗余度：数据库系统中的重复数据被减少到最低程度，力争在有限的存储空间内可以存放更多的数据并减少存取时间。

4）数据控制功能：数据库系统具有数据的安全性，以防止数据丢失和被非法使用；具有数据的完整性，以保护数据的正确、有效和相容；具有数据的并发控制，避免并发程序之间相互干扰；具有数据的恢复功能，在数据库被破坏或数据不可靠时，系统有能力把数据库恢复到最近某个时刻的正确状态。

1.2　数据库系统的组成

数据库系统（Data Base System，DBS）通常由软件、硬件、数据库和人员4个部分组成。

1. 软件

软件包括操作系统、数据库管理系统及应用程序。数据库管理系统是数据库系统的核心软件，安装在操作系统上，它的功能是有效地组织和存储数据，高效获取和维护数据，具体包括数据的定义、数据的操纵、数据库的运行管理和数据库的建立与维护。

2. 硬件

硬件是构成计算机系统的各种物理设备，包括外部存储设备。

3. 数据库

数据库是指长期存储在计算机内的，有组织、可共享的数据的集合。数据库中的数据按一定的数学模型组织、描述和存储，具有较小的冗余、较高的数据独立性和易扩展性，并可为各种用户共享。

4. 人员

人员主要包括5类，负责应用系统的需求分析和规范说明工作的系统分析员；负责数据库中数据的确定、数据库各级模式的设计的数据库设计人员；负责编写使用数据库的应用程序的程序员，这些应用程序可对数据进行检索、建立、删除或修改；利用系统的接口或查询语言访问数据库的最终用户；负责数据库的总体信息控制的数据库管理员（Database Administrator，DBA），数据库管理员负责创建、监控和维护整个数据库，使数据能被任何有权使用的人有效使用。

数据库系统的特点是数据的结构化、共享性和独立性好，数据存储粒度小，数据库管理系统为用户提供了友好的接口。

1.3　数据库的体系结构

从数据库管理系统来看，数据库通常采用三级模式结构，这是数据库管理系统内部的体系结构。

从数据库最终用户来看，数据库系统的结构是数据库系统外部的体系结构。

1.3.1　数据库的三级模式结构

数据库的三级模式结构是指数据库系统由模式、外模式和内模式三级构成。

1. 模式

模式是数据库中三级逻辑结构和特征的描述，是所有用户的公共数据视图（View）。它是数据库系统模式结构的中间层，不涉及数据的物理存储细节和硬件环境，与具体的应用程序和高级程序语言无关。

实际上模式是数据库数据在逻辑上的视图，一个数据库只有一个模式。数据库考虑了所有用户的需求并将这些需求有机地结合成一个逻辑整体。

2. 外模式

外模式也称子模式或用户模式，它是数据库用户（包括应用程序员和最终用户）看见和使用的局部数据逻辑结构和特征的描述，是数据库用户的数据视图，是与某一应用有关的数据的逻辑表示。

外模式是模式的子集，一个数据库有多个外模式，由于它是各个用户的数据视图，如果不同的用户在应用需求、看待数据的方式、对数据保密的要求等方面有差异，则他们的外模式描述是不同的；即使对模式中同一数据，其在外模式中的结构、类型、长度、保密级别都可以不同。另外，同一外模式可以为某一用户的多个应用系统使用，但是一个应用系统只能对应一个外模式。

外模式是保证数据库安全性的一个有力措施，每个用户只能看见和访问所对应的外模式中的数据，数据库中的其余数据对他们来说是不可见的。

3. 内模式

内模式也称存储模式，它是数据物理结构和存储结构的描述，是数据在数据库内部的表示方式。例如，记录的存储方式是顺序存储、按照 B 树结构存储还是按 Hash 方法存储；索引按照什么方式组织；数据是否压缩存储，是否加密；数据的存储记录结构有何规定等。一个数据库只有一个内模式。

1.3.2　模式间的映像关系

数据模式给出了数据库的数据框架结构，数据是数据库中真正的实体，但这些数据必须按框架所描述的结构组织。以概念模式为框架组成的数据库称为概念数据库（Conceptual DataBase），以外模式为框架组成的数据库称为用户数据库（User's Database），以内模式为框架组成的数据库称为物理数据库（Physical Database）。这 3 种数据库中只有物理数据库真实存在于计算机外存中；其他两种数据库并不真正存在于计算机外存中，而是通过两种映射由物理数据库映射而成。

模式的 3 个级别层次反映了模式的 3 个不同环境及它们的不同要求，其中内模式处于最底层，它反映了数据在计算机物理结构中的实际存储形式；概念模型处于中层，它反映了设计者的数据全局逻辑要求；而外模式处于最外层，它反映了用户对数据的要求。

1. 数据库的二级映像功能

1）数据库系统的三级模式是数据的 3 个抽象级别，它把数据的具体组织留给数据库管理系统管理，使用户能逻辑地、抽象地处理数据，而不必关心数据在计算机中的具体表示方式与存储方式。

2）为了能够在内部实现这 3 个抽象层次的联系和转换，数据库系统在这三级模式之间提供了两层映像：外模式/模式映像和模式/内模式映像。正是这两层映像保证了数据库系统中的数据能够具有较高的逻辑独立性和物理独立性。

2. 外模式/模式映像

1）每个外模式都有一个对应的模式映像。模式描述的是数据的全局逻辑结构，外模式描述的是数据的局部逻辑结构。对应于同一个模式，可以有任意多个外模式。对于每一个外模式，数据库系统都有一个外模式/模式映像，它定义了该外模式与模式之间的对应关系。

2）模式改变时，改变外模式/模式映像。因为应用程序是依据数据的外模式编写的，外模式不变，因此应用程序也不必修改，保证了数据与程序的逻辑独立性。

3. 模式/内模式映像

模式/内模式映像定义了数据全局逻辑结构与物理存储结构之间的对应关系。当数据库的存储结构改变时（如换了另一个磁盘来存储该数据库），由数据库管理员对模式/内模式映像做相应改变，可以使模式保持不变，从而保证了数据的物理独立性。

1.3.3　数据库系统外部的体系结构

数据库系统外部的体系结构分为单用户结构、主从式结构、分布式结构、客户/服务器结构和浏览器/服务器结构。

1. 单用户结构

单用户结构将应用程序、DBMS、数据库都存放在同一台机器上，由一个用户独占使用，不同计算机之间不能共享数据。因此，桌面型数据库工作在单机环境，侧重在可操作性、易开发性和简单管理等方面。

2. 主从式结构

主从式结构是大型主机带多终端的多用户结构。它的优点是结构简单、易于管理与维护；缺点是所有处理任务由主机完成，对主机的性能要求比较高，当终端的数量太多时，主机处理的任务过重，易形成瓶颈，使系统性能下降，当系统出现故障时整个系统无法使用。

3. 分布式结构

分布式结构根据数据的存放位置将数据库分为 3 类：数据在物理上分布，即数据库中的数据不集中存放在一台服务器上，而是分布在不同地域的服务器上，每台服务器称为一个节点；所有数据在逻辑结构上是一个整体，即数据物理上是分布的，但逻辑上面是相关联的，是相互联系的整体；节点上分布存储的数据相对独立。

4. 客户/服务器结构

客户/服务器结构把DBMS的功能与程序分开，某个节点机专门用于执行DBMS的功能，完成数据的管理功能，作为数据库服务器；其他节点安装DBMS的应用开发工具和相关数据库应用程序，作为客户机，共同组成数据库系统。DBMS和数据库存放在数据库服务器，应用程序和相关开发工具存放在客户机。

客户/服务器结构的主要优点：网络运行效率大大提高；应用程序的运行和计算处理工作由客户机完成，减少了与服务器不必要的通信开销，减轻了服务器的处理工作，即减轻了服务器的负载。

客户/服务器结构的主要缺点：维护和升级很不方便，需要在每个客户机上安装前端客户程序；另外，当应用程序修改后，就必须在所有安装应用程序的客户机上重新安装此应用程序。

5. 浏览器/服务器结构

浏览器/服务器结构是针对客户/服务器结构的不足而提出的，客户端安装通用的浏览器软件，实现用户的输入/输出；应用程序安装在介于客户机和服务器之间的另外一个称为应用服务器的服务器端，弥补了客户/服务器结构的不足，配置与维护非常方便。

1.4　数据模型

数据模型是数据库的基础，是描述数据、数据联系、数据语义及一致性约束的概念工具的集合。计算机不能直接处理现实世界中的客观事物，要对客观事物进行管理，就需要对客观事物进行抽象、模拟，来建立适合数据库系统进行管理的数据模型。数据模型是对现实世界数据特征的模拟和抽象。

1.4.1　数据模型的组成

数据模型描述的内容包括3个部分：数据结构、数据操作、数据约束。

1）数据结构：主要描述数据的类型、内容、性质及数据间的联系等。数据结构是数据模型的基础，数据操作和数据约束都建立在数据结构上。

2）数据操作：主要描述在相应的数据结构上的操作类型和操作方式。

3）数据约束：主要描述数据结构内数据间的语法、词义联系及它们之间的制约和依存关系，以及数据动态变化的规则，以保证数据的正确、有效和相容。

1.4.2　数据模型的分类

1. 数据模型按应用层次分类

1）概念数据模型（Conceptual Data Model）是一种面向用户、面向客观世界的模型。数据库的设计人员在设计的初始阶段用它来描述世界的概念化结构，只分析数据及数据之间的联系，与具体的数据管理系统无关。概念数据模型必须转换为逻辑数据模型才能在DBMS中实现。其常用的工具是 E-R 模型、扩充的 E-R 模型、面向对象模型及谓词模型。

2）逻辑数据模型（Logical Data Model）是一种面向数据库系统的模型，是具体的 DBMS 所支持的数据模型，如网状数据模型（Network Data Model）、层次数据模型（Hierarchical Data Model）等。此模型既要面向用户，又要面向系统，主要用于数据库管理系统的实现。

3）物理数据模型（Physical Data Model）是一种面向计算机物理表示的模型，它描述数据在存储介质上的组织结构，与 DBMS、操作系统和硬件都有关。每一种逻辑数据模型在实现时都有其对应的物理数据模型。DBMS 为了保证其独立性与可移植性，大部分物理数据模型的实现工作由系统自动完成，而设计者只设计索引、聚集等特殊结构。

2. 数据发展过程中产生的数据模型

（1）层次模型（Hierarchical Model）　层次模型的设计思想是把系统划分成若干小部分，然后按照层次结构逐级组合成一个整体。图 1-1 描述了这种分层结构的构造方法，其结构类似于数据结构中的树结构的倒置。

层次模型的特点如下。

1）仅存在一个无父节点的节点，即根节点，如图 1-1 中的文字处理系统。

2）其他节点有且仅有一个父节点，如图 1-1 中的输入、输出、编辑、排版、检索、存储、修改、添加、插入、删除。

3）适合表示一对多的联系，如图 1-1 中的编辑对应的操作有修改、添加、插入、删除。

层次模型表示的是一种很自然的层次关系，如行政关系、家族关系等，它直观、容易理解，也是数据库中最早出现的模型，如 1968 年 IBM 公司推出的第一个大型商用数据库管理系统 IMS 就是层次数据库，但是层次模型不能表示自然中所有的关系。

（2）网状模型（Network Model）　网状模型是指用网状结构表示实体及其之间联系的模型，即一个事物和另外几个事物都有联系，构成一张网状图。

1）网状模型的特点。

① 一个子节点可以有两个或多个父节点，如图 1-2 中的成绩属性，它的父节点是课程和学生。

② 可以有一个以上的节点无父节点，如图 1-2 中的教辅，它没有父节点，也没有子节点。

③ 在两个节点之间可以有两种或多种联系，如图 1-2 中的学生属性，它和成绩互为父节点和子节点。

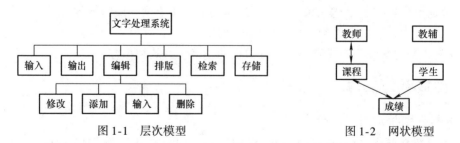

图 1-1　层次模型　　　　　　　　　图 1-2　网状模型

第一个 DBMS 是美国通用电气公司 Bachman 等人在 1964 年开发成功的 IDS（Integrated DataStore），即网状模型数据库。IDS 奠定了网状数据库的基础。

2）网状数据模型的优点。

① 可以描述客观世界，表示实体间的多种复杂联系。

② 性能好，存取效率较高。

3）网状数据模型的缺点。

① 数据库结构比较复杂，用户不容易掌握和使用。

② 数据独立性差，访问数据时需要实体间的复杂路径表示。

（3）关系模型（Relational Schema）　关系模型于 20 世纪 70 年代初由 mM 公司的 Codd 首先提出。关系模型简化了实体间的图关系，转而将数据关系用表格表示，用表的集合表示数据和数据间的联系，每个表有多个列，每列有唯一的列名（称为属性，它的取值范围称为域）。图 1-3 是一个学生关系数据库，其中包括 3 个表，分别存储学生的详细信息、课程信息和学生与课程之间对应的成绩信息。

关系 T_STUINFO

STUNUM	STUNAME	STUSEX	STUBIR DATE	CLASSNUM
S1901	刘丽	女	2000−5−15	C01
S1902	林良	女	1999−12−4	C01
S1903	张玉芬	女	2000−5−25	C01
S1904	赵佳	女	2000−7−16	C01
S1905	李星语	男	2000−12−7	C01
S1906	吴康妮	女	1999−11−8	C02

关系 T_SCOINFO

STUNUM	TYPE	COUNUM	SCORE
S1901	期中	C01	88
S1901	期中	C02	76
S1901	期中	C03	76
S1901	期中	C04	87
S1901	期中	C05	45
S1901	期中	C06	98

T_COUINFOandTEAINFO

COUNUM	COUNAME	TEANUM	TITLE	TEANAME
C01	大学计算机基础	T001	副教授	钟楚红
C02	数据结构	T001	副教授	钟楚红
C03	计算机组成原理	T002	助教	王云利
C04	Python	T003	副教授	岳云峰
C05	C++	T004	副教授	赵佳
C06	Java	T002	助教	王云利

图 1-3　学生关系数据库

关系模型的特点如下。

1）描述的一致性。客观世界中的实体和实体间的联系都是关系描述，对应数据操作语言，让插入、删除、修改等操作成为运算。

2）利用公共属性连接。关系模型中各个关系之间都是通过公共属性发生联系的。例如，学生关系和选课关系通过公共属性"学号"连接在一起，而选课关系又可以通过"课程号"与课程关系发生联系。

3）采用表结构，结构简单直观，有利于和用户进行交互，方便实现。

4）有严格的关系数据理论作为理论基础。对二维表进行的数据操作相当于在关系理论中对关系进行关系运算。

5）语言表达简练，用 T_SQL 实现。操纵语句的表达非常简单直观。

6）关系模型的概念单一。用关系表示实体和实体之间的联系。

7）建立规范的关系。

1.5　数据库的分类

2009 年，分布式文档存储数据库 MongoDB 引发了一场去 SQL 化的浪潮，提出了 NoSQL 数据库，使数据库分成关系数据库（SQL）和非关系数据库（NoSQL），如图 1-4 所示。

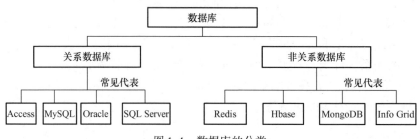

图 1-4　数据库的分类

1.5.1　关系数据库

关系数据库指数据存储的格式可以直观地反映实体之间关系的数据存储系统。关系数据库和常见的表格比较相似，表与表之间有很多复杂的关联关系，遵循 SQL 标准。关系数据库的主要操作有 CURD［增加（Create）、修改（Update）、查找（Read）、删除（Delete）］、求和与排序等。关系数据库对于结构化数据的处理更合适（如学生信息、考试成绩、地址等），相比非关系数据库性能更优，而且精确度更高。由于结构化数据的规模不算太大，数据规模的增长通常也是可预期的，因此针对结构化数据使用关系数据库更好。关系数据库十分注意数据操作的事务性、一致性，所以对此方面有要求的使用关系数据库无疑是很好的选择。

关系数据库常见的有 Access、MySQL、Oracle、SQL Server。

1.5.2　非关系数据库

非关系数据库指的是分布式的、非关系型的、不保证遵循 ACID［原子性（Atomicity）、一致性（Consistency）、隔离性（Isolation）、持久性（Durability）］原则的数据存储系统。非关系数据库技术与 CAP［一致性（Consistency）、可用性（Availability）、分区容错性（Partition tolerance）］理论（简单来说，就是一个分布式系统不可能满足可用性、一致性与分区容错性这 3 个要求，一次性满足两种要求是该系统的上限）、一致性哈希算法（非关系数据库在应用过程中，为满足工作需求而在通常情况下产生的一种数据算法）有密切关系。非关系数据库适合追求速度和可扩展性、业务多变的应用场景，它对非结构化数据的处理更合适，如文章、评论等。这些数据往往是海量的，数据规模的增长往往也是不可能预期的，而非关系数据库的扩展能力几乎也是无限的，可以很好地满足这一类数据的存储。非关系数据库利用 key-value 可以大量地获取非结构化数据，并且数据的获取效率很高，但用它查询结构化数据效果比较差。

目前非关系数据库仍然没有一个统一的标准，其有以下 4 种类型。

1）码值对存储：代表数据库为 Redis，它的优点能够进行数据的快速查询，而缺点是需要存储数据之间的关系。

2）列存储：代表数据库为 Hbase，它的优点是对数据能快速查询，数据存储的扩展性强；而缺点是数据库的功能有局限性。

3）文档数据库存储：代表数据库为 MongoDB，它的优点是对数据结构要求不是特别的严格；而缺点是查询性能不好，同时缺少统一查询语言。

4）图形数据库存储：代表数据库为 InfoGrid，它的优点是可以方便地利用图结构相关算法进行计算。其缺点是要想得到结果，必须进行整个图的计算；另外，当遇到不适合的数据模型时，图形数据库很难使用。

1.5.3　关系数据库与非关系数据库的区别

1. 存储方式

关系数据库采用表格的存储方式，数据以行和列的方式进行存储，读取和查询都十分方便。

非关系数据库不适合用表格方式存储，通常以数据集的方式将大量数据集中存储在一起，类似于码值对、图结构或者文档。

2. 存储结构

关系数据库按照结构化的方法存储数据，每个数据表都必须将各个字段定义好（先定义好表的结构，再根据表的结构存入数据），这样做的好处是由于数据的形式和内容在存入数据之前就已经定义好，因此整个数据表的可靠性和稳定性都比较高；但缺点是一旦存入数据后，要修改数据表的结构就会十分困难。

非关系数据库由于面对的是大量非结构化的数据存储，因此采用的是动态结构，其对于数据类型和结构的改变非常适应，可以根据数据存储的需要灵活改变数据库的结构。

3. 存储规范

关系数据库为了避免重复、规范化数据及充分利用好存储空间，把数据按照最小关系表的形式进行存储，这样数据管理就变得十分清晰、一目了然。如果是涉及多张数据表的数据，可以通过表的连接操作完成。

非关系数据库对于非结构化数据的处理更合适，如文章、评论，这些数据不像关系型数据那样每个都是唯一的、独立的，数据与数据之间不存在联系，所以在存储规范方面不如关系数据库那样多。

4. 扩展方式

关系数据库将数据存储在数据表中，数据操作的瓶颈出现在多张数据表的操作中，而且数据表越多该问题越严重。如果要缓解该问题，只能提高处理能力，即选择速度更快、性能更好的计算机。这样的方法虽然可以在一定程度上拓展空间，但拓展的空间非常有限，即关系数据库只具备纵向扩展能力。

非关系数据库由于使用的是数据集的存储方式，因此其存储方式一定是分布式的。它可以采用横向方式来拓展数据库，即可以添加更多数据库服务器到资源池，然后由这些增加的服务器来负担数据量增加的开销。

5. 查询方式

关系数据库采用 SQL 来对数据库进行查询。SQL 早已获得了各个数据库厂商的支持，成为数据库行业的标准，它能够支持数据库的 CURD 操作，具有非常强大的功能。SQL 可以采用类似索引的方法来加快查询操作。

非关系数据库使用的是非结构化查询语言（NoSQL），它以数据集为单位来管理和操作数据。由于其没有一个统一的标准，因此每个数据库厂商提供的产品标准是不一样的。非关系数据库中的文档ID与关系型表中主码的概念类似，非关系数据库采用的数据访问模式相对SQL更加简单且精确。

6. 规范化

在数据库的设计开发过程中，开发人员通常会同时需要对一个或者多个数据实体（包括数组、列表和嵌套数据）进行操作。因此，在关系数据库中，一个数据实体一般首先要分割成多个部分，然后对分割的部分进行规范化，规范化以后再分别存入多张关系型数据表中，这是一个复杂的过程。目前有相当多的软件开发平台都提供一些简单的解决方法，如可以利用ORM（Object Relational Mapping，对象关系映射）层来将数据库中的对象模型映射到基于SQL的关系数据库中去及进行不同类型系统的数据之间的转换。非关系数据库则没有这方面的问题，它不需要规范化数据，通常是在一个单独的存储单元中存入一个复杂的数据实体。

7. 事务性

关系数据库强调ACID规则，可以满足对事务性要求较高或者需要进行复杂数据查询的数据操作，而且可以充分满足数据库操作的高性能和操作稳定性的要求。另外，关系数据库十分强调数据的强一致性，对于事务的操作有很好的支持。关系数据库可以控制事务原子性细粒度，并且一旦操作有误或者有需要，可以马上回滚事务。

非关系数据库强调BASE［基本可用（Basically Availble）、软状态（Soft-state）、最终一致性（Eventual Consistency）］，减少了对数据的强一致性支持，从而获得了基本一致性和柔性可靠性，并且利用以上特性达到了高可靠性和高性能，最终达到了数据的最终一致性。非关系数据库虽然也可以用于事务操作，但由于它是一种基于节点的分布式数据库，对于事务的操作不能很好地支持，也很难满足其全部的需求，因此非关系数据库的性能和优点更多地体现在大数据的处理和数据库的扩展方面。

8. 读写性能

关系数据库十分强调数据的一致性，不惜降低读写性能。虽然关系数据库存储数据和处理数据的可靠性很好，但一旦面对海量数据的处理，效率就会变得很差，特别是遇到高并发读写时性能就会下降得非常厉害。

非关系数据库相对关系数据库的最大优势是应对大数据，因为非关系数据库是按key-value类型进行存储的，采用数据集的方式，因此无论是扩展还是读写都非常容易，并且非关系数据库不需要关系数据库烦琐的解析。综上所述，非关系数据库在大数据管理、检索、读写、分析及可视化方面具有关系数据库不可比拟的优势。

1.6 常见的关系数据库

1.6.1 Access数据库

Microsoft Office Access是由微软发布的关系数据库管理系统，它结合了Microsoft Jet Database Engine和图形用户界面两项特点，是Microsoft Office的系统程序之一，在包括专业版和更高版本的 Office 版本中被单独出售。1992 年 11 月 Microsoft Access 1.0 发布，之后不断更新，目前最新的微软版本是 Office Access 2020。

MS Access 以它自己的格式将数据存储在基于 Access Jet 的数据库引擎里，其还可以直接导入或者链接数据（这些数据存储在其他应用程序和数据库中）。

软件开发人员和数据架构师可以使用 Microsoft Access 开发应用软件，高级用户可以使用它来构建软件应用程序。和其他办公应用程序一样，Access 支持 Visual Basic 宏语言，它是一个面向对象的编程语言，可以引用各种对象，包括 DAO（Data Access Object，数据访问对象）、ActiveX 数据对象，以及许多其他的 ActiveX 组件。

Access 数据库界面如图 1-5 和图 1-6 所示。

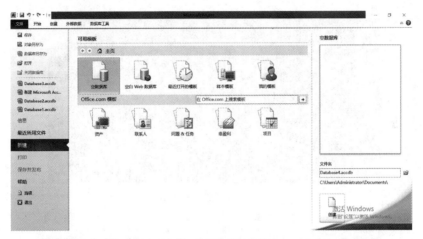

图 1-5　Access 数据库开始界面

图 1-6　Access 数据库操作界面

1.6.2　MySQL 数据库

MySQL 关系数据库于 1998 年 1 月发行第一个版本。它使用系统的多线程机制提供完全的多线程运行模式，提供了面向 C、C++、Eiffel、Java、Perl、PHP、Python 及 Tcl 等编程语言的编程接口（APIs），支持多种字段类型；另外，提供了完整的操作符，支持查询中的

SELECT 和 WHERE 操作。MySQL 因为其速度快、可靠性高和适应性强而备受关注。

MySQL 是一种开放源代码的关系数据库管理系统，使用最常用的数据库管理语言——SQL 进行数据库管理。由于 MySQL 开放源代码，因此任何人都可以在 General Public License 的许可下下载并根据个性化的需要对其进行修改。MySQL 数据库因其体积小、速度快、总体拥有成本低而受到中小企业的热捧，虽然其功能的多样性和性能的稳定性稍差，但是在不需要大规模事务化处理的情况下，MySQL 也是管理数据内容的较好选择之一。

目前，MySQL 已更新到 8.0.25 版本。时至今日，MySQL 和 PHP（Hypertext Preprocessor）的结合非常完美，很多大型的网站也使用 MySQL 数据库。

MySQL 数据库界面如图 1-7 和图 1-8 所示。

图 1-7　MySQL 数据库开始界面

图 1-8　MySQL 数据库操作界面

1.6.3　Oracle 数据库

Oracle 数据库系统是美国 Oracle 公司（甲骨文）提供的以分布式数据库为核心的一组软件产品，是目前流行的客户/服务器（Client/Server）或 B/S 体系结构的数据库之一。

Oracle数据库是目前世界上使用非常广泛的数据库管理系统，作为一个通用的数据库系统，它具有完整的数据管理功能；作为一个关系数据库，它是一个具有完备关系的产品；作为分布式数据库，它实现了分布式处理功能。只要在一种机型上学习了 Oracle 知识，便能在各种类型的机器上使用它。

1979 年第一款商用 Oracle 产品诞生，之后产品不断更新。Oracle 数据库 12c 引入了一个新的多承租方架构，使用该架构可轻松部署和管理数据库云。此外，一些创新特性可最大限度地提高资源使用率和灵活性，如 Oracle Multitenant 可快速整合多个数据库，而 Automatic Data Optimization 和 Heat Map 能以更高的密度压缩数据和对数据分层。这些独一无二的技术的进步再加上在可用性、安全性和大数据支持方面的增强，使得 Oracle 数据库 12c 成为私有云和公有云部署的理想平台。

1. 6. 4　SQL Server 数据库

SQL Server 是 Microsoft 公司推出的关系数据库管理系统，具有使用方便、可伸缩性好、与相关软件集成程度高等优点，可跨越从运行 Microsoft Windows 98 的笔记本计算机到运行 Microsoft Windows 2012 的大型多处理器的服务器等多种平台使用。

Microsoft SQL Server 是一个全面的数据库平台，其使用集成的商业智能（Business Intelligence，BI）工具提供了企业级的数据管理。Microsoft SQL Server 数据库引擎为关系型数据和结构化数据提供了更安全可靠的存储功能，使用户可以构建和管理用于业务的高可用和高性能的数据应用程序。

SQL Server 是一个关系数据库管理系统，最初由 Microsoft、Sybase 和 Ashton-Tate 3 家公司共同开发，于 1988 年推出了第一个 OS/2 版本。在 Windows NT 推出后，Microsoft 与 Sybase在 SQL Server 的开发上就"分道扬镳"了，Microsoft 将 SQL Server 移植到 Windows NT 系统上，专注于开发推广 SQL Server 的 Windows NT 版本；Sybase 则较专注于 SQL Server 在 UNIX 操作系统上的应用。目前 SQL Server 的最新版本是 SQL Server 2019。

本 章 小 结

本章介绍了数据库的产生和发展背景，叙述了数据库的基本概念和数据库的分类。

数据库系统是建立在数据的基础上，由软件、硬件、数据库和人员组成。

数据库的体系结构包括数据库的三级模式（模式、外模式和内模式），模式间的两层映像（外模式与模式的映像，模式与内模式的映像）。对模式的修改只要修改其映像关系就可以。

数据模型由数据结构、数据操作、数据约束 3 部分组成，数据结构是数据模型的基础，在数据模型上定义创建、修改、查询、删除等操作，数据约束定义数据的制约和依存关系。

数据模型按应用层次分为概念数据模型、逻辑数据模型、物理数据模型；数据按发展过程分为层次模型、网状模型和关系模型。

数据库分为关系数据库和非关系数据库，其中关系数据库常见的有：Access、MySQL、Oracle、SQLServer，非关系数据库包括码值对存储、列存储、文档数据库存储和图形数据库存储。

习 题

一、选择题

1. 下列选项中，不属于数据库系统特点的是（　　）。

A. 数据结构化
B. 数据由 DBMS 统一管理和控制
C. 数据冗余度大
D. 数据独立性高

2. 概念模型是现实世界的第一层抽象，其中最著名的模型是（　　）。

A. 层次模型
B. 关系模型
C. 网状模型
D. E-R 模型

3. 要保证数据库的逻辑数据独立性，需要修改的是（　　）。

A. 模式与外模式之间的映像
B. 模式与内模式之间的映像
C. 模式
D. 三级模式

4. 关系数据模型的基本数据结构是（　　）。

A. 树
B. 图
C. 索引
D. 关系

5. 数据库技术是计算机软件的一个重要分支，产生于（　　）年代末。

A. 20 世纪 70
B. 20 世纪 60
C. 20 世纪 80
D. 20 世纪 30

6. 数据库的概念模型独立于（　　）。

A. 具体的机器和 DBMS
B. E-R 图
C. 信息世界
D. 现实世界

7. 数据库的基本特点是（　　）。

A. ①数据可以共享（或数据结构化）；②数据独立性；③数据冗余大，易移植；④统一管理和控制

B. ①数据可以共享（或数据结构化）；②数据独立性；③数据冗余小，易扩充；④统一管理和控制

C. ①数据可以共享（或数据结构化）；②数据互换性；③数据冗余小，易扩充；④不要求统一管理和控制

D. ①数据非结构化；②数据独立性；③数据冗余小，易扩充；④统一管理和控制

8. 数据库管理系统是（　　）。

A. 操作系统的一部分
B. 在操作系统支持下的系统软件
C. 一种编译程序
D. 一种操作系统

9. 层次模型、网状模型和关系模型的划分原则是（　　）。

A. 记录长度
B. 文件大小
C. 联系的复杂程度
D. 数据之间的联系

二、简答题

1. 简述数据库技术的发展阶段。
2. 简述数据库三级模式和两层映像。
3. 简述数据库的分类。
4. 简述非关系数据库的分类。

Chapter

第2章

关系数据库

 **学习目标**

1. 了解关系数据库的含义及层次结构
2. 重点掌握关系模式的相关概念及性质
3. 熟练运用关系代数运算，其包括传统关系运算和专门关系代数运算
4. 了解关系演算

关系数据库建立在关系型数据模型的基础上，是数据项之间具有预定义关系的数据项的集合，是借助于集合代数等数学概念和方法来处理数据的数据库。现实世界中的各种实体及实体之间的各种联系均可用关系模型来表示。关系数据库是采用关系模型作为数据组织方式的数据库，其特点在于它将每个具有相同属性的数据独立地存储在一个表中。对任意一个表而言，用户可以新增、删除和修改表中的数据，而不会影响表中的其他数据。关系数据库产品一经问世，就以其简单清晰的概念、易懂易学的数据库语言而深受广大用户喜爱。

自 1968 年首次提出关系概念到 20 世纪 70 年代末，关系方法的理论研究和软件系统的研制均取得了丰硕的成果，IBM 公司的 San Jose 实验室在 IBM 370 系列机上研制的关系数据库实验系统 System R 历时 6 年获得成功。直至今日，关系数据库系统的研究和开发已取得了辉煌的成就，关系数据库系统从实验室走向了社会，成为最重要、应用最广泛的数据库系统，大大促进了数据库应用领域的扩展。因此，关系数据模型的原理、技术和应用十分重要，是本书讨论的重点。

本章主要讲解关系数据库的层次结构、关系模型的基本概念（即关系模型的数据结构、关系操作和关系完整性约束）及关系运算（包括关系代数运算和关系演算）。

2.1 关系数据库概述

关系数据库是继基于层次模型和网状模型的数据库之后出现的一种数据库模式，它应用数学方法来处理数据库中的数据。

1962 年 CODASYL 发表的《信息代数》最早将此类方法用于数据处理，之后 David Child 于 1968 年在 IBM 7090 机上实现了集合论数据结构，但系统、严格地提出关系模型的是美国 IBM 公司的 Codd。1970 年，Codd 在 *Communications of the ACM* 上发表了论文 *A Relational Model of Data for Shared Data Banks*，首次明确地提出以数学理论中的关系概念来建立

数据模型，用以描述、设计和操作数据库。关系数据库为数据库技术开创了一个新时代，Codd 也因此获得1981 年的图灵奖。此后，Codd 继续完善其关系理论，并连续发表了多篇论文，提出了关系代数和关系演算的概念，定义了关系的并、交、投影、选择、连接等各种基本运算，为日后成为标准的 SQL 奠定了基础。

关系数据库借助于集合代数等概念和方法来处理数据库中的数据，同时也是一个被组织成一组拥有正式描述性的表格，该形式的表格作用的实质是装载着数据项的特殊收集体，这些表格中的数据能以许多不同方式被存取或重新召集而不需要重新组织数据库表格。关系数据库是构造元数据的一张二维表格或构造表、列、范围和约束的描述。每个表格（有时称为一个关系）包含用列表示的一个或更多的数据属性，每行包含一个唯一的数据实体。当创造一个关系数据库时，用户可以定义数据列的可能值的范围和可能应用于哪个数据值的进一步约束。SQL 是标准用户和应用程序到关系数据库的接口，其优势是容易扩充，且在最初的数据库创造之后，一个新的数据属性能被添加而不需要修改所有的现有应用软件。主流的关系数据库有 Oracle、DB2、SQL Server、SYBase、MySQL 等。

2.1.1　关系数据库的含义

在关系模型中，实体及实体之间的联系都是用关系来表示的。关系数据库就是建立在关系数据库模型基础上的数据库，其采用集合代数等概念来处理数据库中的数据。例如，学生实体、课程实体、学生和课程之间的一对多联系都可以分别用关系来表示。在一个给定的应用领域中，所有关系的集合构成一个关系数据库。

关系数据库有型和值之分，关系数据库的型称为关系数据库模式，是对关系数据库的描述，其中包括若干域的定义以及这些域上定义的若干关系模式（Relation Schema）。关系数据库的值是这些关系模式在某一时刻对应的关系的集合，通常简称为关系数据库。

关系数据库主要分为两类：一类是桌面数据库，此类数据库多用于小型的、单机的应用程序，其可以不需要网络和服务器的支持，实现方便，但只提供数据的存取功能，如 Access、FoxPro 和 dBase 等。另一类是客户/服务器数据库，此类数据库主要适用于大型的、多用户的数据库管理系统，应用程序包括两部分：一部分是客户机应用程序，用于接收用户的数据处理请求并将之转换为对服务器的请求；另一部分是服务器应用程序，主要用来负责接收客户端发来的请求并提供相应服务，即实现对数据库的操作和对数据的处理，如 SQL Server、Oracle 和 SYBase 等。

关系数据库系统是目前使用最为广泛的数据库系统，其特点如下。

1. 存储方式

关系数据库将数据组织在一张二维表中，并以行和列进行存储。当对表中的数据进行读取、存入和查询时，不需要重新构造数据表，操作方便。

2. 存储结构

关系数据库按照结构化的方式存储数据，每张数据表的每个字段，即二维表的首行均已在数据表构造过程中定义完成，在对关系数据库进行操作时，表结构不会发生变化，故其可靠性和稳定性较高。但是，数据表一旦存入数据，则很难对表结构进行修改。

3. 存储规范

关系数据库为了避免数据冗余、数据操作异常及充分利用存储空间等问题，将数据按照最小关系表的形式进行存储，这样会使数据管理简单清晰，但以上情况主要针对只有一张数据表的情况。当数据处理涉及多张数据表时，数据表之间的关系复杂，关系数据库的管理会提供规范化理论进行优化，这部分内容会在第 4 章进行详细讲解。

4. 可扩展性

由于传统关系数据库的数据存储在数据表中，当对大量数据表进行数据操作时，处理效率会降低。一种解决方法是可以提高计算机或服务器的存储空间和性能，即关系数据库的纵向扩展性，但是这种方式的扩展性具有一定的局限性。另一种解决方法是横向扩展，包括分片、读写分离、集群等方式。分片即将一个存储量较大的数据库分成若干个存储量小的数据库；读写分离即将数据库分为主数据库和从数据库，其中主数据库可以进行读写，而从数据库只能进行读取；集群即一个数据库可以有多个实例来访问共享存储中的数据库，每一个节点都可以读写，从应用角度来看，代码无须改变。

5. 查询方式

关系数据库采用 SQL 来对数据库进行查询。SQL 是关系数据库的标准语言，也是一个通用的、功能极强的关系数据库语言，支持数据库的增、删、改和查询操作。SQL 可以采用类似索引的方法来加快查询操作。

6. 规范化

在数据库的设计开发过程中通常会需要对一个或者多个实体进行操作。在关系数据库中，一个数据实体一般首先进行分割，然后对分割部分进行规范，规范后再分别存入多张数据表中。目前对于常用的部分软件，开发平台都会提供了一些简便的解决方式，如可以利用对象关系映射来将数据库中对象模型映射到基于 SQL 的关系数据库中，以及进行不同类型系统的数据之间的转换。

7. 事务性

关系数据库具有 ACID 特性，可以满足对事务性要求较高或者需要进行复杂数据查询的数据操作，而且可以充分满足数据库操作的高性能和操作稳定性的要求。一旦出现错误操作，关系数据库可以进行回滚事务操作。

2.1.2　常用关系数据库

关系数据库提出至今一直被广为使用，20 世纪 80 年代以来，计算机厂商推出的数据库管理系统绝大部分支持关系模型，其主流的关系数据库有 Oracle、DB2、MySQL、Microsoft SQL Server、Microsoft Access 等，每种数据库的语法、功能和特性也各具特色。下面介绍几款常用的关系数据库管理系统。

1）Oracle 数据库是由 Oracle 公司开发的一款关系数据库管理系统，其特点是系统可移植性好、使用方便、功能强、效率高、可靠性好，适用于并发量大的数据库。

2）MySQL 数据库是一种开放源代码的关系数据库管理系统，可以使用最常用的 SQL 进行数据库操作。其特点是体积小、速度快、安全性高、成本低，适用于事务处理规模较小的数据库。

3）SQL Server 数据库是由 Microsoft 公司推出的一款关系数据库管理系统，其特点是用户界面友好、数据处理便捷、可扩展性强、高性能、支持分布式客户机/服务器体系结构、支持 Web 技术、提供数据仓库功能，适用于存储量较大的中型数据库。

2.1.3 关系数据库的层次结构

关系数据库的层次结构可以分为四级，分别是数据库、表与视图、记录和字段。

1. 数据库

关系数据库可按数据存储方式及用户访问方式分为本地数据库和远程数据库两种类型。

1）本地数据库位于本地磁盘或局域网中，用于运行客户应用程序。如果多个用户并发访问数据库，为避免冲突，采取基于文件的锁定策略，因此本地数据库又称为基于文件的数据库。典型的本地数据库有 Paradox、dBase、FoxPro 及 Access 等。

2）远程数据库是指运行在同一网络不同计算机上的数据库，用户通过 SQL 来访问远程数据库中的数据，因此远程数据库又称为 SQL 服务器。典型的远程数据库有 InterBase、Oracle、SYBase、Informix、SQL Server 及 IBMDB2 等。

本地数据库与远程数据库相比，本地数据库访问速度快，但远程数据库的数据存储容量要大得多，且适合多个用户并发访问。

2. 表

关系数据库的基本组成就是存放数据的数据表，即关系理论中的关系。数据表是实际存在的表，是实际存储数据的逻辑表示。数据表的逻辑结构简单，由若干行和列构成，表中的每个元素都是原子项，不可再分。数据表可以存储简单数据，如整数、自然数、字符串等；也可以存储结构复杂的数据，如图像、声音等。

3. 视图

为了数据库的使用方便，关系数据库管理系统提供支持视图结构的操作。视图是由符合条件的一个或者多个基表（实际存放数据的数据表）或者其他视图导出的表组成，视图表是虚表，不对应存储的数据，数据库只存放其定义，而数据仍存放在基表中。因此，当基表中的数据有所变化时，视图中的数据也随之变化。

4. 记录

表中的一行称为一个记录。一个记录的内容是描述一类事物中的一个具体事物的一组数据。记录的集合称为表的内容，其中表名及表的标题是相对固定的，而表中记录的数量是变化的。

5. 字段

表中的一列称为一个字段。每个字段表示表中所描述的对象的一个属性。由于每个字段都包含数据类型相同的一组数据，因此字段名相当于一种多值变量。字段是数据库操纵的最小单位。表定义的过程就是指定每个字段的字段名、数据类型及宽度（占用的字节数）。

可以把关系数据库中的数据表和现实生活中的表格所使用的术语进行粗略的对比，如表 2-1 所示。

表 2-1 术语对比

关系术语	一般表格的术语
关系名	表名
关系模式	表头
关系	一张二维表
元组	记录或行
属性	列
属性名	列名
属性值	列值

2.1.4　关系数据库模型

关系数据库模型是一种数学化的模型，它将数据的逻辑结构归结为满足一定条件的二维表中的元素，这种表就称为关系表。一个实体由若干个关系组成，而关系表的集合就构成了关系模型。关系模型具有数据结构简单、能直接处理各对象关系、数据修改和更新方便、易于维护等优点，对数据之间的联系通过某种共同特征进行关联。

关系数据库系统是支持关系模型的数据库系统。按照数据模型的 3 个要素，关系模型由关系数据结构、关系操作和关系完整性约束 3 部分组成。

1. 关系数据结构

关系数据结构单一，在关系模型中，不管实体还是实体之间的联系均用关系来表示。从用户的角度来看，关系就是一张二维表，由行和列组成。

2. 关系操作

关系操作即对关系进行一系列操作。这些关系操作可以用代数运算来表示，其特点是集合操作。对于不同的关系数据库管理系统，可以定义和开发不同的语言来实现这些操作。

关系操作主要包括查询、插入、删除和修改数据，这些操作必须满足关系的完整性约束条件，即实体完整性、参照完整性和用户定义完整性。在非关系模型中，操作对象是单个记录；而关系模型中的数据操作是集合操作，操作对象和操作结果都是关系，即若干元组的集合。对于关系模型中的数据操作，用户只要指出"做什么"，而不必详细说明"怎么做"，从而大大提高了数据的独立性，提高了用户的生产率。

（1）常用的关系操作　关系数据库中的核心内容是关系，即二维表。关系操作在数据结构即二维表上进行，其操作对象是关系，操作结果也为关系。

常用的关系操作有选择、投影、连接、除、并、交、差、笛卡儿积等查询操作和插入、删除、修改等更新操作，其中并、差、交、笛卡儿积为传统的集合运算，选择、投影、连接、除为关系运算。

（2）关系语言的分类　描述关系操作的语言称为关系语言。早期的关系操作通常用代数方式或逻辑方式来描述，分别称为关系代数和关系演算。关系代数是用集合论中的关系运算来表达查询要求的方式。关系演算是以数理逻辑中的谓词演算来表达查询要求的方式。关系演算又可按谓词变元的基本对象是元组变量还是域变量分为元组关系演算和域关系演算。在关系演算中，如果谓词变元的基本对象是元组（数据表中的一行），则称之为元组关系演算；如果谓词变元的基本对象是域变量（元组变量的分量），则称之为域关系演算。关系代数、元组关系演算和域关系演算 3 种语言在表达能力上是完全等价的。

另外，还有一种介于关系代数和关系演算之间的 SQL。SQL 不仅具有丰富的查询功能，而且具有数据定义和数据控制功能，是集查询语言、数据定义语言（Data Definition Language，DDL）、数据操纵语言（Data Manipulation Language，DML）和数据控制语言（Data Control Language，DCL）于一体的关系数据语言。SQL 充分体现了关系数据语言的特点和优点，是关系数据的标准语言。

关系语言的特点是具有完备的表达能力，是非过程化的集合操作语言，功能强大，能够嵌入高级语言中使用。

综上，关系语言可以分为 3 类，分别是：关系代数语言，如 ISBL；关系演算语言，其还可分为元组关系演算语言（如 ALPHA、QUEL）和域关系演算语言（如 QBE）；具有关系代数和关系演算双重特点的语言，如 SQL。

特别地，SQL 是一种高度非过程化的语言，用户不必请求数据库管理员为其建立特殊的存取路径，存取路径的选择由关系数据库管理系统的优化机制来完成。例如，在一个存储有几百万条记录的关系中查找符合条件的某一个或某一些记录，从原理上来说可以有多种查找方法。例如，可以顺序扫描该关系，也可以通过某一种索引来查找。不同的查找路径（或者称为存取路径）的效率是不同的，有的完成某一个查询可能很快，有的可能极慢。关系数据库管理系统中研究和开发了查询优化方法，系统可以自动选择较优的存取路径，提高查询效率。

3. 关系完整性约束

为了维护数据库中数据与现实世界的一致性，对关系数据库的插入、删除和修改操作必须有一定的约束条件。数据的关系完整性约束是指在给定的数据模型中，数据及其联系所遵守的一组通用的完整性规则，用以确保数据库中数据的一致性和正确性。

在关系数据模型中，一般将数据完整性分为 3 类，即实体完整性、参照完整性、用户定义完整性。其中，实体完整性和参照完整性是关系模型必须满足的关系完整性约束条件。

2.2 关系模型

关系模型是一种结构数据模型，它是关系数据库管理系统的基础。关系模型的数据结构简单清晰，语义表达十分丰富，可以描述出现实世界的实体及实体之间的各种联系。也就是说，在关系模型中，现实世界的实体及实体间的各种联系均用单一的结构类型，即关系来表示。

下面以学生-课程实体间的联系为例来说明现实世界中的实体及它们之间的联系如何转换为关系。学生-课程关系如表 2-2 ~ 表 2-4 所示。

表 2-2 学生关系

学号	姓名	性别	出生年月	班级
S1901	刘丽	女	2000 − 5	计算机 19 − 1 班
S1902	林良	女	1999 − 12	计算机 19 − 1 班
S1903	张玉芬	女	2000 − 5	计算机 19 − 1 班
S1904	赵佳	女	2000 − 7	计算机 19 − 1 班
S1905	李星语	男	2000 − 12	计算机 19 − 1 班
S1906	吴康妮	女	1999 − 11	计算机 19 − 2 班
S1907	米露	女	2001 − 9	计算机 19 − 2 班

表 2-3　课程关系

课程号	课程名	学分
C01	大学计算机基础	3
C02	数据结构	4
C03	计算机组成原理	3
C04	Python	3

表 2-4　选课关系

学号	课程号	成绩
S1901	C01	88
S1901	C02	76
S1902	C02	90
S1902	C03	80
S1902	C04	85
S1903	C01	75
S1903	C04	91

关系模型中，实体之间的联系是通过表中某种共有的属性值建立起来的。从上述关系中可以分析出关系之间的联系，具体如下。

1）学生关系和选课关系的共有属性为学号，说明这两个关系之间存在联系。

2）课程关系和选课关系的共有属性为课程号，说明这两个关系之间存在联系。

3）在共有属性上具有相同属性值的元组之间存在联系，如学生关系（S1901，刘丽，女，2000 - 5，计算机 19 - 1 班）和选课关系（S1901，C01，88）两个元组之间的共有属性"学号"的取值相同，说明这两个元组之间存在联系。

综上，在一个关系中可以存放以下两类信息。

1）描述实体本身的信息。

2）描述实体之间的联系的信息。

所以，把所有实体及实体之间的联系采用关系来描述，即可得到一个关系模型。

2.2.1　关系数据结构及形式化定义

关系模型的数据结构非常简单，只包含单一的数据结构——关系。在用户看来，关系模型中数据的逻辑结构就是一张二维表。

前面已经非形式化地介绍了关系模型及有关的基本概念。关系模型是建立在集合代数的基础上的，这里从集合论角度给出关系的形式化定义。

1. 域

定义 2.1　域（Domain）是一组具有相同数据类型的值的集合，用 D 表示。

例如，自然数、整数、实数、长度小于 10 字节的字符串集合、$\{0，1\}$、$\{男，女\}$、大于等于 0 且小于等于 100 的奇数等都可以是域。

一个域允许的不同取值个数称为这个域的基数（Cardinal Number），用 m 表示。在关系中就是用域来表示属性的取值范围。例如：

D_1 = 教师姓名集合 = $\{岳云峰，赵佳，房天\}$，$m_1 = 3$。

D_2 = 性别集合 = $\{男，女\}$，$m_2 = 2$。

D_3 = 专业集合 = $\{计算机应用，大数据技术，人工智能\}$，$m_3 = 3$。

注意：域中的值是无序的，即域 D_3 可以是 $\{计算机应用，大数据技术，人工智能\}$，也可以是 $\{大数据技术，计算机应用，人工智能\}$ 或者 $\{人工智能，大数据技术，计算机应用\}$，它们都是等价的。

2. 笛卡儿积

定义 2.2 给定一组域 D_1，D_2，$\cdots$，D_n，允许其中某些域是相同的，D_1，D_2，$\cdots$，D_n 的笛卡儿积（Cartesian Product）为

$$D_1 \times D_2 \times \cdots \times D_n = \{(d_1,d_2,\cdots,d_n) \mid d_i \in D_i, i=1,2,\cdots,n\}$$

其中，每一个元素（d_1，d_2，$\cdots$，d_n）称为一个 n 元组（n-Tuple），或简称元组（Tuple）；元素中的每一个值 d_i 称为一个分量（Component）。

若 D_i（$i=1$，2，$\cdots$，n）为有限集，其基数为 m_i（$i=1$，2，$\cdots$，n），则 $D_1 \times D_2 \times \cdots \times D_n$ 的基数 M 为

$$M = \prod_{i=1}^{n} m_i$$

笛卡儿积可表示为一张二维表，表中的每行对应一个元组，每列的值来自一个域。

例如，上述教师关系中，D_1、D_2 和 D_3 的笛卡儿积为

$D_1 \times D_2 \times D_3 =$ {（岳云峰，男，计算机应用），（岳云峰，男，大数据技术），
（岳云峰，男，人工智能），（岳云峰，女，计算机应用），
（岳云峰，女，大数据技术），（岳云峰，女，人工智能），
（赵佳，男，计算机应用），（赵佳，男，大数据技术），
（赵佳，男，人工智能），（赵佳，女，计算机应用），
（赵佳，女，大数据技术），（赵佳，女，人工智能），
（房天，男，计算机应用），（房天，男，大数据技术），
（房天，男，人工智能），（房天，女，计算机应用），
（房天，女，大数据技术），（房天，女，人工智能）}

其中，（岳云峰，男，计算机应用）、（岳云峰，男，大数据技术）等都是元组；岳云峰、男、计算机应用等都是分量。

注意：笛卡儿积的元组是有序的，相同 d_i 的不同排序构成的元组是不同的，即（岳云峰，男，计算机应用）≠（男，岳云峰，计算机应用）≠（计算机应用，男，岳云峰）。

该笛卡儿积的基数为 $3 \times 2 \times 3 = 18$，即 $D_1 \times D_2 \times D_3$ 共有 18 个元组。这 18 个元组可构成一张二维表，如表2-5 所示。

由上述示例可以看出，笛卡儿积是域上的一种集合运算，其结果仍是集合，可以用二维表来表示。

3. 关系

数据的逻辑结构为满足一定条件的二维表，表具有固定的列数和任意的行数，

表 2-5 D_1、D_2 和 D_3 的笛卡儿积

教师姓名	性别	专业
岳云峰	男	计算机应用
岳云峰	男	大数据技术
岳云峰	男	人工智能
岳云峰	女	计算机应用
岳云峰	女	大数据技术
岳云峰	女	人工智能
赵佳	男	计算机应用
赵佳	男	大数据技术
赵佳	男	人工智能
赵佳	女	计算机应用
赵佳	女	大数据技术
赵佳	女	人工智能
房天	男	计算机应用
房天	男	大数据技术
房天	男	人工智能
房天	女	计算机应用
房天	女	大数据技术
房天	女	人工智能

在数学上称为关系（Relation）。下面给出关系的形式化定义。

表 2-6 D_1、D_2 和 D_3 笛卡儿积的子集 T_1

教师姓名	性别	专业
岳云峰	男	计算机应用
赵佳	女	大数据技术
房天	男	人工智能

定义 2.3 $D_1 \times D_2 \times \cdots \times D_n$ 的子集称为在域 D_1，D_2，$\cdots$，D_n 上的关系，表示为 R（D_1，D_2，$\cdots$，D_n），其中 R 表示关系的名字，n 是关系的目或度（Degree）。

例如，已知上述教师关系的笛卡儿积，取其中一个子集 T_1，如表 2-6 所示。

根据表 2-6 可以得出：

1）当 n = 1 时，称该关系为单元关系（Unary Relation）或一元关系；当 n = 2 时，称该关系为二元关系（Binary Relation）。那么对应表 2-6 中 n = 3 时，T_1 为三元关系。

2）数据表中的每行元素是关系中的元组，通常用 t 表示。关系中元组的个数就是关系的基数。表 2-6 中有（岳云峰，男，计算机应用）、（赵佳，女，大数据技术）、（房天，男，人工智能）3 个元组，那么表 2-6 所示的 T_1 的基数为 3。

关系是笛卡儿积的有限子集，所以关系也是一张二维表，表的每行对应一个元组，表的每列对应一个域。由于域可以相同，为了加以区分，必须对每列起一个名字，称为属性（Attribute），相当于记录中的一个字段。n 目关系必有 n 个属性。

一般来说，D_1，D_2，$\cdots$，D_n 的笛卡儿积是没有实际语义的，只有它的某个真子集才有实际含义。

例如，在表 2-6 D_1、D_2 和 D_3 的笛卡儿积中，许多元组是没有意义的。假设教师姓名不会重名，那么正确的逻辑关系是一名教师的性别只能是（男，女）集合中的一个值，并且一名教师只能属于一个专业，这样表 2-6 才是有意义的，才能够表示教师的基本信息。

2.2.2 关系的性质

按照定义 2.2，关系可以是一个无限集合。由于组成笛卡儿积的域不满足交换律，因此按照数学定义，（d_1，d_2，$\cdots$，d_n）≠（d_2，d_1，$\cdots$，d_n）。当关系作为关系数据模型的数据结构时，需要给予如下限定和扩充。

1）笛卡儿积可以是一个无限集合，但关系必须是有限集合，即无限关系在数据库系统中是无意义的。因此，限定关系数据模型中的关系必须是有限集合。

2）通过为关系的每个列附加一个属性名的方法取消关系属性的有序性，即（d_1，d_2，$\cdots$，d_i，d_j，$\cdots$，d_n）=（d_1，d_2，$\cdots$，d_j，d_i，$\cdots$，d_n）（i，j = 1，2，$\cdots$，n）。

因此，基本关系具有以下 6 条性质。

1）列是同质的，即每一列中的分量是同一类型的数据，来自同一个域。例如，表 2-6 中，"教师姓名"列中的所有值都取自域 D_1 = {岳云峰，赵佳，房天}。

2）不同列的值可出自同一个域，称其中的每列为一个属性，不同的属性要给予不同的属性名。

同样，以 D_1 = 教师姓名集合 = {岳云峰，赵佳，房天}、D_2 = 性别集合 = {男，女}、D_3 = 专业集合 = {计算机应用，大数据技术，人工智能} 为例，在构建关系时，还要包含"系主任"一列，其值同样取自域 D_1。为了避免混淆，必须给"教师姓名"和"系主任"两列取不同的列名，不能直接使用域名，如表 2-7 所示。

表 2-7　一个关系两列值来自同一个域

教师姓名	性别	专业	系主任
岳云峰	男	计算机应用	岳云峰
赵佳	女	大数据技术	岳云峰
房天	男	人工智能	岳云峰

3）列的顺序是无序的，即列的次序可以任意交换。但在交换列值时，列名也要一起交换，否则将会得到不同的关系。以表2-7为例，交换列后得到表2-8和表2-9。

表 2-8　关系交换列（连同列名）

专业	教师姓名	性别
计算机应用	岳云峰	男
大数据技术	赵佳	女
人工智能	房天	男

表 2-9　关系交换列（列名不换）

教师姓名	性别	专业
计算机应用	男	岳云峰
大数据技术	女	赵佳
人工智能	男	房天

由此可以发现，在交换列值的同时不交换列名得到的是完全不同的数据表。由于列顺序是无关紧要的，因此在许多实际关系数据库产品中增加新属性时，永远将其插至最后一列。

4）关系中不允许出现完全相同的元组，即关系中不能出现两行值完全一致的记录。因为数学中集合具有互异性，即不能存在相同的元素，而关系是元组的集合，所以作为集合元素的元组也应该是唯一的。

5）行的顺序可以任意交换。根据这一性质，在查询数据时，可以根据某种条件对元组进行重新排序，然后按照排序后的数据表进行查询，可以提高查询效率，如按成绩由高到低进行排序等。

6）分量必须取原子值，即每个分量必须是不可分的数据项。

关系模型要求关系必须是规范化的，即要求关系必须满足一定的规范条件。这些规范条件中最基本的一条就是关系的每个分量必须是一个不可分的数据项。规范化的关系简称为范式（Normal Form，NF）。在数据表中，分量可以为空值，表示"未知"或者"不知道"，但是不允许出现"表中表"。

例如，表2-10中，"籍贯"列包含"省"和"市"两项，这种"表中表"的形式就是非规范化关系。应把"籍贯"列分为"省"和"市"两列，使其规范化，如表2-11所示。

表 2-10　非规范化关系

教师姓名	性别	专业	籍贯	
			省	市
岳云峰	男	计算机应用	黑龙江	哈尔滨
赵佳	女	大数据技术	北京	
房天	男	人工智能	吉林	长春

表 2-11　规范化关系

教师姓名	性别	专业	省	市
岳云峰	男	计算机应用	黑龙江	哈尔滨
赵佳	女	大数据技术	北京	
房天	男	人工智能	吉林	长春

2.2.3 关系模式

关系模式是一种概念模式,是关系数据库中全体数据的逻辑结构和特性的描述。在数据库中要区分型和值。关系数据库中,关系模式是型,关系是值。关系模式是对关系的描述,那么一个关系需要描述哪些方面呢?

关系是元组的集合,因此关系模式必须指出该元组集合的结构,即它由哪些属性构成,每个属性都要定义属性名,这些属性来自哪些域,以及属性与域之间的映像关系。

一个关系通常是由赋予它的元组语义来确定的。元组语义实质上是一个 n 目谓词(n 是属性集中的属性的个数)。凡是使 n 目谓词为真的笛卡儿中的元素(或者说凡符合元组语义的那部分元素)的全体就构成了该关系模式的关系。也就是说,单纯的笛卡儿积很难反映出现实关系,只有为笛卡儿积中的元组赋予语义,并且采用符合实际语义的元素构成的关系才是关系模式。现实世界随着时间在不断变化,在不同的时刻关系模式的关系也会有所变化。但是,现实世界的许多已有事实和规则会对关系模式有所限定,所以在构建关系时必须满足一定的完整性约束条件。其中这些约束可以通过对属性取值范围来限定,如学生选修课程的成绩应大于等于 0 且小于等于 100 分(假设试卷成绩满分为 100 分)。

关系模式的数据结构可以描述现实世界的实体及实体间的各种联系。在关系模式中,可以把现实世界中的实体及实体间的各种联系均用单一的关系来表示。

定义 2.4 关系的描述称为关系模式。它可以形式化地表示为

$$R(U,D,DOM,F)$$

式中,R 为关系名;U 为组成该关系的属性名集合;D 为 U 中属性所来自的域;DOM 为属性向域的映像集合;F 为属性间数据的依赖关系集合。

属性间的数据依赖将在第 4 章讨论,本章中的关系模式仅涉及关系名、各属性名、域名、属性向域的映像 4 部分,即 R(U,D,DOM)。由于属性名 D 和属性向域的映像 DOM 常常直接说明为属性的类型、长度,因此关系模式通常可以简记为

$$R(U) 或 R(A_1,A_2,\cdots,A_n)$$

式中,R 为关系名;A_1,A_2,$\cdots$,A_n 为属性名。

例如,学生基本信息的关系模式可以表示为学生(学号,姓名,性别,出生年份,班级,入学年份),其中学号、姓名、性别等为属性名,那么该关系模式是通过这些属性名来进行描述的。而对于关系模式,都会有其相对应的实例,表 2-12 即为该关系模式对应实例的元组。

表 2-12 与学生关系模式对应的实例元组

S1901	邓小峰	男	1999 - 12	计算机 19 - 2 班	2019
S1902	张维加	男	1999 - 10	计算机 19 - 2 班	2019
S1903	占博	男	2001 - 6	计算机 19 - 2 班	2019
S1904	冯亦欣	女	1999 - 11	计算机 19 - 2 班	2019
S1905	魏家平	男	1999 - 12	计算机 19 - 2 班	2019

2.3 关系模型的完整性规则

关系模型是由若干个关系模式构成的集合，关系模式是对现实世界的客观描述，关系的值会随着时间变化而发生改变。那么为了保证数据的正确性、相容性和有效性，就要对关系模型的数据及其联系进行某种制约，即关系的值随着时间变化时应该满足一些约束条件。这些约束条件实际上是现实世界的要求。任何关系在任何时刻都要满足这些语义约束。例如，学生的学号必须唯一、学生的性别只能是男或女、学生所选修的课程必须是已经开设的课程等。

关系模型中有 3 类完整性约束：实体完整性、参照完整性和用户定义完整性。其中，实体完整性和参照完整性是关系模型必须满足的完整性约束条件，称为关系的两个不变性，应该由关系系统自动支持；用户定义完整性是应用领域需要遵循的约束条件。不同的数据库应满足的约束条件也不尽相同，用户定义完整性约束体现了对于某一应用所涉及数据必须遵守的约束条件，体现了具体领域中的语义约束。

2.3.1 关系的基本术语

1. 候选码

若关系中的某属性组的值能唯一地标识一个元组，而其任何子集不能，则称该属性组为候选码（Candidate Key），也称候选关键字或候选码。例如，学生关系中的学号能唯一地标识每一个学生，则属性"学号"是学生关系的候选码。在选课关系中，只有属性的组合"学号 + 课程号"才能唯一地区分每一条选课记录，则属性集"学号 + 课程号"是选课关系的候选码。

由定义可以看出，候选码有以下两个性质。

1）唯一性：关系 R 的任意两个不同元组，其候选码的值是不同的。

2）最小性：在关系候选码的属性集中，任一属性都不能从该属性集中删除，否则将破坏唯一性的性质。

例如，学生关系中的每个学生的学号是唯一的，选课关系中"学号 + 课程号"的组合也是唯一的。属性集"学号 + 课程号"满足最小性，从中去掉任一属性，都无法唯一地标识选课记录。

2. 主码

如果一个关系中有多个候选码，可以从中选择一个作为查询、插入或删除元组的操作变量，被选用的候选码称为主码（Primary Key），或称为主关系键、主键、关系键、关键字等。在关系中，主码通常用下划线表示。

例如，假设在教师关系中没有重名的教师，则"教工号"和"姓名"都可作为教师关系的候选码。

如果选择"教工号"作为数据操作的依据，则"教工号"为主码；如果选定"姓名"作为数据操作的依据，则"姓名"为主码。

每个关系都必须选择一个主码，并有且仅有一个主码。主码确定后，不能随意改变。通常用属性数量最少的属性组合作为主码。

3. 主属性与非主属性

包含在候选码中的各个属性称为主属性（Prime Attribute）。例如，学生关系中的"学号"、教工关系中的"教工号"、选课关系中的"学号 + 课程编号"都是各自关系中的主属性。

不包含在任何候选码中的属性称为非主属性（或非码属性，Non-Prime Attribute）。例如，学生关系中的"姓名""性别""出生年月""班级""入学年份"，选课关系中的"成绩"都是各自关系中的非主属性。

在最简单的情况下，一个候选码只包含一个属性，如学生关系中的"学号"、教师关系中的"教师号"。在最极端的情况下，所有属性的组合都是关系的候选码，这时称为全码（All-Key）。

【例 2-1】 假设有教师授课关系 TCS，其有 3 个属性，即教师（T）、课程（C）和学生（S）。一个教师可以讲授多门课程，一门课程可以有多个教师讲授，同一个学生可以选修多门课程，一门课程可以为多个学生选修。在这种情况下，T、C、S 三者之间是多对多关系，（T，C，S）3 个属性的组合是关系 TCS 的候选码，称为全码，T、C、S 都是主属性。

4. 外码

定义 2.5 设 F 是基本关系 R 的一个或一组属性，但不是关系 R 的主码；K_s 是基本关系 S 的主码。如果 F 与 K_s 相对应，则称 F 是 R 的外码（foreign key），并称基本关系 R 为参照关系（Referencing Relation），基本关系 S 为被参照关系（Referenced Relation）或目标关系（Target Relation），如图 2-1 所示。关系 R 和 S 不一定是不同的关系。

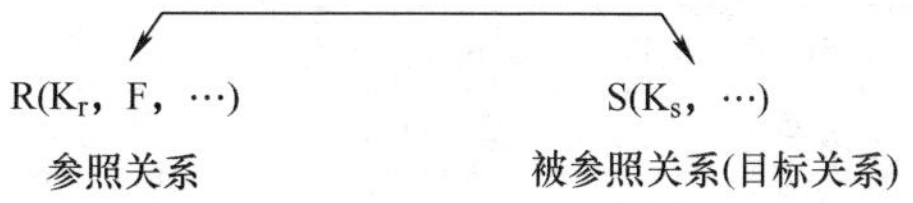

$$R(K_r, F, \cdots) \qquad S(K_S, \cdots)$$

参照关系　　　　　　　被参照关系(目标关系)

图 2-1 参照关系和被参照关系

通过定义 2.5 可以看出，如果一个属性组不是所在关系的主码，但是其他关系的主码，那么该属性组就是外码。也就是说，在实际应用中，表示两个数据表之间存在联系所使用的值是一个表的主属性的值，而在另一个表中这些值存储在一个属性中，该属性就是表明两表之间关联的外码。目标关系 S 的主码 K_s 和参照关系 R 的外码 F 必须定义在同一个（或同一组）域上。

【例 2-2】 假设有如下两个关系，关系 R 为学生（学号，姓名，性别，出生年月，系号），关系 S 为系（系号，系名，办公地点，电话），在关系 R 中的属性"系号"并非主码，但是这一属性的值必须取自该学校已有的系中，即它的取值范围应该在关系 S 中的主码"系号"中。因此，不难看出，"系号"建立起了关系 R 和关系 S 的联系，即属性"系号"为关系 R 的外码。

【例 2-3】 如表 2-4 所示的选课关系中，"学号"属性与学生关系（表 2-2）的主码"学号"相对应，"课程号"属性与课程关系（表 2-3）的主码"课程号"相对应。因此，"学号"和"课程号"属性是选课关系的码。学生关系和课程关系为被参照关系，选课关系为参照关系。

由外码的定义可知，被参照关系的主码和参照关系的外码必须定义在同一个域上。例如，选课关系中的"学号"属性与学生关系的主码"学号"要定义在同一个域上；选课关系中的"课程号"属性与课程关系的主码"课程号"要定义在同一个域上。

2.3.2 实体完整性

实体完整性是定义在主码属性上的规则。由于现实世界中的实体都是可区分的，即数据表中的每个元组都是唯一的、可区分的，由主码定义得知，主码能够唯一标识一个元组，那么，该约束条件可以通过实体完整性来保证。

规则2-1 实体完整性规则，若属性（指一个或一组属性）是基本关系的主属性（或主码中的属性），则其不能取空值。

该规则很容易理解，因为主属性能唯一标识关系中的元组，若取空值，便失去了唯一元组功能。

例如，在表2-13所示的学生关系模式中，学生（<u>学号</u>，姓名，性别，年龄，籍贯，专业名称）中学号是主码。根据实体完整性约束规则，学号不能取空值，假如第3行学号为空，那么将无法区分重名的"张喆"这个学生。在表2-14所示的选课关系模式中，选修（<u>学号</u>，<u>课程号</u>，成绩）中属性组"学号"和"课程号"为主码，所以这两个属性均不能取空值。如果主码中任何一个属性的值为空，都不能确定给出的成绩是哪名同学或者哪门课程的。

表2-13 学生关系

学号	姓名	性别	年龄	籍贯	专业名称
S1991	张喆	男	20	吉林省	计算机
S1992	马雨彤	女	20	黑龙江省	计算机
S1993	张喆	男	20	吉林省	计算机
S1994	赵鑫	女	19	辽宁省	计算机
S1995	黄一钊	男	19	山东省	计算机

表2-14 选课关系

学号	课程号	成绩
S1991	C01	88
S1991	C02	76
S1992	C02	90

对于实体完整性规则的说明如下。

1）实体完整性规则是针对基本关系而言的。一个基本表（Base Table）通常对应现实世界的一个实体集，如学生关系对应于学生的集合。

2）现实世界中的实体是可区分的，即它们具有某种唯一性标识。例如，每一个学生都是独立的个体，是不一样的。

3）相应地，关系模型中以主码作为唯一性标识。

4）主码中的属性即主属性不能取空值。如果主属性取空值，就说明存在某个不可标识的实体，即存在不可区分的实体，这与第2）点相矛盾，因此该规则称为实体完整性。

2.3.3 参照完整性

现实世界中的实体之间通常存在某种联系，在关系模型中实体及实体间的联系都是用关系来描述的，这样就自然存在着关系与关系间的引用。下面通过3个例子来理解关系之间的联系。

【例2-4】 学生实体和专业实体可以用下面的关系来表示，其中主码用下划线标识。

学生（<u>学号</u>，姓名，性别，专业号，年龄）

专业（<u>专业号</u>，专业名）

这两个关系之间的联系通过外码来实现，即学生关系引用了专业关系的主码"专业号"。显然，学生关系中的外码"专业号"值必须取自专业的主码"专业号"的已有值的范围，即专业关系中有该专业号的记录。也就是说，学生关系中的某个属性的取值需要参照专业关系的属性取值。

【例 2-5】　学生、课程、学生与课程之间的多对多联系可以用如下 3 个关系表示。

学生（<u>学号</u>，姓名，性别，专业号，年龄）

课程（<u>课程号</u>，课程名，学分）

选修（<u>学号</u>，<u>课程号</u>，成绩）

这 3 个关系之间的联系也是通过属性引用的外码来实现的，即选修关系引用了学生关系的主码"学号"和课程关系的主码"课程号"。同样，选修关系中的"学号"值必须是确实存在的学生的学号，即学生关系中有该学生的记录；选修关系中的"课程号"值也必须是确实存在的课程的课程号，即课程关系中有该课程的记录。换句话说，选修关系中某些属性的取值需要参照其他关系的属性取值。通过例 2-5 不难看出，学生关系中的"学号"和课程关系中的"课程号"在这两个关系中既是主码也是外码。

不仅两个或两个以上的关系间可以存在引用关系，同一关系内部属性间也可能存在联系。

【例 2-6】　在学生（<u>学号</u>，姓名，性别，专业号，年龄，班长）关系中，"学号"属性是主码，"班长"属性表示该学生所在班级的班长的学号，它引用了本关系"学号"属性，即"班长"必须是确实存在的学生的学号。也就是说，学生关系中的外码"班长"参照了本关系中的主码"学号"来取值。

需要指出的是，外码并不一定要与相应的主码同名，如例 2-6 中学生关系的主码为"学号"，外码为"班长"。但是，在实际应用中为了便于识别，当外码与相应的主码属于不同关系时，往往给它们取相同的名字。

参照完整性规则就是定义外码与主码之间的引用规则。

规则 2-2　参照完整性规则，若属性（或属性组）F 是基本关系 R 的外码，它与基本关系 S 的主码 K_s 相对应（基本关系 R 和 S 不一定是不同的关系），则对于 R 中每个元组在 F 上的值必须：

1）或者取空值（F 的每个属性值均为空值）；

2）或者等于 S 中某个元组的主码值。

例如，例 2-4 学生关系中每个元组的"专业号"属性只能取下面两类值。

1）空值，表示尚未给该学生分配专业。

2）非空值，这时该值必须是专业关系中某个元组的"专业号"值，表示该学生不可能分配到一个不存在的专业中。也就是说，被参照关系"专业"中一定存在一个元组，它的主码值等于该参照关系"学生"中的外码值。

对于例 2-5，按照参照完整性规则，"学号"和"课程号"属性也可以取两类值，即空值或目标关系中已经存在的值。但由于"学号"和"课程号"是选修关系中的主属性，按照实体完整性规则，它们均不能取空值，因此选修关系中的"学号"和"课程号"属性实际上只能取相应被参照关系中已经存在的主码值。

参照完整性规则中，R与S可以是同一个关系。例如，对于例2-6，按照参照完整性规则，"班长"属性值可以取两类值。

1）空值，表示该学生所在班级尚未选出班长。

2）非空值，这时该值必须是本关系中某个元组的学号值。

2.3.4 用户定义完整性

实体完整性和参照完整性是所有关系数据库系统都应该支持的，这也是关系模型要求的。除此之外，不同的关系数据库系统根据其应用环境的不同，往往还需要一些特殊的约束条件。用户定义完整性就是针对某一具体关系数据库的约束条件，它反映某一具体应用所涉及的数据必须满足的语义要求。例如，某个属性必须取唯一值、某个属性的取值必须在某个范围、某些属性值之间应该满足一定的函数关系等。例如，在例2-2的学生关系中，若按照现实世界的要求学生不能没有姓名，那么就要求学生姓名不能取空值；在例2-3中，"成绩"属性的取值范围可以定义在0～100之间等。

关系模型应提供定义和检验这类完整性的机制，以便用统一的、系统的方法处理它们，而不需由应用程序承担该功能。

2.4 传统的关系代数运算

关系代数是一种抽象的查询语言，是关系数据操纵语言的一种传统表达方式，它用对关系的运算来表达查询。

任何一种运算都是将一定的运算符作用于一定的运算对象上，得到预期的运算结果。所以，运算对象、运算符、运算结果是运算的三大要素。

关系代数的运算对象是集合，运算结果也是集合，即关系运算是集合操作的方式，这种操作称为一次一集合。关系代数用到的运算符包括4类：集合运算符、专门的关系运算符、比较运算符和逻辑运算符，如表2-15所示。

表2-15 关系代数运算符

运算符		含义	运算符		含义
集合 运算符	∪	并	专门的 关系运算符	σ	选择
	—	差		π	投影
	∩	交		⋈	连接
	×	笛卡儿积		÷	除
比较 运算符	>	大于	逻辑 运算符	¬	非
	> =	大于等于			
	<	小于		∧	与
	< =	小于等于			
	=	等于		∨	或
	< >	不等于			

比较运算符和逻辑运算符用来辅助专门的关系运算符进行操作,所以关系代数的运算按照不同的运算符主要区分为两类,分别是传统的集合运算和专门的关系运算。

1)传统的集合运算。传统的集合运算将关系看成元组的集合,其运算是从关系的"水平"方向,即行的角度来进行。传统的集合运算包括并运算(Union)、差运算(Except)、交运算(Intersection)和笛卡儿积运算。

2)专门的关系运算。专门的关系运算不仅涉及行,而且涉及列。这种运算是为数据库的应用而引入的特殊运算,包括选择运算(Selection)、投影运算(Projection)、连接运算(Join)和除运算(Division)。

从关系代数完备性角度看,关系代数分为以下两种操作类型。

1)5 种基本操作:并、差、笛卡儿积、选择和投影,构成关系代数完备的操作集。

2)非基本操作:可用以上 5 种基本操作合成的所有其他操作。

本节主要介绍传统的集合运算。传统的集合运算是二目运算,即参与运算的运算对象是两个关系,但是并不是任意两个关系都能进行传统的集合运算,还需要具备以下两个条件。

假设已知关系 R 和关系 S,那么:

1)关系 R 和关系 S 必须具有相同的目 n,即列数(或称度数)相同。

2)关系 R 和关系 S 对应列取值(或称属性)必须来自同一个域,其中对应的列名可以是不同的。

除笛卡儿积运算外,其他参与传统集合运算的关系都要满足以上两个条件。

1. 并

关系 R 和关系 S 的并运算的结果由属于关系 R 或属于关系 S 的元组构成,即关系 R 和关系 S 的所有元组合并,且删除重复元组所构成的新关系,记作:

$$R \cup S = \{t \mid t \in R \vee t \in S\}$$

式中,$\cup$ 为并运算符,其结果仍为 n 目关系;t 为元组变量。

并运算通常用于关系数据库中元组的插入和增加操作。

2. 差

关系 R 和关系 S 的差运算结果由属于关系 R 但是不属于关系 S 的所有元组构成,即关系 R 中删除所有与关系 S 中相同的元组所构成的新关系,记作:

$$R - S = \{t \mid t \in R \wedge t \notin S\}$$

式中,$-$ 为差运算符,其结果关系仍为 n 目关系;t 为元组变量。

差运算通常用于关系数据库中元组的删除操作。

3. 交

关系 R 和关系 S 的交运算结果由既属于关系 R 又属于关系 S 的元组构成,即在关系 R 和关系 S 中取相同的元素所构成的新关系,记作:

$$R \cap S = \{t \mid t \in R \wedge t \in S\}$$

式中,$\cap$ 为交运算符,其结果关系仍为 n 目关系;t 为元组变量。

交运算通常用于关系数据库中元组的检索操作。

关系的交为非基本运算,其可以由基本运算差运算来表示:

$$R \cap S = R - (R - S)$$

根据并、差和交运算的规则不难分析出，已知关系 R 中有 m 个元组，关系 S 中有 n 个元组，两者有 k 个元组相同，那么：

1）R∪S 中的元组数为 m + n − k。

2）R − S 中的元组数为 m − k。

3）R∩S 中的元组数为 k。

4. 笛卡儿积

这里的笛卡儿积严格地说应该是广义的笛儿尔积（Extended Cartesian Product），因为这里笛卡儿积的元素是元组。

两个分别为 n 目和 m 目的关系 R 和关系 S 的笛卡儿积是一个（n + m）列的元组的集合。元组的前 n 列是关系 R 的一个元组，后 m 列是关系 S 的一个元组。若 R 有 k_1 个元组，S 有 k_2 个元组，则关系 R 和关系 S 的笛卡儿积有 $k_1 \times k_2$ 个元组，记作：

$$R \times S = \{ \widehat{t_r t_s} \mid t_r \in R \wedge t_s \in S \}$$

广义笛卡儿积运算通常用于关系数据库中两个关系的连接操作。

【例 2-7】 图 2-2a 和 b 分别为具有 3 个属性列的关系 R、S，图 2-2c 为关系 R 与 S 的并，图 2-2d 为关系 R 与 S 的交，图 2-2e 为关系 R 和 S 的差，图 2-2f 为关系 R 和 S 的笛卡儿积。

A	B	C
a_1	b_1	c_1
a_1	b_2	c_1
a_2	b_2	c_2

a) R

A	B	C
a_1	b_2	c_1
a_1	b_2	c_2
a_2	b_2	c_2

b) S

A	B	C
a_1	b_1	c_1
a_1	b_2	c_1
a_2	b_2	c_2
a_1	b_2	c_2

c) R∪S

A	B	C
a_1	b_2	c_1
a_2	b_2	c_2

d) R∩S

A	B	C
a_1	b_1	c_1

e) R−S

R.A	R.B	R.C	S.A	S.B	S.C
a_1	b_1	c_1	a_1	b_2	c_1
a_1	b_1	c_1	a_1	b_2	c_2
a_1	b_1	c_1	a_2	b_2	c_2
a_1	b_2	c_1	a_1	b_2	c_1
a_1	b_2	c_1	a_1	b_2	c_2
a_1	b_2	c_1	a_2	b_2	c_2
a_2	b_2	c_2	a_1	b_2	c_1
a_2	b_2	c_2	a_1	b_2	c_2
a_2	b_2	c_2	a_2	b_2	c_2

f) R×S

图 2-2 传统集合运算

2.5 专门的关系代数运算（选择、投影）

专门的关系代数运算包括选择、投影、连接、除运算等。为了叙述方便，先引入几个记号。

1）设关系模式为 R（A_1，A_2，…，A_n），它的一个关系设为 R，$t \in R$ 表示 t 是 R 的一个元组，$t[A_i]$ 表示元组中相应于属性 A_i 的一个分量。

2）若 A = {A_{i1}，A_{i2}，…，A_{ik}}，其中 A_{i1}，A_{i2}，…，A_{ik} 是 A_1，A_2，…，A_n 中的一部分，则 A 称为属性列或属性组。$t[A] = (t[A_{i1}]，t[A_{i2}]，…，t[A_{ik}])$ 表示元组 t 在属性列 A 上诸分量的集合，$\overline{A}$ 则表示 {A_1，A_2，…，A_n} 中去掉 {A_{i1}，A_{i2}，…，A_{ik}} 后剩余的属性组。

3）R 为 n 目关系，S 为 m 目关系。$t_r \in R$，$t_s \in S$，$\overset{\frown}{t_r t_s}$ 称为元组的连接（Concatenation）或元组的串接。它是一个 n+m 列的元组，前 n 个分量为 R 中的一个 n 元组，后 m 个分量为 S 中的一个 m 元组。

4）给定一个关系 R（X，Z），X 和 Z 为属性组。当 $t[X] = x$ 时，x 在 R 中的象集（Imagesset）定义为

$$Z_x = \{t[Z] \mid t \in R, t[X] = x\}$$

它表示 R 中属性组 X 上值为 x 的诸元组在 Z 上分量的集合。

例如，图 2-3 中，x_1 在 R 中的象集 $Z_{x1} = \{Z_1, Z_2, Z_3\}$，$x_2$ 在 R 中的象集 $Z_{x2} = \{Z_2, Z_3\}$，x_3 在 R 中的象集 $Z_{x3} = \{Z_1, Z_3\}$。

下面给出这些专门的关系代数运算的定义。本节主要介绍选择和投影运算。

在介绍专门关系代数运算之前，先给出一个学生-课程数据库实例，如表 2-16 ~ 表 2-18 所示。

X_1	Z_1
X_1	Z_2
X_1	Z_3
X_2	Z_2
X_2	Z_3
X_3	Z_1
X_3	Z_3

图 2-3 象集举例

表 2-16 学生信息

学号	姓名	性别	年龄	所在系
S2020	裴彧	男	18	大数据
S2021	吴双	女	19	大数据
S2022	张晓丹	女	19	大数据
S2023	邹立国	男	20	人工智能
S2024	张国栋	男	19	人工智能

表 2-17 课程信息

课程号	课程名	学分
1	数据库	4
2	数据结构	4
3	高等数学	6
4	大学物理	5
5	C语言	3

表 2-18 学生选课信息

学号	课程号	成绩
S2020	1	95
S2020	2	90
S2020	3	89
S2021	1	90
S2021	3	88
S2021	4	80

1. 选择

选择又称为限制（Restriction），是在关系 R 中选择满足给定条件的所有元组，记作：

$$\sigma_F(R) = \{t \mid t \in R \wedge F(t) = '真'\}$$

式中，F 为选择条件，它是一个逻辑表达式，取逻辑值"真"或"假"。

逻辑表达式 F 的基本形式为

$$X_1 \theta Y_1$$

式中，θ 为比较运算符，可以是 >、≥、<、≤、= 或 < >；X_1、Y_1 为属性名，或为常量，或为简单函数。

属性名也可以用它的序号来代替。在基本的选择条件上可以进一步进行逻辑运算，即进行求非（¬）、与（∧）、或（∨）运算。

选择运算实际上是从关系 R 中选取使逻辑表达式 F 为真的元组。这是从行的角度进行的运算，即水平方向抽取元组。经过选择运算得到的结果元组可以形成一个新的关系，其关系模式不变，但其中元组的数目小于等于原关系中元组的个数，它是原关系的一个子集。

【例 2-8】 查询大数据系的所有学生。

$$\sigma_{所在系 = '大数据'}(学生信息表) \quad 或 \quad \sigma_{5 = '大数据'}(学生信息表)$$

其结果如表 2-19 所示。

表 2-19　查询大数据系学生的结果

学号	姓名	性别	年龄	所在系
S2020	裴彧	男	18	大数据
S2021	吴双	女	19	大数据
S2022	张晓丹	女	19	大数据

【例 2-9】 查询男同学的基本信息。

$$\sigma_{性别 = '男'}(学生信息表) \quad 或 \quad \sigma_{3 = '男'}(学生信息表)$$

其结果如表 2-20 所示。

表 2-20　查询男学生的结果

学号	姓名	性别	年龄	所在系
S2020	裴彧	男	18	大数据
S2023	邹立国	男	20	人工智能
S2024	张国栋	男	19	人工智能

【例 2-10】 查询大数据系所有男生的学生信息。

$$\sigma_{所在系 = '大数据' \wedge 性别 = '男'}(学生信息表) 或 \sigma_{5 = '大数据' \wedge 3 = '男'}(学生信息表)$$

其结果如表 2-21 所示。

表 2-21　查询大数据系男学生的信息结果

学号	姓名	性别	年龄	所在系
S2020	裴彧	男	18	大数据

2. 投影

关系 R 上的投影是从 R 中选择出若干属性列组成新的关系，记作：

$$\prod_A(R) = \{t[A] \mid t \in R\}$$

式中，A 为 R 中的属性列。

投影操作是从列的角度进行的运算，相当于对关系进行垂直分解。经过投影运算得到的新关系所包含的属性个数往往比原关系少，或者属性的排列顺序不同。投影之后不仅取消了原关系中的某些列，而且还可能取消某些元组，因为取消了某些属性列后就可能出现重复行，应取消这些完全相同的行。

【例 2-11】 查询学生的学号、姓名和所在系。

$$\prod_{学号,姓名,所在系}(学生信息表) 或 \prod_{1,2,5}(学生信息表)$$

其结果如表 2-22 所示。

【例 2-12】 查询学生信息表中都有哪些系。

$$\prod_{所在系}(学生信息表) 或 \prod_5(学生信息表)$$

其结果如图 2-4 所示。

表 2-22 查询学生的学号、姓名和所在系的结果

学号	姓名	所在系
S2020	裴彧	大数据
S2021	吴双	大数据
S2022	张晓丹	大数据
S2023	邹立国	人工智能
S2024	张国栋	人工智能

所在系
大数据
人工智能

图 2-4 查询学生信息表中所在系信息

学生信息表中共有 5 条记录，在查询所在系都有哪些信息时，即投影运算的过程中所在系的属性值出现了 3 个大数据、2 个人工智能这样的重复信息，因此在结果中取消重复信息，最终只保留 2 条记录。

注意：

1）在关系代数运算过程中，选择运算的逻辑表达式 F 和投影运算的属性条件 A 中的属性名可以用该属性的列序号表示。

2）字符型数据值在引用时应该用单引号括起来。

2.6 专门的关系代数运算（连接、除）

1. 连接

连接也称为 θ 连接，是从两个关系的笛卡儿积中选取属性间满足一定条件的元组，记作：

$$R \underset{A\theta B}{\bowtie} S = \{ \widehat{t_r t_s} \mid t_r \in R \wedge t_s \in S \wedge t_r[A] \theta t_s[B] \}$$

式中，A 和 B 分别为 R 和 S 上列数相等且可比的属性组；θ 为比较运算符。

连接运算从 R 和 S 的笛卡儿积（R×S）中选取 R 关系在 A 属性组上的值与 S 关系在 B

属性组上的值满足比较关系 θ 的元组。

连接运算中有两种极为重要也极为常用的连接，一种是等值连接（Equi Join），另一种是自然连接（Natural Join）。

1）比较运算符 θ 为 "=" 的连接运算称为等值连接，其结果是从关系 R 与 S 的广义笛卡儿积中选取 A、B 属性值相等的那些元组构成新关系。等值连接记作：

$$R \underset{A=B}{\bowtie} S = \{ \widehat{t_r t_s} \mid t_r \in R \land t_s \in S \land t_r[A] = t_s[B] \}$$

2）自然连接是一种特殊的等值连接，它要求两个关系中进行比较的分量必须是同名的属性组，并且在结果中把重复的属性列去掉。在连接运算中，同名属性一般是外码，否则会出现重复数据。自然连接记作：

$$R \bowtie S = \{ \widehat{t_r t_s}[U-B] \mid t_r \in R \land t_s \in S \land t_r[B] = t_s[B] \}$$

根据上述自然连接的含义，可分解其计算过程，具体如下。

1）计算关系 R 与 S 的笛卡儿积，即 R×S。

2）设 R 和 S 的公共属性是 $A_1 \cdots A_k$，在 R×S 中选取满足 $R.A_1 = S.A_1 \cdots R.A_k = S.A_k$ 的元组。

3）去掉 $S.A_1 \cdots S.A_k$ 这些重复列，保留 $R.A_1 \cdots R.A_k$ 列。

一般的连接操作是从行的角度进行运算，但自然连接还需要取消重复列，所以自然连接是同时从行和列的角度进行运算。

【例 2-13】 图 2-5a 和 b 分别为关系 R 和关系 S，图 2-5c 为非等值连接 $R \underset{C<E}{\bowtie} S$ 的结果，图 2-5d 为等值连接 $R \underset{R.B=S.B}{\bowtie} S$ 的结果，图 2-5e 为复合条件连接 $R \underset{C<E \land R.B=S.B}{\bowtie} S$ 的结果，图 2-5f 为自然连接 $R \bowtie S$ 的结果。

A	B	C
a_1	b_1	5
a_1	b_2	6
a_2	b_3	8
a_2	b_4	12

a）关系R

B	E
b_1	3
b_2	7
b_3	10
b_3	2
b_5	2

b）关系S

A	R.B	C	S.B	E
a_1	b_1	5	b_2	7
a_1	b_1	5	b_3	10
a_1	b_2	6	b_2	7
a_1	b_2	6	b_3	10
a_2	b_3	8	b_3	10

c）非等值连接

A	R.B	C	S.B	E
a_1	b_1	5	b_1	3
a_1	b_2	6	b_2	7
a_2	b_3	8	b_3	10
a_2	b_3	8	b_3	2

d）等值连接

A	R.B	C	S.B	E
a_1	b_2	6	b_2	7
a_2	b_3	8	b_3	10

e）复合条件连接

A	B	C	E
a_1	b_1	5	3
a_1	b_2	6	7
a_2	b_3	8	10
a_2	b_3	8	2

f）自然连接

图 2-5 连接运算举例

综上，等值连接与自然连接的区别如下。

1）等值连接不要求进行比较的属性名相同，只要其值具有可比性即可；而自然连接则要求对应两个关系中具有可比性的属性值的属性名必须相同。

2）等值连接会保留参与运算的关系中的所有属性列；而自然连接会删除等值连接中的重复属性列，只保留一个。

两个关系 R 和 S 在做自然连接时，选择两个关系在公共属性上值相等的元组构成新的关系。此时，关系 R 中某些元组有可能在 S 中不存在公共属性上值相等的元组，从而造成 R 中这些元组在操作时被舍弃；同样，S 中某些元组也可能被舍弃。这些被舍弃的元组称为悬浮元组（Dangling Tuple）。例如，在图 2-5f 所示的自然连接中，R 中的第 4 个元组、S 中的第 5 个元组都是被舍弃的悬浮元组。

如果把悬浮元组也保存在结果关系中，而在其他属性上填空值（NULL），那么这种连接就称为外连接（Outer Join）；如果只保留左边关系 R 中的悬浮元组，这种连接就称为左外连接（Left Outer Join 或 Left Join）；如果只保留右边关系 S 中的悬浮元组，这种连接就称为右外连接（Right Outer Join 或 Right Join）。在图 2-6 中，图 a 是图 2-5 中关系 R 和关系 S 的外连接，图 b 是左外连接，图 c 是右外连接。

A	B	C	E
a_1	b_1	5	3
a_1	b_2	6	7
a_2	b_3	8	10
a_2	b_3	8	2
a_2	b_4	12	NULL
NULL	b_5	NULL	2

a) 外连接

A	B	C	E
a_1	b_1	5	3
a_1	b_2	6	7
a_2	b_3	8	10
a_2	b_3	8	2
a_2	b_4	12	NULL

b) 左外连接

A	B	C	E
a_1	b_1	5	3
a_1	b_2	6	7
a_2	b_3	8	10
a_2	b_3	8	2
NULL	b_5	NULL	2

c) 右外连接

图 2-6　外连接运算举例

【例 2-14】　表 2-16 ~ 表 2-18 所示学生–课程数据库的学生选课信息与课程信息的自然连接、左连接和右连接结果如表 2-23 和表 2-24 所示。

表 2-23　学生选课信息与课程信息自然连接和左连接结果

学号	课程号	成绩	课程名	学分
S2020	1	95	数据库	4
S2020	2	90	数据结构	4
S2020	3	89	高等数学	6
S2021	1	90	数据库	4
S2021	3	88	高等数学	6
S2021	4	80	大学物理	5

表 2-24　学生选课信息与课程信息右连接结果

学号	课程号	成绩	课程名	学分
S2020	1	95	数据库	4
S2020	2	90	数据结构	4
S2020	3	89	高等数学	6
S2021	1	90	数据库	4
S2021	3	88	高等数学	6
S2021	4	80	大学物理	5
NULL	5	NULL	C 语言	3

通过各个连接结果可以分析出，学生选课信息与课程信息的自然连接结果可以使用户更加清晰地看到学生选修课程的名称对应的分数；而自然连接与左连接结果相同，说明学生所

选课程都是已经开设的课程（这也符合现实中学生选课系统的要求）；从学生选课信息与课程信息的右连接结果不难发现，开设的 5 号课程没有学生选修。

2. 除

设关系 R 除以关系 S 的结果为关系 T，则 T 包含所有在 R 但不在 S 中的属性及其值，且 T 的元组与 S 的元组的所有组合都在 R 中。

下面用象集来定义除法：给定关系 R（X，Y）和 S（Y，Z），其中 X、Y、Z 为属性组。R 中的 Y 与 S 中的 Y 可以有不同的属性名，但必须出自相同的域集。

R 与 S 的除运算得到一个新的关系 P（X），P 是 R 中满足下列条件的元组在 X 属性列上的投影：元组在 X 上分量值 x 的象集 Y_x 包含 S 在 Y 上投影的集合，记作：

$$R \div S = \{t_r[x] \mid t_r \in R \land \prod_Y(S) \subseteq Y_x\}$$

式中，Y_x 为 x 在 R 中的象集；$x = t_r[X]$。

除操作是同时从行和列的角度进行运算。

【例 2-15】 设关系 R、S 分别为图 2-7a 和 b，$R \div S$ 的结果为图 2-7c。

A	B	C
a_1	b_1	c_2
a_2	b_3	c_7
a_3	b_4	c_6
a_1	b_2	c_3
a_4	b_6	c_6
a_2	b_2	c_3
a_1	b_2	c_1

a) R

A	B	C
b_1	c_2	d_1
b_2	c_1	d_1
b_2	c_3	d_3

b) S

A
a_1

c) $R \div S$

图 2-7 除运算举例

在关系 R 中，A 可以取 4 个值 $\{a_1, a_2, a_3, a_4\}$。其中，a_1 的象集为 $\{(b_1, c_2), (b_2, c_3), (b_2, c_1)\}$，$a_2$ 的象集为 $\{(b_3, c_7), (b_2, c_3)\}$，$a_3$ 的象集为 $\{(b_4, c_6)\}$，a_4 的象集为 $\{(b_6, c_6)\}$。

S 在（B，C）上的投影为 $\{(b_1, c_2), (b_2, c_1), (b_2, c_3)\}$。

显然，只有 a_1 的象集（B，C）$_{a1}$ 包含了 S 在（B，C）属性组上的投影，所以 $R \div S = \{a_1\}$。

【例 2-16】 查询至少选修 1、2、3 号课程的学生号码。

首先建立一个临时关系 K，如图 2-8 所示。

然后求 $\prod_{\text{学号,课程号}}$（选课信息表）$\div K$，结果为 $\{S2020\}$。

课程号
1
2
3

表 2-8 临时关系 k

其具体运算过程如下：在选课信息表中，学号的取值分别是 $\{S2020, S2021\}$，其中 S2020 的象集为 $\{1, 2, 3\}$，S2021 的象集为 $\{1, 3, 4\}$，临时关系 K 在课程号上的投影是 $\{1, 2, 3\}$。

因为只有学号 S2020 在课程号的象集包含了 $\{1, 2, 3\}$，所以学号 S2020 的学生至少选修了 1、2、3 号课程。其结果亦是关系，如图 2-9 所示。

下面再以学生-课程数据库为例，给出几个综合应用多种关

学号
S2020

图 2-9 查询选修 1、2、3 号课程学生学号的结果

系代数运算进行查询的示例。

【例 2-17】　查询人工智能系学生的学号和姓名。

$$\prod_{学号,姓名}(\sigma_{所在系='大数据'}(学生信息表))$$

【例 2-18】　查询选修了"数据结构"课程的学生学号和姓名。

$$\prod_{学号,姓名}(\sigma_{课程名='数据结构'}(学生信息表\bowtie课程信息表\bowtie学生选课信息表))$$

【例 2-19】　查询至少选修了 1 号和 3 号课程的学生学号。

$$\prod_{学号,课程号}(学生选课信息表)\div\prod_{课程号}(\sigma_{课程号='1'\vee课程号='3'}(课程信息表))$$

【例 2-20】　查询年龄在 18 ~ 20（包含 18 和 20）的女生的学号、姓名和年龄。

$$\prod_{学号,姓名,年龄}(\sigma_{年龄>=18\wedge年龄<=20}(学生信息表))$$

【例 2-21】　查询不选修 1 号课程的学生姓名。

$$\prod_{姓名}(学生选课信息表)-\prod_{姓名}(\sigma_{课程号='1'}(学生信息表\bowtie学生选课信息表))$$

前面介绍的关系代数运算中，并、差、笛卡儿积、选择和投影这 5 种运算为基本运算。其他 3 种运算，即交、连接和除，均可以用这 5 种基本运算来表达。引进它们并不增加语言的能力，但可以简化表达。

1）两个关系的交运算可表示为

$$R\cap S=R-(R-S)$$

2）两个关系的自然连接运算可表示为

$$R\bowtie S=\prod_X(\sigma_{r[A_i]=s[B_j]}(R\times S))$$

3）两个关系的除运算可表示为

$$R\div S=\prod_X(R)-\prod_X((\prod_X(R)\times S)-R)$$

关系代数中，这些运算经有限次复合后形成的表达式称为关系代数表达式。

2.7　关系演算

关系演算是用谓词公式来表达查询要求，是关系运算的另一种方式。关系演算以数理逻辑中的谓词演算为基础，按照谓词变量的不同，可分为元组关系演算和域关系演算。

2.7.1　元组关系演算语言 ALPHA

元组关系演算以元组变量作为谓词变元的基本对象。一种典型的元组关系演算语言是 Codd 提出的 ALPHA 语言。Ingres 关系数据库管理系统使用的 QUEL 语言就是以 ALPHA 语言为基础研发的。关系代数式以集合为对象，而元组关系演算以元组变量作为谓词变元的对象。

ALPHA 语言以谓词公式定义查询要求。在谓词公式中存在元组变量，其变化范围为某一个命名的关系。ALPHA 语言的基本格式如下：

操作语句 工作空间名（表达式）:操作条件

其中，操作语句主要有数据查询操作 GET、数据写入操作 PUT、数据读取操作 HOLD、数据更新操作 UPDATE、数据删除操作 DELETE、结构删除操作 DROP 等语句。工作空间是指内存空间，可以用一个字母表示，常用 W 表示，也可以使用其他字母表示。工作空间是用户与系统的通信区。表达式用于指定语句的操作对象，它可以是关系名或属性名，一条语句可以同时操作多个关系或多个属性。操作条件是一个逻辑表达式，用于将操作结果限定在满足条件的元组中。当没有指定操作条件时，默认值为空，即无条件执行操作符指定的操作。除此之外，还可以在基本格式的基础上加上排序要求及指定返回元组的条数等。

下面以前述学生-课程数据库为基础，介绍元组关系演算语言用法。

1. 查询操作

（1）简单查询　没有条件限定的查询。

【例2-22】　查询所有课程的信息。

GET W(课程表)

GET 语句把目标表课程表中的数据读入内存空间 W。本例中操作条件为空，表示没有限定条件，其查询结果是课程表中的所有信息。

【例2-23】　查询所有学生的年龄。

GET W(学生表.年龄)

本例的查询对象是基本表中的某个属性列，即学生表中的年龄属性列，此查询结果会自动删除重复信息。

（2）条件查询　带有条件限定的查询。条件查询是指对查询指定其操作的条件，操作条件用逻辑表达式表示。逻辑表达式中可以包含比较运算符和逻辑运算符，其中比较运算符的优先级高于逻辑运算符，（）的优先级最高。

【例2-24】　查询大数据系中年龄小于19岁的学生的学号和姓名。

GET W(学生表.学号,学生表.姓名):学生表.所在系 = '大数据'∧学生表.年龄 <19

（3）排序查询　对查询结果进行排序。

【例2-25】　查询学号是 S2020 的学生所有选修课程的课程号和成绩，结果按成绩降序排序。

GET W(选课表.课程号,选课表.成绩):选课表.学号 = 'S2020'DOWN 选课表.成绩

其中，在操作条件中加入了排序操作，DOWN 表示降序，UP 表示升序。排序操作可以直接放在操作条件的逻辑表达式后。

（4）定额查询　指定返回元组的条数的查询。

【例2-26】　查询一名男学生的学号和姓名。

GET W(1)(学生表.学号,学生表.姓名):学生表.性别 = '男'

定额查询就是在 W 后增加一个括号，在括号内指定一个数量，用于限定查询结果中返回元组的条数。本例中 W（1）表示在查询结果中只返回第一个男学生的学号和信息。

【例2-27】　查询大数据系年龄最大的3个学生的学号和年龄，结果按年龄降序排序。

GET W(3)(学生表.学号,学生表.年龄):学生表.所在系 = '大数据'DOWN 学生表.年龄

该语句的执行过程如下：首先按照所在院系是大数据系的条件查询出符合该条件的学生学号和年龄；然后按照年龄从大到小进行排序；最后返回前3个元组，即年龄最大的3个学生。

（5）用元组变量的查询　前面介绍过，元组关系演算是以元组变量作为谓词变元的基本对象。元组变量在某关系范围内是变化的，所以也称为范围变量（Range Variable）。一个关系可以设多个元组变量。

元组变量主要有以下两方面用途。

1）简化关系名。如果关系的名字很长，使用起来不方便，那么可以设一个较短名字的元组变量来代替关系名，方便操作。

2）操作条件中使用量词时必须用元组变量。

【例 2-28】　查询大数据系学生的名字。

```
RANGE 学生表 X
GET W(X. 姓名):x. 所在系 = '大数据'
```

用 RANGE 来说明元组变量。其中，X 是关系学生表上的元组变量，目的就是简化关系名，即用 X 代表学生表。

（6）用存在量词（∃）的查询　操作条件中使用量词时必须用元组变量。

【例 2-29】　查询选修 3 号课程的学生名字。

```
RANGE 选课表 X
GET W(学生表. 姓名):∃X(X. 学号 = 学生表. 学号∧X. 课程号 = '3')
```

【例 2-30】　查询至少选修一门其学分为 5 分的课程的学生姓名。

```
RANGE 课程表 C
      选课表 SCX
GET W(学生表. 姓名):∃SCX(SCX. 学号 = 学生表. 学号∧∃C(C. 课程号 = SCX. 课程号∧C. 学
分 = 5))
```

该语句的执行过程如下：首先查询 5 学分的课程号，然后根据找到的课程号在选课表中查询其对应的学号，最后根据这些学号在学生表中查找对应的学生姓名。

【例 2-31】　查询选修全部课程的学生名字。

```
RANGE 课程表 C
      选课表 SCX
GET W(学生表. 姓名):∀C∃SCX(SCX. 学号 = 学生表. 学号∧C. 课程号 = SCX. 课程号)
```

其中，∀表示全称量词。

通过例 2-29 ~ 例 2-31 可以看出，只要在关系上使用存在量词两次，那么就需要设置元组变量。

（7）聚集函数查询　用户在使用查询语言时经常要做一些简单的计算，如统计关系中符合条件的元组个数，求某关系中某属性上分量的最大值、最小值、平均值等。为了方便用户，关系数据语言中建立了有关这类运算的标准函数库供用户选用，这类函数通常称为聚集函数或库函数。关系演算中提供了 COUNT、TOTAL、MAX、MIN、AVG 等聚集函数，如表 2-25 所示。

表 2-25　关系演算中的聚集函数

函数名	功能
COUNT	对元组计数
TOTAL	求和
MAX	求最大值
MIN	求最小值
AVG	求平均值

【例 2-32】　查询在选修表中一共开了多少门课程。

```
GET W(COUNT(选修表. 课程号))
```

COUNT 函数在计数时会自动消除重复值，所以本例中将统计课程号不同值的数量。

【例 2-33】　查询人工智能系学生的平均年龄。

```
GET W(AVG(学生表. 年龄):学生表. 所在系 = '大数据')
```

2. 更新操作

（1）修改操作　修改操作采用 UPDATE 语句实现，其具体操作如下。

1）读数据：采用 HOLD 语句将要修改的元组从数据库读到工作空间中。

2）修改：采用宿主语言修改工作空间中元组的属性值。

3）送回：采用 UPDATE 语句将修改后的元组送回数据库中。

修改操作在执行过程中如果单纯进行数据查询，则使用 GET 语句即可；但如果是为了修改数据而读元组时，则必须使用 HOLD 语句。HOLD 语句是带上并发控制的 GET 语句。

【例 2-34】　把学号为 S2021 的学生从大数据系转到人工智能系。

```
HOLD W(学生表. 学号,学生表. 所在系):学生表. 学号 = 'S2021'
MOVE'人工智能'TO W. 所在系
UPDATE W
```

该语句的执行过程如下：首先用 HOLD 语句从学生表中读出学号为 S2021 的学生的数据，而没有用 GET 语句；然后用宿主语言 MOVE 对所在系的值进行修改；最后将修改后的 S2021 学生的元组送回学生表的关系中。

如果修改操作涉及两个关系，就要执行两次 HOLD-MOVE-UPDATE 操作序列。

在 ALPHA 语言中是不可以修改关系主码的，如不能用 UPDATE 语句修改学生表中的学号。如果需要修改主码值，只能先用删除操作删除该元组，然后把具有新主码值的元组插入关系中。

（2）插入操作　插入操作采用 PUT 语句实现，其具体操作如下。

1）建立新元组：采用宿主语言在工作空间中建立新元组。

2）存数据：采用 PUT 语句把该元组存入指定的关系中。

【例 2-35】　学校转入一名学号为 S2025 的男同学，他的名字是李胜，年龄是 19 岁，分配到人工智能系。插入该课程元组。

```
MOVE 'S2025' TO W. 学号
MOVE '李胜' TO W. 姓名
MOVE '男' TO W. 性别
MOVE 19 TO W. 年龄
MOVE'人工智能' TO W. 所在系
PUT W(学生表)
```

PUT 语句只对一个关系操作，即表达式必须为单个关系名，并且插入操作也要满足实体完整性约束，即不接受主码相同的元组。

（3）删除操作　删除操作采用 DELETE 语句实现，其具体操作如下。

1）读数据：采用 HOLD 语句把要删除的元组从数据库读到工作空间中。

2）删除：采用 DELETE 语句删除该元组。

【例 2-36】　学校不再开设 5 号课程，删除该课程信息。

```
HOLD W(课程表)：课程表．课程号 = '5'
DELETE W
```

【例 2-37】　将学号 S2025 改为 S2026。

```
HOLD W(学生表)：学生表．学号 = 'S2025'
DELETE W
MOVE 'S2026' TO W．学号
MOVE '李胜' TO W．姓名
MOVE '男' TO W．性别
MOVE 19 TO W．年龄
MOVE '人工智能' TO W．所在系
PUT W(学生表)
```

【例 2-38】　删除全部学生。

```
HOLD W(学生表)
DELETE W
```

关系演算操作不允许破坏完整性约束，所以在删除学生表的同时也要删除选课表中相应的元组。可以采用手工删除，也可以由数据库管理系统自动执行。

```
HOLD W(选课表)
DELETE W
```

2.7.2　域关系演算语言 QBE

关系演算的另一种形式是域关系演算。域关系演算以元组变量的分量即域变量作为谓词变元的基本对象。QBE（QNery By Example，通过例子进行查询）由 IBM 的 Zoof 提出，于 1975 年首次发表，后经作者一系列的补充、加工，成为关系数据库中一种重要的数据库操作语言，于 1978 年在 IBM 370 上得以实现。QBE 作为一个子集被纳入 IBM 公司关系数据库系统 DB2 中，是一种基于图形的点击式查询数据库的方法。QBE 最突出的特点是操作方式，它是一种高度非过程化的基于屏幕表格的查询语言。其特点如下。

1）以表格形式进行操作。QBE 语言的每一个操作都由一个或多个表格组成，每一个表格都显示在终端屏幕上，用户通过终端屏幕编辑程序，以填写表格的方式构造查询要求，查询结果也以表格的形式进行显示，所以它比较直观。

2）通过实例进行查询。QBE 语言是将关系模式放到二维表格中，对数据的检索、操作、定义和检查都采用统一的格式，用一些实例进行类比，既简单又对称，也便于记忆，所以用户更容易学习掌握。

3）查询顺序自由。采用 QBE 语言在表中进行查询或操作时，行的次序是任意的，不要求使用者按照固定的思维方式进行查询，使用更加方便。

4）支持复杂条件查询。QBE 语言引入例子元素、常数元素和 4 种操作运算符等概念，用户可以利用它们进行各种分析或者复杂的查询。QBE 中的运算包括关系演算中的投影、选择、连接等，以及集合的交、和、差等。QBE 能表达关系演算所能表达的各种功能，所以是完备的。

使用 QBE 语言的操作步骤如下。

1）用户根据要求向系统申请一张或几张表格，这些表格显示在终端上。

2）用户在空白表格的左上角空格内输入关系名。

3）系统根据用户输入的关系名，将在第一行除关系名外从左至右自动填写各个属性名。

4）用户在关系名或属性名下方的空格内填写相应的操作命令，操作命令包括 P.（输出或显示）、U.（修改）、I.（插入）和 D.（删除）。

表格形式如表 2-26 所示。

表 2-26　表格形式

关系名	属性 1	属性 2	…	属性 n
操作命令	属性值或查询条件	属性值或查询条件	…	属性值或查询条件

下面以前述学生–课程数据库为基础，介绍 QBE 的用法。

1. 查询操作

采用操作符 "P." 实现查询操作。如果要输出或显示整个元组，应将 "P." 填写在关系名下方；如果只需输出或显示某一属性，应将 "P." 填在相应属性名的下方。

（1）简单查询

【例 2-39】　查询大数据系全体学生的姓名。

其操作步骤如下。

1）用户提出要求。

2）屏幕显示空白表格（见表 2-27）。

表 2-27　空白表格

3）用户在左上角空格内输入关系名 "学生表"（见表 2-28）。

表 2-28　输入关系名 "学生表"

学生表				

4）系统显示该关系的属性名（见表 2-29）。

表 2-29　显示属性名

学生表	学号	姓名	性别	年龄	所在系

5）用户在表 2-29 中构造查询要求（见表 2-30）。

表 2-30　构造查询要求

学生表	学号	姓名	性别	年龄	所在系
		P. T			大数据

这里 T 是示例元素，即域变量。QBE 要求示例元素下面一定要加下划线。"大数据"是查询条件，不用加下划线。"P. "是操作符，表示输出，实际上是显示。

查询条件中可以使用比较运算符 > 、< 、≥ 、≤ 、= 和≠，其中" = "可以省略。

示例元素是该域中可能的一个值，它不必是查询结果中的元素。例如，要求大数据系的学生，只要给出任意一个学生名即可，而不必真是大数据系的某个学生名。

对于例 2-39，可如表 2-31 所示构造查询具体要求。

表 2-31　构造查询具体要求

学生表	学号	姓名	性别	年龄	所在系
		P. 张国栋			大数据

这里的查询条件是所在系 = '大数据'，其中" = "被省略了。

6）屏幕显示查询结果（见表 2-32）。

表 2-32　显示查询结果

学生表	学号	姓名	性别	年龄	所在系
		裴彧 吴双 张晓丹			大数据

【例 2-40】　查询全体学生的全部数据（见表 2-33）。

表 2-33　查询全体学生的全部数据

学生表	学号	姓名	性别	年龄	所在系
	P. S2020	P. 裴彧	P. 男	P. 18	P. 大数据

显示全部数据时，也可以简单地把"P". 操作符作用在关系名上。因此，本查询也可以简单地表示为表 2-34 所示形式。

表 2-34　查询另一种表示形式

学生表	学号	姓名	性别	年龄	所在系
P.					

（2）条件查询

【例 2-41】　查询年龄大于 19 岁的学生的学号（见表 2-35）。

表 2-35　查询结果

学生表	学号	姓名	性别	年龄	所在系
	P. S2023			>19	

【例 2-42】 求人工智能系年龄大于 19 岁的学生的学号。

本例中的查询条件是所在系 = '人工智能'和年龄 > 19 同时成立，即逻辑"与"的关系。在 QBE 语言中，逻辑"与"有两种表示方式。

1）把两个条件写在同一行上（见表 2-36）。

表 2-36　把两个条件写在同一行上

学生表	学号	姓名	性别	年龄	所在系
	P. S2023			> 19	人工智能

2）把两个条件写在不同行上，但使用相同的示例元素值（见表 2-37）。

表 2-37　把两个条件写在不同行上

学生表	学号	姓名	性别	年龄	所在系
	P. S2023				人工智能
	P. S2023			> 19	

【例 2-43】 查询人工智能系或者年龄大于 19 岁的学生的学号。

本例中的查询条件是所在系 = '人工智能'与年龄 > 19 两个条件成立一个即为真，即逻辑"或"的关系。在 QBE 语言中，逻辑"或"的两个条件不能写在同一行，并且需要使用不同的示例元素值（见表 2-38）。

表 2-38　逻辑"或"的表示方式

学生表	学号	姓名	性别	年龄	所在系
	P. S2024				人工智能
	P. S2023			> 19	

从上述示例可以看出，对于多个条件查询，在 QBE 语言中输入行的顺序是任意的，都不会影响查询结果。

【例 2-44】 查询既选修了 1 号课程又选修了 2 号课程的学生的学号。

本例中的查询条件是针对同一属性列的多个条件约束，即课程号 = '1'和课程号 = '2'同时成立的逻辑"与"的关系。这种条件约束在同一属性列上的逻辑"与"只能采用第 2 种方式表示，即写在两行，但示例元素相同（见表 2-39）。

表 2-39　逻辑"与"的表示方式

选课表	学号	课程号	成绩
	P. S2020	1	
	P. S2020	2	

【例 2-45】 查询选修了 2 号课程的学生的学号。

本例中的查询条件涉及两个基本表，分别是学生表和选课表。在 QBE 语言中，这种查询的实现是通过两表中相同属性来进行关联的。由于在学生表和选课表中的相同属性是学号，因此关联的条件就是两表中的学号值相同（见表 2-40 和表 2-41）。

表 2-40 学生表的学号关联

学生表	学号	姓名	性别	年龄	所在系
	S2020	P. 裴彧			

表 2-41 选课表的学号关联

选课表	学号	课程号	成绩
	S2020	2	

【例 2-46】 查询未选修 2 号课程的学生的姓名。

本例中的查询条件是"未选修",表示的是逻辑"非"的关系。在 QBE 语言中,逻辑"非"用"¬"表示。逻辑"非"的表示方法是将逻辑"非"写在关系名下面(见表 2-42 和表 2-43)。

表 2-42 学生表的关联

学生表	学号	姓名	性别	年龄	所在系
	S2020	P. 裴彧			
	S2021	P. 吴双			

表 2-43 逻辑"非"的表示方法

选课表	学号	课程号	成绩
¬	S2020	2	
¬	S2021		

该查询就是显示学号为 S2020 的学生名字,而该学生选修 2 号课程条件为假或者学生 S2021 什么课程都没有选修。

(3)聚集查询 与 ALPHA 语言相似,为了方便用户,QBE 语言也提供了一些关于运算的聚集函数,主要包括 CNT、SUM、MAX、MIN、AVG 等。QBE 语言常用的聚集函数如表 2-44 所示。

表 2-44 QBE 语言常用的聚集函数

函数名	功能
CNT	对元组计数
SUM	求和
MAX	求最大值
MIN	求最小值
AVG	求平均值

【例 2-47】 查询选修 3 号课的平均分(见表 2-45)。

表 2-45 查询选修 3 号课的平均分

选课表	学号	课程号	成绩
		3	P. AVG. ALL

(4)对查询结果排序 如果对查询结果按某个属性值的升序排序,只需要在相应列中填入"AO.",按降序排序则填入"DO.";如果按多列排序,则用 AO(i)或者 DO(i)表示,其中 i 表示排序的优先级,i 越小,优先级越高。

【例 2-48】 查询全体女学生的姓名,要求查询结果按照所在系降序排列,对相同系的学生按年龄升序排序（见表2-46）。

表 2-46　查询全体女学生姓名

学生表	学号	姓名	性别	年龄	所在系
		P. 吴双	女	AO.（2）	DO.（1）

2. 更新操作

（1）修改操作　修改操作符为"U."。在 QBE 语言中，关系的主码不可以修改，如果想修改关系中元组的主码值，只能先删除该元组，然后插入新的主码的元组。

【**例 2-49**】　将 3 号课程的学分改为 5。

这是一个简单的修改操作，不包含算术表达式，因此可以有两种表示方法。

1）将操作符"U."放在需要修改的属性列中（见表2-47）。

2）将操作符"U."放在关系列中（见表2-48）。

表 2-47　将操作符"U."放在需要修改的属性列中

课程表	课程号	课程名	学分
	3		U.5

表 2-48　把操作符"U."放在关系列中

课程表	课程号	课程名	学分
U.	3		5

在第一种表示方法中，用主码"3"指出了要修改的元组，"U."后的值是要修改的学分的新值；在第二种表示方法中，"U."标注在关系上，由于主码不允许被修改，因此即便出现课程号和学分两个值，系统也不会混淆要修改的属性对象。

【**例 2-50**】　把学号为 S2022 的学生的年龄增加 1 岁。

该修改操作涉及表达式，所以只能将操作符"U."放在关系列中（见表2-49）。

表 2-49　将操作符"U."放在关系列中

学生表	学号	姓名	性别	年龄	所在系
	S2022			<u>19</u>	
U.	S2022			19＋1	

【**例 2-51**】　将人工智能系所有学生的年龄都增加 1 岁（见表2-50）。

表 2-50　将人工智能系所有学生的年龄都增加 1 岁

学生表	学号	姓名	性别	年龄	所在系
	<u>S2023</u>			<u>20</u>	人工智能
U.	<u>S2023</u>			20＋1	

（2）插入操作　插入操作符为"I."。新插入的元组必须具有主码值，其他属性值可以为空。

【**例 2-52**】　在选课表中插入一条新的选课记录，选课情况：学号为 S2023 的学生选修了 2 号课程（见表2-51）。

（3）删除操作　删除操作符为"D."。

【**例 2-53**】　删除 3 号课程的信息（见表2-52）。

表 2-51　插入新的选课记录			
选课表	学号	课程号	成绩
I.	S2023	2	

表 2-52　删除 3 号课程的信息			
课程表	课程号	课程名	学分
D.	3		

QBE 语言也要遵守数据完整性约束，所以当删除课程表中的某门课程信息时，与之关联的选课表中的相应信息通常也会删除（见表 2-53）。

表 2-53　删除与课程相关的信息

选课表	课程号	课程名	学分
D.	3		

本 章 小 结

20 世纪 70 年代以后开发的数据库管理系统绝大多数是基于关系的，目前关系数据库系统仍是使用最广泛的数据库系统。在数据库发展的过程中，关系模型是非常重要的成就之一，所以本章内容是学习数据库原理知识的重点。

关系数据库系统和非关系数据库系统的区别是：关系数据库系统只有表这一种数据结构；而非关系数据库系统还有其他数据结构，以及对这些数据结构的操作。

本章首先介绍了关系数据库的含义及常用的关系数据库，其中详细讲解了关系数据库的分类、特点及其层次结构；然后系统讲解了关系数据库的重要概念，包括关系模型的数据结构、关系操作和关系的完整性约束；最后介绍了关系代数、元组关系演算 ALPHA 语言和域关系演算 QBE 语言。

习　　题

一、选择题

1. 对关系模型描述错误的是（　　）。

A. 建立在严格的数学理论、集合论和谓词演算公式基础之上

B. 目前的 DBMS 绝大部分采取关系数据模型

C. 用二维表表示关系模型是其一大特点

D. 不具有连接操作的 DBMS 也可以是关系数据库管理系统

2. 关系数据库的码是指（　　）。

A. 能唯一描述关系的记录　　　　　　B. 不能修改的保留字

C. 表示属性重要性的字段　　　　　　D. 能唯一标识元组的属性或属性集合

3. 根据关系模式的完整性规则，一个关系的主码（　　）。

A. 不能有两个　　　　　　　　　　　B. 不能作为另一个关系的外码

C. 不允许为空　　　　　　　　　　　D. 可以取值

4. 在关系 R（R#，RN，S#）和 S（S#，SN，SD）中，R 的主码是 R#，S 的主码是 S#，则 S#在关系 R 中称为（　　）。

A. 外码　　　　　　　B. 候选码　　　　　　C. 主码　　　　　　　D. 全码

5. 在基本的关系中，下列说法正确的是（　　　）。

A. 列中的分量可以来自不同的域　　　　B. 一个关系中可以存在相同的列名

C. 列的顺序是不可交换的　　　　　　　D. 分量必须是原子值

6. 关系代数的 5 个基本操作是（　　　）。

A. 并、交、差、笛卡儿积和除　　　　　B. 并、差、选择、投影和连接

C. 并、交、笛卡儿积、投影和除　　　　D. 并、差、选择、投影和笛卡儿积

7. 关系代数运算的基础是（　　　）。

A. 关系运算　　　　　B. 谓词演算　　　　　C. 集合运算　　　　　D. 代数运算

8. 等值连接和自然连接相比较，下列说法正确的是（　　　）。

A. 等值连接和自然连接的结果完全相同

B. 等值连接的属性个数大于自然连接的属性个数

C. 等值连接的属性个数大于或等于自然连接的属性个数

D. 等值连接和自然连接的连接条件相同

9. 有关系 R（A，B，C，D），则（　　　）。

A. $\prod_{A,C}$（R）取属性值 A、C 的两列组成新关系

B. $\prod_{1,3}$（R）取属性值为 1、3 的两列组成新关系

C. $\prod_{A,C}$（R）与 $\prod_{1,3}$（R）等价

D. $\prod_{A,C}$（R）与 $\prod_{1,3}$（R）不等价

10. 已知 R ＝{a，b，c} 和 S ＝{1，2，3}，则 R×S 集合中共有（　　　）个元组。

A. 6　　　　　　　　B. 7　　　　　　　　C. 8　　　　　　　　D. 9

11. 设有属性 A、B、C、D，以下表示中不是关系的是（　　　）。

A. R（A）　　　　　　　　　　　　　　B. R（A，B，C，D）

C. R（A×B×C×D）　　　　　　　　　D. R（A，B）

12. 在 m 个元组的关系 S 中，式 $\sigma_{2<"3"}$（S）表示（　　　）。

A. 从 S 中选择值为 2 的属性小于第 3 个属性列的值的元组组成的关系

B. 从 S 中选择第 2 个属性列的值小于等于第 3 个属性列的值的元组组成的关系

C. 从 S 中选择第 2 个属性列的值小于等于 3 的元组组成的关系

D. 从 S 中选择第 2 个属性列的值小于 3 个元组组成的关系

13. 下列不属于关系数据库层次结构的是（　　　）。

A. 视图　　　　　　　B. 数据表　　　　　　C. 记录　　　　　　　D. 域

14. 已知关系模式：教师（教工号，姓名，年龄，职称），要求"年龄"属性的取值范围为大于等于 23 小于等于 100，那么该要求属于（　　　）。

A. 实体完整性约束　　　　　　　　　　B. 参照完整性约束

C. 用户定义完整性约束　　　　　　　　D. 属性完整性约束

15. 设关系 R 和关系 S 的属性个数分别是 2 和 4，那么 R $\underset{1<2}{\bowtie}$ S 等价于（　　　）。

A. $\sigma_{1<2}$（R×S）　　　　　　　　　B. $\sigma_{1<4}$（R×S）

C. $\sigma_{1<2}$（R⋈S）　　　　　　　　　D. $\sigma_{1<4}$（R⋈S）

16. 在关系演算公式中，同一括号内的运算符中优先级最高的是（　　　）。

A. 运算数比较运算符　　　　　　　　B. 逻辑运算符

C. 存在量词　　　　　　　　　　　　D. 全称量词

二、填空题

1. 关系代数运算中，传统的集合运算有_____、_____、_____和_____。

2. 关系的完整性包括_____、_____和_____ 3 类。

3. 在关系数据库中，_____是型，_____是值。

4. 在关系数据模型中，实体与实体之间的联系用一张_____来表示。

5. 在关系理论中称为"元组"的概念，在关系数据库中称为_____。

6. 关系的选择运算是从_____的角度进行的运算，而投影运算是从_____的角度进行的运算。

7. 已知两个关系：学生（学号，姓名，性别，出生年月，系编号）和系（系编号，系名，系主任，办公地点），那么学生这个关系中主码是_____，外码是_____；系这个关系中主码是_____，外码是_____。

8. 关系数据库可按数据存储方式及用户访问方式分为_____和_____两种类型。

9. 关系代数是用对关系的运算来表达查询的，而关系演算是用_____表达查询的，它分为_____和_____演算两种。

三、简答题

1. 简述等值连接与自然连接的区别。

2. 简述关系语言的特点和分类。

3. 简述关系模型的 3 个组成部分。

4. 简要说明在关系中不允许出现重复元组的原因。

5. 简述关系与普通表格、文件的区别。

6. 简述关系模式和关系的区别，并举例说明。

四、计算题

1. 已知如图 2-10 所示的关系 R 和 S，计算：

（1）$R_1 = R \cup S$。

（2）$R_2 = R \cap S$。

（3）$R_3 = R - S$。

（4）$R_4 = R \times S$。

A	B	C
a_1	b_1	c_1
a_1	b_2	c_2
a_2	b_2	c_2

a) 关系R

A	B	C
a_1	b_1	c_2
a_2	b_2	c_1
a_2	b_2	c_2

b) 关系S

图 2-10　关系 R 和关系 S

2. 已知有如图 2-11 所示的关系 R、S 和 T，计算：

（1）$R_1 = \prod_{Y,T}(R)$。

（2）$R_2 = \sigma_{P > '5' \wedge T = 'e'}(R)$。

（3）$R_3 = R \bowtie S$。

（4）$R_4 = \prod_{2,1,6}(\sigma_{3=5}(R \times T))$。

（5）$R_5 = R \div T$。

五、应用题

1. 已知一个工程-零件供应数据库，其包括 4 个关系模式：供应商（供应商编号，供应商名，供应商状态，供应商所在城市）、零件（零件编号，零件名，颜色，质量）、工程项

A	B	C	D
2	b	c	d
9	a	e	f
2	b	c	f
9	a	d	e
7	g	e	f
7	g	c	d

C	D	E
c	d	m
c	d	n
d	f	n

C	D
c	d
c	f

a) 关系R b) 关系S c) 关系T

图 2-11　关系 R、S 和 T

目（工程项目编号，工程项目名称，项目所在城市）、供应（供应商编号，零件编号，工程项目编号，数量）。

现有具体数据如图 2-12 所示，试用关系代数、ALPHA 语言、QBE 语言完成下列查询：

（1）查询为工程项目编号为 J1 提供零件的供应商的编号。

（2）查询为工程项目编号为 J1 提供零件编号 P1 的供应商的编号。

（3）查询为工程项目编号为 J1 提供红色零件的供应商的编号。

（4）查询没有使用天津供应商生产的红色零件的工程项目编号。

（5）查询使用了供应商 S1 所提供的全部零件的工程项目编号。

供应商编号	供应商名	供应商状态	供应商所在城市
S1	精益	20	天津
S2	盛锡	10	北京
S3	东方红	30	北京
S4	丰泰盛	20	天津
S5	为民	30	上海

a) 供应商

零件编号	零件名	颜色	质量
P1	螺母	红	12
P2	螺栓	绿	17
P3	螺钉旋具	蓝	14
P4	螺钉旋具	红	14
P5	凸轮	蓝	40
P6	齿轮	红	30

b) 零件

工程项目编号	工程项目名称	项目所在城市
J1	三建	北京
J2	一汽	长春
J3	弹簧厂	天津
J4	造船厂	天津
J5	机车厂	唐山
J6	无线电厂	常州

c) 工程项目

供应商编号	零件编号	项目编号	数量
S1	P1	J1	200
S1	P1	J3	100
S1	P1	J4	700
S1	P2	J2	100
S2	P3	J1	400
S2	P3	J2	200
S2	P3	J4	500
S2	P3	J5	400
S2	P5	J1	400
S2	P5	J2	100
S3	P1	J1	200
S3	P3	J1	200
S4	P5	J1	100
S4	P6	J3	300
S4	P6	J4	200
S5	P2	J4	100
S5	P3	J1	200
S5	P6	J2	200
S5	P6	J4	500

d) 供应关系

图 2-12　工程-零件供应数据库

2. 已知一个学生–选课数据库，其包含 3 个关系模式：学生（学号，姓名，性别，年龄）、课程（课程号，课程名，授课教师）、选课（学号，课程号，成绩）。

现有具体数据如图 2-13 所示，试用关系代数完成下列查询：

（1）查询"王亮"老师所授课程的课程号和课程名。

（2）查询年龄大于 20 岁的女学生的学号和姓名。

（3）查询至少选修"张红"老师所授课程的学生姓名。

（4）查询"李丽"同学没有选修课程的课程号。

（5）查询至少选修两门课程的学生学号。

（6）查询所有学生都选修的课程的课程号和课程名。

（7）查询选修课程包含"王亮"老师所授课程之一的学生学号。

（8）查询选修课程号为 C1 和 C2 的学生学号。

（9）查询选修所有课程的学生学号。

（10）查询选修课程包含学号为 S2 的学生所选修课程的学生学号。

（11）查询选修课程名为"数据库"的学生学号和姓名。

学号	姓名	性别	年龄
S1	刘岩	女	20
S2	李丽	女	21
S3	张强	男	21
S4	赵兵	男	19

a) 学生

课程号	课程名	授课教师
C1	数据库	张红
C2	Java语言	王亮
C3	数据结构	王亮

b) 课程

学号	课程号	成绩
S1	C1	85
S2	C1	83
S3	C1	90
S2	C2	92
S3	C2	88
S3	C3	95
S4	C3	80

c) 选课关系

图 2-13　学生–选课数据库

Chapter

第3章

关系数据库标准语言SQL及SQL Server 2019的使用

 学习目标

1. 掌握使用 SQL 和 SQL Server 2019 两种方式进行数据库和数据表的创建、修改和删除
2. 掌握使用 SQL 进行数据表的查询和统计
3. 掌握使用 SQL 进行表中数据的插入、更新和删除

3.1 SQL 概述

SQL 是一种数据库查询和程序设计语言，用于存取数据及查询、更新和管理关系数据库系统，同时也是数据库脚本文件的扩展名。SQL 是高级的非过程化编程语言，允许用户在高层数据结构上工作。它不要求用户指定对数据的存放方法，也不需要用户了解具体的数据存放方式，所以具有完全不同底层结构的不同数据库系统可以使用相同的 SQL 作为数据输入与管理的接口。SQL 语句可以嵌套，这使其具有极大的灵活性和强大的功能。

尽管 SQL 被称为查询语言，但其包括 DQL（Data Query Language，数据查询语言）、DDL、DML 和 DCL 4 个部分。SQL 简洁方便，功能齐全，是目前应用最广泛的关系数据库语言。

3.1.1 SQL 的发展及标准化

1. SQL 的发展

SQL 是当前最成功、应用最广的关系数据库语言，最早的 SQL 原型是 IBM 的研究人员在 20 世纪 70 年代开发的，该原型被命名为 SEQUEL（Structured English Query Language）。现在许多人仍将在该原型之后推出的 SQL 发音为 sequel，但根据 ANSI SQL 委员会的规定，其正式发音应该是 ess cue ell。随着 SQL 的颁布，各数据库厂商纷纷在他们的产品中引入并支持 SQL。尽管绝大多数产品对 SQL 的支持是相似的，但它们之间也存在着一定的差异，这些差异不利于初学者的学习。因此，本章在介绍 SQL 时，主要介绍标准的 SQL，我们将其称为基本 SQL。

SQL 的发展主要经历了以下几个阶段。

1）1974 年，SQL 原型由 Chamberlin 和 Boyce 提出，当时称为 SEQUEL。

2）1976 年，IBM 公司对 SEQUEL 进行了修改，将其用于 System R 关系数据库系统中。

3）1981 年，IBM 推出了商用关系数据库 SQL/DS。由于 SQL 功能强大，简洁易用，因此得到了广泛使用。

4）今天，SQL 广泛应用于各种大、中型数据库，如 SYBase、SQL Server、Oracle、DB2、MySQL、PostgreSQL 等；也用于各种小型数据库，如 FoxPro、Access、SQLite 等。

2. SQL 标准化

随着关系数据库和 SQL 应用的日益广泛，SQL 的标准化工作在紧张地进行着，多年来已制定了多个 SQL 标准。

1）1982 年，美国国家标准化协会（American National Standard Institute，ANSI）开始制定 SQL 标准。

2）1986 年，ANSI 公布了 SQL 的第一个标准 SQL-86。

3）1987 年，国际标准化组织（International Organization for Standardization，ISO）正式采纳了 SQL-86 标准为国际标准。

4）1989 年，ISO 对 SQL-86 标准进行了补充，推出了 SQL-89 标准。

5）1992 年，ISO 推出了 SQL-92 标准（也称 SQL2）。

6）1999 年，ISO 推出了 SQL-99 标准（也称 SQL3），它增加了对象数据、递归和触发器等的支持功能。

7）2003 年，ISO 推出了 ISO/IEC 9075:2003 标准（也称 SQL4）。

3.1.2　SQL 的基本概念

1. 基本表

一个关系对应一个基本表。基本表是独立存在的表，不是由其他表导出的。一个或多个基本表对应一个存储文件。

2. 视图

视图是由一个或者几个基本表导出的表，是一个虚表。数据库中只存放视图的定义而不存放视图对应的数据，这些数据仍存放在导出视图的基本表中。当基本表中的数据发生变化时，从视图查询出来的数据也随之改变。

例如，设教学数据库中有一个学生基本情况表 T_STUINFO（STUNUM，STUNAME，STUSEX，STUBIR，CLASSNUM），此表为基本表，对应一个存储文件。可以在其基础上定义一个男生基本情况表 T_Male（STUNUM，STUNAME，STUBIR，CLASSNUM），它是从 T_STUINFO 中选择 STUSEX = '男' 的各个行，然后在 STUNUM、STUNAME、STUBIR、CLASSNUM 上投影得到的。在数据库中只存储 T_Male 的定义，而 T_Male 的记录不重复存储。

在用户看来，视图是通过不同路径去看一个实际表，就像一个窗口一样，通过窗口去看外面的高楼，可以看到高楼的不同部分，而通过视图可以看到数据库中用户所感兴趣的内容。

SQL 支持数据库的三级模式结构，详见本书 1.3 节。其中，外模式对应于视图和部分基本表，模式对应于基本表，内模式对应于存储文件。

3.1.3 SQL 的主要特点

SQL 之所以能够成为标准并被业界和用户接受，是因为它具有简单、易学、综合、一体等鲜明的特点，主要包括以下几个方面。

1）简洁。SQL 是类似于英语的自然语言，语法简单，且只有为数不多的几条命令，简洁易用。

2）一体化。SQL 是一种一体化的语言，包括数据定义、数据查询、数据操纵和数据控制 4 方面的功能，可以完成数据库活动中的全部工作。

3）非过程化。SQL 是一种非过程化的语言，用户不需要关心具体的操作过程，也不必了解数据的存储路径，即用户不需要一步步地告诉计算机"如何"去做，而只需要描述清楚"做什么"，SQL 就可以将要求交给系统，系统自动完成全部工作。

4）面向集合。SQL 是一种面向集合的语言，每个命令的操作对象是一个或多个关系，结果也是一个关系。

5）嵌入式。SQL 既是自含式语言，又是嵌入式语言。自含式语言可以独立使用交互命令，适用于终端用户、应用程序员和 DBA；嵌入式语言使其嵌入在高级语言中使用，供应用程序员开发应用程序。

6）多功能。SQL 具有数据查询、数据定义、数据操纵和数据控制 4 种功能。

本章各例题均采用表 3-1 ~ 表 3-5 所示的基本表，后文不再赘述。

表 3-1　T_STUINFO 表

字段名称	字段类型	字段含义
STUNUM	VARCHAR（10）	学号
STUNAME	VARCHAR2（10）	姓名
STUSEX	VARCHAR（4）	性别
STUBIR	DATE	出生日期
CLASSNUM	VARCHAR（10）	班级号

表 3-2　T_COUINFO 表

字段名称	字段类型	字段含义
COUNUM	VARCHAR（10）	课程号
COUNAME	VARCHAR（50）	课程名称
TEANO	VARCHAR（10）	教师编号

表 3-3　T_TEAINFO

字段名称	字段类型	字段含义
TEANUM	VARCHAR（10）	教师编号
TEANAME	VARCHAR（10）	教师姓名
TITLE	VARCHAR（10）	教师职称

表 3-4　T_SCOINFO

字段名称	字段类型	字段含义
STUNUM	VARCHAR（10）	学号
COUNUM	VARCHAR（10）	课程编号
TYPE	VARCHAR（8）	考试类型（期中、期末）
SCORE	FLOAT	分数

表 3-5　T_CLASSINFO

字段名称	字段类型	字段含义
CLASSNUM	VARCHAR（10）	班级号
CLASSNAME	VARCHAR（50）	班级名称
DEPTNAME	VARCHAR（50）	院系名称

3.2　SQL Server 2019 概述

3.2.1　SQL Server 的发展与版本

目前 Microsoft SQL Server 已经经历了多个版本的发展演化。Microsoft 公司于 1995 年发布 SQL Server 6.0 版本；1996 年发布 SQL Server 6.5 版本；1998 年发布 SQL Server 7.0 版本，在数据存储和数据引擎方面有了根本性的变化，确立了 SQL Server 在数据库管理工具中的主导地位；2000 年发布 SQL Server 2000 版本，在数据库性能、可靠性和易用性等方面做了重大改进；2005 年发布 SQL Server 2005 版本，可为各类用户提供完善的数据库解决方案；2008 年发布 SQL Server 2008 R2 版本，其安全性、延展性和管理能力等方面进一步提高；2012 年发布 SQL Server 2012 版本，具有高安全性、高可靠性和高效智能等优点。

2019 年 11 月 7 日在 Microsoft Ignite 2019 大会上，Microsoft 公司正式发布了新一代数据库产品——SQL Server 2019，其为所有数据工作负载带来了创新的安全性和合规性功能、业界领先的性能等，还支持内置的大数据。

3.2.2　SQL Server 2019 的基本服务

1. 数据库引擎

数据库引擎是用于存储、处理和保护数据的核心服务。利用数据库引擎可控制访问权限并快速处理事务，从而满足企业内大多数需要处理大量数据的应用程序的要求。使用数据库引擎可以创建用于联机事务处理或联机分析处理数据的关系数据库，包括创建用于存储数据的表和用于查看、管理和保护数据安全的数据库对象（如索引、视图和存储过程）。可以使用 SQL Server Management Studio 管理数据库对象，使用 SQL Server Profiler 捕获服务器事件。

2. 分析服务

分析服务是 SQL Server 的一个服务组件。分析服务在日常的数据库设计操作中应用并不是很广泛，只有在大型的商业智能项目中才会涉及分析服务。用户在使用 SSMS（SQL Server Management Studio）连接服务器时，可以选择服务器类型 Analysis Services 进行分析服务。

数据处理大致可分为两大类：一类是联机事务处理（On-Line Transaction Processing，OLTP），是传统的关系数据库的主要应用，主要是基本的、日常的事务处理。另一类是联机分析处理，是数据仓库系统的主要应用，支持复杂的分析操作，侧重决策支持，并且提供直观易懂的查询结果。

3. 集成服务

SQL Server 集成服务（SQL Server Integration Services，SSIS）是一个数据集成平台，负责完成有关数据的提取、转换和加载等操作。使用集成服务可以高效地处理各种各样的数据源，如 SQL Server、Oracle、Excel、XML 文档或文本文件等。该服务为构建数据仓库提供了强大的数据清理、转换、加载与合并等功能。

4. 复制技术

复制是将一组数据从一个数据源复制到多个数据源的技术，是将一份数据发布到多个存储站点上的有效方式。通过数据同步复制技术，利用廉价 VPN（Virtual Private Network，虚拟专用网络）技术，让简单宽带技术构建起各分公司（如广州、深圳分公司）的集中交易模式，数据必须实时同步，保证数据的一致性。

5. 通知服务

通知服务是一个应用程序，可以向上百万的订阅者发布个性化的消息，通过邮件等方式向各种设备传递信息。

6. 报表服务

报表服务（Reporting Services，SSRS）基于服务器的解决方案，从多种关系数据源和多维数据源中提取数据，生成报表。报表服务提供了各种现成可用的工具和服务，可以帮助数据库管理员创建、部署和管理单位的报表，并提供了能够扩展和自定义报表的编程功能。

7. 服务代理

SQL Server Agent 代理服务是 SQL Server 的一个标准服务，作用是代理执行所有 SQL 的自动化任务，以及数据库事务性复制等无人值守任务。该服务在默认安装情况下是停止状态，需要手动启动，或改为自动启动，否则 SQL 的自动化任务不会执行，还要注意服务的启动账户。

8. 全文搜索

SQL Server 的全文搜索（Full-Text Search）是基于分词的文本检索功能，依赖于全文索引。全文索引不同于传统的平衡树（B-Tree）索引和列存储索引，是由数据表构成，称为倒转索引（Invert Index）。

3.2.3　SQL Server 2019 的应用场景

通过数据虚拟化打破数据孤岛，通过利用 SQL Server PolyBase、SQL Server 大数据集群可以在不移动或复制数据的情况下查询外部数据源。SQL Server 2019 引入了到数据源的新连接器。

在 SQL Server 中构建数据池，SQL Server 大数据集群包括一个可伸缩的 HDFS（Hadoop Distributed File System，分布式文件系统）存储池。它可以用来存储大数据，这些数据可能来自多个外部来源。一旦大数据存储在大数据集群的 HDFS 中，用户就可以对数据进行分析和查询，并将其与关系数据结合起来使用。

SQL Server 大数据集群提供向外扩展的计算和存储，以提高分析任何数据的性能。来自各种数据源的数据可以被摄取并分布在数据池节点上，节点可作为进一步分析的缓存。

SQL Server 大数据集群能够对存储在 HDFS 存储池和数据池中的数据执行人工智能和机器学习任务。用户可以使用 Spark 及 SQL Server 中的内置 AI（Artificial Intelligence，人工智能）工具，如 R、Python、Scala 或 Java 语言。

应用部署允许用户将应用程序作为容器部署到 SQL Server 大数据集群中。用户部署的应用程序可以访问存储在大数据集群中的数据，并且可以很容易地进行监控。

3.2.4　SQL Server 2019 的安装

SQL Server 是一款 Microsoft 公司推出的关系数据库管理系统。2019 年微软正式发布 SQL

Server 2019。该数据管理平台能存储关系数据和结构式数据，是很多企业的数据管理得力工具。SQL Server 2019 比以前版本功能更强，更简单易用。与之前版本相比，SQL Server 2019 拥有能够在 Linux 和容器中运行的能力，以及连接大数据存储系统的 PolyBase 技术。

1. 硬件要求

表 3-6 所示的内存和处理器要求适用于所有版本的 SQL Server。

表 3-6　内存和处理器要求

组　件	要　求
硬盘	SQL Server 要求最少 6GB 的可用硬盘空间。磁盘空间要求将随所安装的 SQL Server 组件不同而不同
监视器	SQL Server 要求有 Super-VGA（800x600 像素）或更高分辨率的显示器
Internet	使用 Internet 功能时需要连接 Internet（可能需要付费）
内存	最低要求：Express Edition，512MB；其他版本，1GB 推荐：Express Edition，1GB；其他版本，至少 4GB，并且应随着数据库大小的增加而增加，以确保最佳性能
处理器速度	最低要求：X64 处理器，1.4GHz 推荐：2.0GHz 或更快
处理器类型	X64 处理器：AMD Opteron、AMD Athlon 64、支持 Intel EM64T 的 Intel Xeon，以及支持 EM64T 的 Intel Pentium IV

2. 软件要求

表 3-7 所示的软件要求适用于所有版本的 SQL Server。

表 3-7　软件要求

组　件	要　求
操作系统	Windows 10 TH1 1507 或更高版本 Windows Server 2016 或更高版本
. NET Framework	最低版本操作系统包括最低版本 . NET 框架
网络软件	SQL Server 支持的操作系统具有内置网络软件。独立安装项的命名实例和默认实例支持的网络协议有：共享内存、命名管道和 TCP/IP

3. 支持的操作系统

表 3-8 所示为与 SQL Server 2019 兼容的 Windows 版本。

表 3-8　与 SQL Server 2019 兼容的 Windows 版本

操作系统	Enterprise	开发人员	Standard	Web	Express
Windows Server 2019 Datacenter	是	是	是	是	是
Windows Server 2019 Standard	是	是	是	是	是
Windows Server 2019 Essentials	是	是	是	是	是

(续)

操作系统	Enterprise	开发人员	Standard	Web	Express
Windows Server 2016 Datacenter	是	是	是	是	是
Windows Server 2016 Standard	是	是	是	是	是
Windows Server 2016 Essentials	是	是	是	是	是
Windows 10 IoT 企业版	否	是	是	否	是
Windows 10 企业版	否	是	是	否	是
Windows 10 专业版	否	是	是	否	是
Windows 10 家庭版	否	是	是	否	是

4. 系统安装

1) 下载镜像文件 sql_server_2019_developer_x64_dvd_c21035cc.iso，解压缩后打开，直接双击 Setup 运行，打开"SQL Server 安装中心"窗口，如图 3-1 所示。

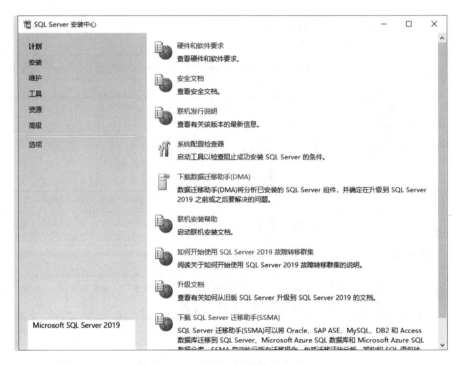

图 3-1　"SQL Server 安装中心"窗口

2) 选择"安装"→"全新 SQL Server 独立安装或向现有安装添加功能"选项，如图 3-2 所示。

3) 进入"产品秘钥"界面，在"指定可用版本"下拉列表中选择 Developer 类型，不需要输入产品秘钥，单击"下一步"按钮，如图 3-3 所示。

4) 选中"我接受许可条款和隐私声明"复选框，单击"下一步"按钮，如图 3-4 所示。接下来会依次进入"Windows 更新""安装程序文件""安装规则"界面，都选择默认

62

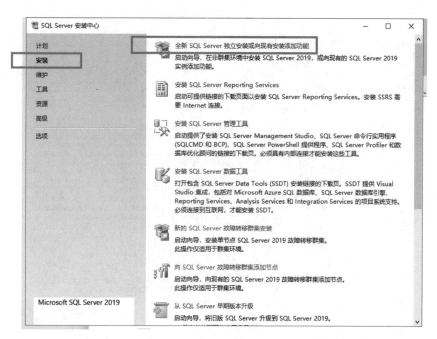

图 3-2　选择"全新 SQL Server 独立安装或向现有安装添加功能"选项

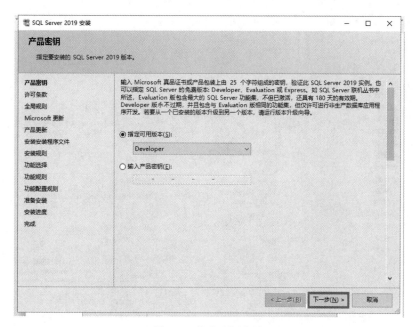

图 3-3　指定可用版本

设置，直接单击"下一步"按钮。

　　5）进入"功能选择"界面，选中"数据库引擎服务"和"SQL Server 复制"复选框，取消选中的"机器学习服务和语言扩展"复选框。单击"…"按钮，可以更改安装目录位置。单击"下一步"按钮，如图 3-5 所示。

　　6）在"实例配置"界面中选中"默认实例"复选框，单击"下一步"按钮，进入

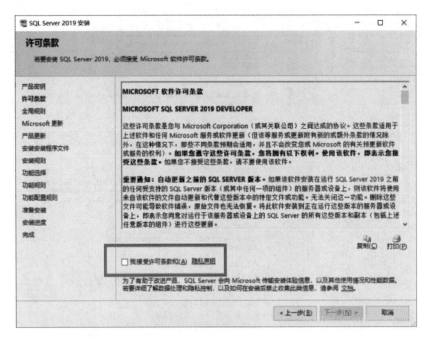

图 3-4 选中"我接受许可条款和隐私声明"复选框

图 3-5 选择功能

"服务器配置"界面，直接单击"下一步"按钮，进入"数据库引擎配置"界面。在"身份验证模式"中选中"混合模式"单选按钮，填写登录密码，此时用户名为 sa。单击"添加当前用户"按钮，再单击"下一步"按钮，如图 3-6 所示。

7）在"准备安装"界面单击"安装"按钮进行安装，安装完毕后单击"关闭"按钮，在弹出的提示框中单击"确定"按钮，即完成安装，如图 3-7 所示。

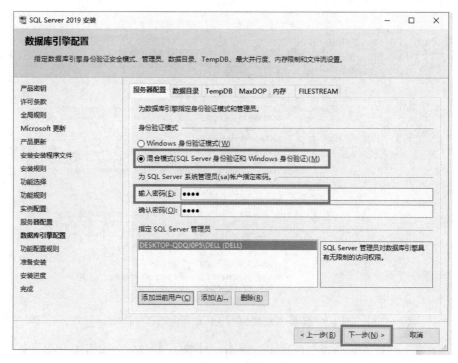

图 3-6　配置数据库引擎

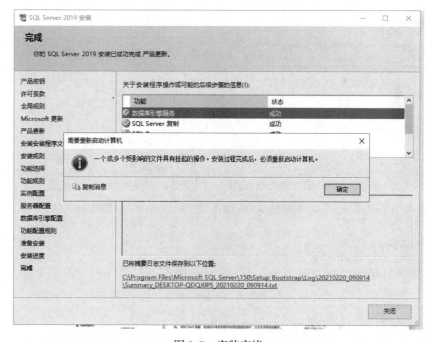

图 3-7　安装完毕

5. 下载安装 SSMS

1）回到"SQL Server 安装中心"窗口，选择"安装 SQL Server 管理工具"选项，如图 3-8 所示。

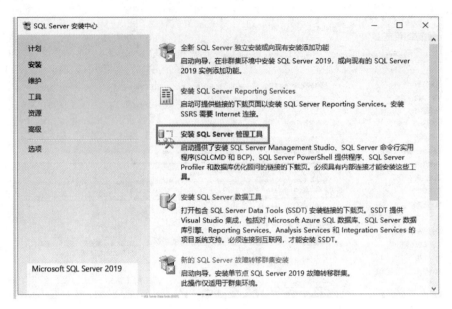

图 3-8　选择"安装 SQL Server 管理工具"选项

2）进入官方网址，选择需要的版本，单击"中文（简体）"按钮，自动下载，等待完成，如图 3-9 所示。

图 3-9　下载 SSMS

3）以管理员身份运行安装包，如图 3-10 所示。

4）选择好路径后单击"安装"按钮，安装完成后单击"关闭"按钮即可，如图 3-11 所示。

5）找到软件并打开，在"连接到服务器"对话框中选择身份验证，输入登录名 sa 及密码，单击"连接"按钮，即可连接到服务器，如图 3-12 所示。

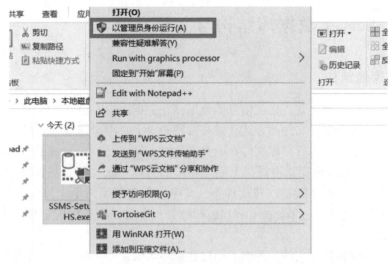

图 3-10　以管理员身份运行安装包

图 3-11　安装 SSMS

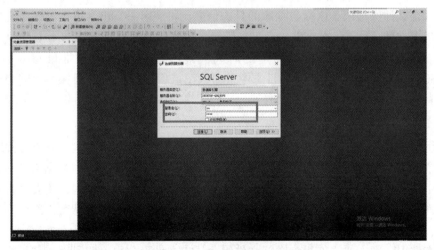

图 3-12　连接到服务器

3.3　SQL Server 数据库结构与文件类型

3.3.1　数据库的结构

对于数据库，从逻辑上看，描述信息的数据存在数据库中并由 DBMS 统一管理；从物理上看，描述信息的数据是以文件的方式存储在物理磁盘上，由操作系统进行统一管理。

数据库的存储结构是指数据库文件在磁盘上如何存储。在 SQL Server 中，创建一个数据库时，SQL Server 会对应地在物理磁盘上创建相应的操作系统文件，数据库中的所有数据、对象和数据库操作日志都存储在这些文件中，其中将至少产生两个文件：数据文件（Database File）和事务日志文件（Transaction Log File）。一个数据库至少应包含一个数据文件和一个事务日志文件。

一个数据库的所有物理文件在逻辑上通过数据库名联系在一起，即一个数据库在逻辑上对应一个数据库名，在物理存储上会对应若干个存储文件。

1. 数据文件

数据文件是存放数据库数据和数据库对象的文件。一个数据库可以有一个或者多个数据文件，一个数据文件只属于一个数据库。当有多个数据文件时，有一个数据文件被定义为主数据文件（Primary Database File），扩展名为 .mdf，用来存储数据库的启动信息和部分或全部数据。一个数据库只能有一个主数据文件，其他数据文件都被称为次数据文件（Secondary Database File），扩展名为 .ndf，用来存储主数据文件未存储的其他数据。采用多个数据文件来存储数据的优点如下。

1）数据文件可以不断扩充，不受操作系统文件大小的限制。

2）可以将数据文件存储在不同的磁盘中，这样可以同时对几个磁盘并行存取，提高了数据的处理性能。

2. 事务日志文件

事务日志文件保存用于恢复数据库的日志信息，扩展名是 .ldf。每个数据库必须至少有一个事务日志文件。Microsoft SQL Server 将任何一次更新操作立即写入事务日志文件，之后更改计算机缓存中的数据，再以固定的时间间隔将缓存中的内容批量写入数据文件。Microsoft SQL Server 重启时会将事务日志中最新标记点后面的事务记录抹去，因为这些事务记录并没有真正地从缓存写入数据文件。

3. 文件组

文件组（File Group）是将多个数据文件集合起来形成的一个整体，每个文件组有一个组名。与数据文件一样，文件组也分为主要文件组和次要文件组。一个数据文件只能存在于一个文件组中，一个文件组也只能给一个数据库使用。当建立数据库时，主要文件组包括主要数据文件和未指定组的其他文件。在次要文件组中可以指定一个默认文件组，在创建数据库对象时，如果没有指定将其放在某一个文件组中，就会将其放在默认文件组中；如果没有指定默认文件组，则主要文件组为默认文件组。日志文件不分组，它不属于任何文件组。

3.3.2　SQL Server 2019 系统数据库

SQL Server 2019 的系统数据库有 master、model、msdb、tempdb 和 resource。其中，前 4 个数据库显示在系统数据库列表中，其存储路径为 < drive > :\Promgram Files\Microsoft SQL Server\MSSQL11. SQLSERVER\MSSQL\DATA\；第 5 个数据库 resource 是一个只读和隐藏的数据库，不显示在系统数据库列表中，其物理文件名为 mssqlsystemresource. mdf 和 mssqlsystemre-source. ldf，存储路径为 < drive > :\Promgram Files\Microsoft SQL Server\MSSQL11. SQLSERVER\MSSQL\Binn\。

1. master 数据库

master 数据库是核心数据库，记录 Microsoft SQL Server 系统的所有系统级信息，包括实例范围的元数据（如登录账户）、端点、链接服务器和系统配置信息。此外，master 数据库还记录了数据库文件的位置及 Microsoft SQL Server 的初始化信息。如果 master 数据库不可用，则 Microsoft SQL Server 无法启动。因此，用户尽量不要对 master 数据库执行操作，而且要保证始终有一个 master 数据库的当前备份可用。执行了创建和使用任意数据库、更改服务器或数据库的配置值、修改或添加登录账户等操作之后，应尽快备份 master 数据库。如果 master 数据库不可用，可以从当前数据库备份还原 master，也可以重新生成 master。注意，重新生成 master 将重新生成所有系统数据库。

2. model 数据库

model 数据库是所有用户数据库的创建模板，必须始终存在于 Microsoft SQL Server 系统中。当创建用户数据库时，系统将 model 数据库的全部内容（包括数据库选项）复制到新的数据库中，由此可以简化数据库及其对象的创建及设置工作。

3. msdb 数据库

SQL Server Agent 使用 msdb 数据库来计划警报和作业。另外，SQL Server Management Studio、Service Broker 和数据库邮件等功能也使用该数据库。

4. tempdb 数据库

tempdb 数据库用作系统的临时存储，主要用于保存以下内容。

1）显式创建的临时用户对象，如临时表、临时存储过程、表变量或游标。

2）数据库引擎创建的内部对象，如用于存储假脱机或排序中间结果的工作表。

每次重新启动 SQL Server 时，SQL Server 都会重新创建 tempdb，从而获得一个干净的数据库副本。tempdb 数据库采用最小日志策略，在该数据库中的表上进行数据操作比在其他数据库中要快得多。

5. resource 数据库

resource 数据库包含 SQL Server 中的所有系统对象，这些系统对象在物理上保留在 resource数据库中，但在逻辑上显示在每个数据库的 sys 架构中。通过 resource 数据库可以更为轻松快捷地升级到新的 Microsoft SQL Server 版本。在早期的 Microsoft SQL Server 版本中，进行升级需要删除和创建系统对象。由于 resource 数据库文件包含系统对象，因此现在仅通过将 resource 数据库文件复制到本地服务器便可完成升级。

3.4 SQL Server 2019 数据类型及数据库操作

每个数据库产品支持的数据类型并不完全相同，而且与标准的 SQL 也有差异。这里主要介绍 SQL Server 2019 支持的常用数据类型。

SQL Server 2019 提供了 36 种数据类型，这些数据类型可分为数值类型、字符串类型、日期时间类型及一些其他数据类型。下面分别介绍这些数据类型。

3.4.1 数值类型

数值类型分为精确数值类型和近似数值类型两种。

1. 精确数值类型

精确数值类型是指在计算机中能够精确存储的数据，如整型数据、定点小数等都是精确数值类型。表 3-9 列出了 SQL Server2019 支持的精确数值类型。

表 3-9 SQL Server 2019 支持的精确数值类型

精确数值类型	说　明	存储空间
bigint	存储 -2^{63}（-9223372036854775808）～ $+2^{63}-1$（$+9223372036854775807$）范围的整数	8B
int	存储 -2^{31}（-2147483648）～ $+2^{31}-1$（$+2147483647$）范围的整数	4B
smallint	存储 -2^{15}（-32768）～ $+2^{15}-1$（$+32767$）范围的整数	2B
tinyint	存储 $0\sim255$ 范围的整数	1B
bit	存储 0 或 1	1B
numeric（p, s）或 decimal（p, s）	定点精度和小数位数。使用最大精度时，有效值范围为 $-10^{38}+1$～ $+10^{38}-1$。其中，p 为精度，指定小数点左边和右边可以存储的十进制数字的最大个数。精度必须是从 1 到最大精度之间的值，最大精度为 38。s 为小数位数，指定小数点右边可以存储的十进制数字的最大个数，$0\leqslant s\leqslant p$，s 的默认值为 0	最多 17B

2. 近似数值类型

近似数值类型用于表示浮点型数据。由于它们是近似的，因此不能精确地表示所有值。表 3-10 列出了 SQL Server 2019 支持的近似数值类型。

表 3-10 SQL Server 2019 支持的近似数值类型

近似数值类型	说　明	存储空间
float[（n）]	存储 -1.79×10^{308}～ -2.23×10^{-308}、0、2.23×10^{-308}～ 1.79×10^{308} 范围的浮点型数据。n 有两个值，如果指定的 n 范围为 $1\sim24$，则使用 24，占用 4B 空间；如果指定的 n 范围为 $25\sim53$，则使用 53，占用 8B 空间。若省略（n），则默认为 53	4B 或 8B
real	存储 -3.40×10^{38}～ $+3.40\times10^{38}$ 范围的浮点型数据	4B

3.4.2　字符串类型

字符串类型用于存储字符型数据，字符可以是各种字母、数字、汉字及各种符号。在 SQL Server 中使用字符数据时，需要将字符数据用英文的单引号或双引号括起来，如'Me'。

字符的编码有两种方式：普通字符编码和统一字符编码（Unicode 编码）。Unicode 编码可以处理国际性的 Unicode。

不同国家或地区的普通编码字符长度不一样，例如，英文字母的编码是 1B（8bit），中文汉字的编码是 2B（16bit）。统一字符编码是指不管对哪个地区、哪种语言均采用 2B（16bit）编码。

1. 普通编码字符串类型

表 3-11 列出了 SQL Server 2019 支持的普通编码字符串类型。

表 3-11　SQL Server 2019 支持的普通编码字符串类型

普通编码字符串类型	说　　明	存储空间
char（n）	固定长度的普通编码字符串类型，n 表示字符串的最大长度，取值范围为 1～8000	nB。当实际字符串所需空间小于 nB 时，系统自动在后边补空格
varchar（n）	可变长度的字符串类型，n 表示字符串的最大长度，取值范围为 1～8000	字符型数据 +2B 额外开销
text	最多可存储 $2^{31}-1$（2147483647）个字符	每个字符占用 1B
varchar（max）	最多可存储 $2^{31}-1$ 个字符	字符数 +2B 额外开销

注：如果在使用 char(n) 或 varchar(n) 类型时未指定 n，则默认长度为 1；如果在使用 CAST 和 CONVERT 函数时未指定 n，则默认长度为 30。

选择 char(n) 还是 varchar(n) 类型的一些考虑：假设某列的数据类型为 varchar(20)，如果将 Jone 存储到该列中，则只需占用 4B；但如果数据类型为 char(20)，则存储 Jone 时，系统将为其分配 20B 的空间，在未占满的空间中，系统自动在尾部插入空格来填满 20B。从该例可以看出，varchar(n) 类型比 char(n) 类型节省空间，但 varchar(n) 类型的系统开销比 char(n) 类型稍大，处理速度也较慢。因此，如果 n 的值比较小（如小于 4），则用 char(n) 类型会更好些。

2. 统一编码字符串类型

SQL Server 2019 支持统一字符编码标准：Unicode 编码。采用 Unicode 编码的字符，每个字符均占用 2B 的存储空间。表 3-12 列出了 SQL Server 2019 支持的统一编码字符串类型。

表 3-12　SQL Server 2019 支持的统一编码字符串类型

统一编码字符串类型	说　　明	存储空间
nchar（n）	固定长度的统一编码字符串类型，n 表示字符串的最大长度，取值范围为 1～4000	2nB。当实际字符串所需空间小于 2nB 时，系统自动在后边补空格
nvarchar（n）	可变长度的统一编码字符串类型，n 表示字符串的最大长度，取值范围为 1～4000	2×字符型数据 +2B 额外开销

（续）

统一编码字符串类型	说　　明	存储空间
ntext	最多可存储 $2^{30}-1$ （1073741823）个统一编码字符	每个字符占用 2B
nvarchar（max）	最多可存储 $2^{30}-1$ 个统一编码字符	2 × 字符数 + 2B 额外开销

注：如果在使用 nchar（n）或 nvarchar（n）类型时未指定 n，则默认长度为 1；如果在使用 CAST 和 CONVERT 函数时未指定 n，则默认长度为 30。

3. 二进制编码字符串类型

二进制字符串一般用十六进制表示，若使用十六进制格式，则可在字符前加 0x 前缀。表 3-13 列出了 SQL Server 支持的二进制编码字符串类型。

表 3-13　SQL Server 2019 支持的二进制编码字符串类型

二进制编码字符串类型	说　　明	存储空间
binary（n）	固定长度的二进制数据，n 的取值范围为 1 ~ 8000	nB
varbinary（n）	可变长度的二进制数据，n 的取值范围为 1 ~ 8000	字符型数据 + 2B 额外开销
Image	可变长度的二进制数据，最多为 $2^{31}-1$（2147483647）个十六进制数字	每个字符占用 1B
varbinary（max）	可变长度的二进制数据，最多可存储 $2^{31}-1$（2147483647）个十六进制数字	字符数 + 2B 额外开销

注：在 SQL Server 的未来版本中将删除 ntext、text 和 image 数据类型，因此在新的开发工作中应避免使用这些数据类型，应使用新的 nvarchar（max）、varchar（max）和 varbinary（max）数据类型。

3.4.3　日期时间类型

SQL Server 2019 比之前的 SQL Server 版本增加了很多新的日期和时间数据类型，以便更好地与 ISO 兼容。表 3-14 列出了 SQL Server 2019 支持的日期时间类型。

表 3-14　SQL Server 2019 支持的日期时间类型

日期时间类型	说　　明	存储空间
date	SQL Server 2019 新增加的数据类型。定义一个日期，范围为 0001 − 01 − 01 ~ 9999 − 12 − 31。字符长度为 10 位，默认格式为 YYYY − MM − DD。其中，YYYY 表示 4 位年份数字，范围为 0001 ~ 9999；MM 表示 2 位月份数字，范围为 01 ~ 12；DD 表示 2 位日期数字，范围为 01 ~ 31（最大值取决于具体月份）	3B
time[（n）]	定义一天中的某个时间，该时间基于 24 小时制。其默认格式为 hh:mm:ss[.nnnnnnn]，范围为 00:00:00.0000000 ~ 23:59:59.9999999，精确到 100ns。n 为秒的小数位数，取值范围是 0 ~ 7 的整数。默认秒的小数位数是 7（100ns）	3 ~ 5B
datetime	定义一个采用 24 小时制并带有秒的小数部分的日期和时间，范围为 1753 − 1 − 1 ~ 9999 − 12 − 31，时间范围是 00:00:00 ~ 23:59:59.997，默认格式为 YYYY − MM − DD hh:mm:ss.nnn。n 为数字，表示秒的小数部分（精确到 0.00333s）	8B

(续)

日期时间类型	说　明	存储空间
smalldatetime	定义一个采用 24 小时制并且始终为零 (：00) 的日期和时间, 范围为 1900 - 1 - 1 ~ 2079 - 6 - 6, 默认格式为 YYYY - MM_DD hh:mm:00, 精确到 1min	4B
datetime2	定义一个结合了 24 小时制时间的日期。可将该类型看成 datetime 类型的扩展, 其数据范围更大, 默认的小数精度更高, 并具有可选的用户定义的精度。其默认格式是 YYYY - MM - DD hh:mm:ss[. nnnnnnn]。n 为数字, 表示秒的小数位数 (最多精确到 100ns), 默认精度是 7 位小数。该类型的字符串长度最少为 19 位 (YYYY - MM - DD hh:mm:ss), 最多为 27 位 (YYYY - MM - DD hh:mm: ss. 0000000)	6 ~ 8B
datetimeoffset	定义一个与采用 24 小时制并与可识别时区的一日内时间相组合的日期。该数据类型使用用户存储的日期和时间 (24 小时制), 是与时区一致的。其语法格式为 datetimeoffset [(n)], n 为秒的精度, 最大为 7。其默认格式为 YYYY - MM - DD hh:mm:ss [. nnnnnnn] [{ +	- } hh1: mm1], 其中 hh1 的取值范围为 -14 ~ +14, mm1 的取值范围为 00 ~ 59。该类型的日期范围为 0001 - 01 - 01 ~ 9999 - 12 - 31, 其时间范围为 00:00:00 ~ 23:59:59. 9999999。其时区偏移量范围为 -14:00 ~ +14:00。该类型的字符串长度为最少 26 位 (YYYY - MM - DD hh: mm:ss { + | - } hh:mm), 最多 34 位 (YYYY - MM - DD hh:mm:ss. nnnnnnn { + | - } hh:mm)	8 ~ 10B

注: 对于新的开发工作, 应使用 time、date、datetime2 和 datetimeoffset 数据类型, 因为这些类型符合 SQL 标准, 而且提供了更高精度的秒数。

datetimeoffset 为全局部署的应用程序提供时区支持。

datetime 用 4B 存储从 1900 年 1 月 1 日之前或之后的天数 (以 1990 年 1 月 1 日为分界点, 1900 年 1 月 1 日之前的日期的天数小于 0, 1900 年 1 月 1 日之后的日期的天数大于 0), 用另外 4B 存储从午夜 (00:00:00) 后代表每天时间的毫秒数。

smalldatetime 与 datetime 类似, 它用 2B 存储从 1900 年 1 月 1 日之后的日期的天数, 用另外 2B 存储从午夜 (00:00:00) 后代表每天时间的分钟数。

注意: 在使用日期时间类型的数据时也要用单引号将其括起来, 如: '2011 - 4 - 6 12:00:00 '。

3.4.4　货币类型

货币类型是 SQL Server 特有的数据类型, 它实际上是精确数值类型, 但它的小数点后固定为 4 位精度。货币类型的数据前可以有货币符号, 如输入美元时加上 $ 符号。表 3-15 列出了 SQL Server 2019 支持的货币类型。

表 3-15　SQL Server 2019 支持的货币类型

货币类型	说　明	存储空间
money	存储 -922337203685477. 5808 ~ +922337203685477. 5807 范围的数值, 精确到小数点后 4 位	8B
smallmoney	存储 - 214748. 3648 ~ + 214748. 3647 范围的数值, 精确到小数点后 4 位	4B

3.4.5 创建用户数据库

创建用户数据库有两种典型方法：一是通过 Management Studio 创建；二是通过 SQL 命令创建。

1. 用 Management Studio 创建数据库

在 SQL Server 2019 的 Management Studio 界面中，在"对象资源管理器"窗口中右击"数据库"节点，在弹出的快捷菜单中选择"新建数据库"命令（见图 3-13），即可打开"新建数据库"窗口（见图 3-14）。

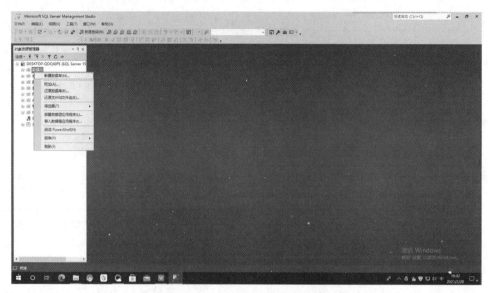

图 3-13 选择"新建数据库"命令

在"常规"选项卡的"数据库名称"文本框中输入数据库的名称。在"数据库文件"列表中指定数据库文件的逻辑名称、存储位置、初始（容量）大小和所属文件组等信息，并进行数据库文件大小、扩充方式和容量限制的设置。单击"确定"按钮，则创建一个新数据库。

2. 用 SQL 命令创建数据库

创建数据库的 SQL 命令的语法格式如下：

```
CREATE DATABASE 数据库名称
[ON
[FILEGROUP 文件组名称]
(
   NAME =数据文件逻辑名称,
   FILENAME -'路径 +数据文件名',
```

图 3-14 "新建数据库"窗口

```
    SIZE =数据文件初始大小,
    MAXSIZE = -数据文件最大容量,
    FILEGROWTH =数据文件自动增长容量
)]
[LOG ON
(
    NAME =日志文件逻辑名称,
    FILENAME ='路径 +日志文件名',
    SIZE =日志文件初始大小,
    MAXSIZE =日志文件最大容量,
    FILEGROWTH =日志文件自动增长容量
)]
[COLLATE 数据库校验方式名称]
[FOR ATTACH]
```

对于上述命令,有以下几点说明。

1) 用 [ ] 括起来的语句表示在创建数据库的过程中可以选用或者不选用。例如,在创建数据库的过程中,如果只用第一条语句 "CREATE DATABASE 数据库名称",DBMS 将会按照默认的逻辑名称、文件组、初始大小、自动增长和路径等属性创建数据库。

2) FILEGROWTH 可以是具体的容量;也可以是 UNLIMITED,表示文件无增长容量限制。

3) "数据库校验方式名称" 可以是 Windows 校验方式名称,也可以是 SQL 校验方式名称。

4) FOR ATTACH 表示将已经存在的数据库文件附加到新的数据库中。

5) 用 ( ) 括起来的语句,除了最后一行命令之外,其余命令都用逗号作为分隔符。

【例 3-1】　用 SQL 命令创建一个教学数据库 EDUSDB,数据文件的逻辑名称为 EDUSDB_Data,数据文件存放在 D 盘根目录下,文件名为 EDUSDB. mdf。数据文件的初始存储空间大小为 10MB,最大存储空间为 500MB,存储空间自动增长量为 10MB。日志文件的逻辑名称为 EDUSDB_Log,日志文件存放在 D 盘根目录下,文件名为 EDUSDB. ldf。日志文件的初始存储空间大小为 5MB,最大存储空间为 500MB,存储空间自动增长量为 5MB。

```
CREATE DATABASE EDUSDB
ON
(
  NAME =EDUSDB_Data,
  FILENME ='D:\EDUSDB.mdf',
  SIZE =10,
  MAXSIZE =500,
  FILEGROWTH =10
)
LOG ON
(
  NAME =EDUSDB_Log,
```

```
FILENAME = 'D:\EDUSDB.ldf',
SIZE = 5,
MAXSIZE = 500,
FILEGROWTH = 5
)
```

3.4.6 修改用户数据库

创建数据库后，还可以对数据库的名称、大小和属性等进行修改。

1. 用 Management Studio 修改数据库

在"对象资源管理器"窗口中右击要修改的数据库，从弹出的快捷菜单中选择"属性"命令，即可打开"数据库属性"窗口，如图 3-15 所示。

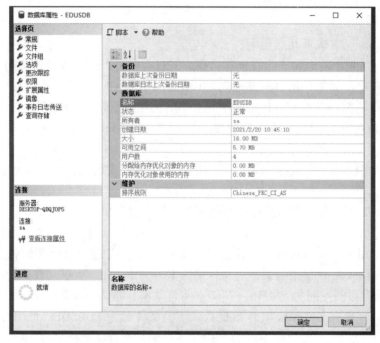

图 3-15 "数据库属性"窗口

1）"常规"选项卡中包含数据库的状态、所有者、创建日期、大小、可用空间、用户数及备份和维护等信息。

2）"文件"选项卡中包含数据文件和日志文件的名称、存储位置、初始容量大小、文件增长和文件最大限制等信息。

3）"文件组"选项卡中可以添加或删除文件组，但是，如果文件组中有文件则不能删除，必须先将文件移出文件组，才能删除文件组。

4）"选项"选项卡中可以设置数据库的许多属性，如排序规则、恢复模式、兼容级别等。

5）"更改跟踪"选项卡可以设定是否对数据库的修改进行跟踪。

6）"权限"选项卡可以设定用户或角色对此数据库的操作权限。

7）"扩展属性"选项卡可以设定表或列的扩展属性。在设计表或列时，通常通过表名或列名来表达含义，当表名或列名无法表达含义时，就需要使用扩展属性。

8）"镜像"选项卡可以设定是否对数据库启用镜像备份。镜像备份是一种高性能的备份方案，但需要投入一定的设备成本，一般用于高可靠性环境。

9）"事务日志传送"选项卡可以设定是否启用事务日志传送。事务日志传送备份是仅次于镜像的高可靠性备份方案，可以达到分钟级的灾难恢复能力，实施成本远小于镜像备份，是一种经济实用的备份方案。

10）"查询存储"选项卡可以设置查询存储保留、查询存储捕获策略、操作模式和数据刷新间隔等选项，也可以查看当前磁盘的使用情况。

2. 用 SQL 命令修改数据库

可以使用 ALTER DATABASE 命令修改数据库。

注意：只有数据库管理员或者具有 CREATE DATABASE 权限的人员才有权执行此命令。

下面列出常用的修改数据库 SQL 命令的语法格式。

```
ALTER DATABASE 数据库名称
ADD FILE(具体文件格式)[,…n]
[TO FILEGROUP 文件组名]
|ADD LOG FILE(具体文件格式)[,…n]
|REMOVE FILE 文件逻辑名称
|MODIFY FILE(具体文件格式)
|ADD FILEGROUP 文件组名
|REMOVE FILEGROUP 文件组名
|MODIFY FILEGROUP 文件组名
{
READ_ONLY|READ_WRITE,
    |DEFAULT,
    |NAME =新文件组名}
}
```

其中，"具体文件格式"如下：

```
(
  NAME =文件逻辑名称
  [,NEWNAME=新文件逻辑名称]
  [,SIZE=初始文件大小]
  [,MAXSIZE=文件最大容量]
  [,FILEGROWTH=文件自动增长容量]
)
```

各主要参数说明如下。

1）ADD FILE：向数据库中添加数据文件。

2）ADD LOG FILE：向数据库中添加日志文件。

3）REMOVE FILE：从数据库中删除逻辑文件，并删除物理文件。如果文件不为空，则无法删除。

4）MODIFY FILE：指定要修改的文件。

5）ADD FILEGROUP：向数据库中添加文件组。

6）REMOVE FILEGROUP：从数据库中删除文件组。若文件组非空，则无法将其删除，需要先从文件组中删除所有文件。

7）MODIFY FILEGROUP：修改文件组名称，设置文件组的只读（READ_ONLY）或者读写（READ_WRITE）属性，指定文件组为默认文件组（DEFAULT）。

ALTER DATABASE 命令可以在数据库中添加或删除文件和文件组，更改数据库属性或其文件和文件组，更改数据库排序规则和设置数据库选项。应注意的是，只有数据库管理员或具有 CREATE DATABASE 权限的数据库所有者才有权执行此命令。

【例3-2】 修改 EDUSDB 数据库中的 EDUSDB_Data 文件增容方式为一次增加 20MB。

```
ALTER DATABASE EDUSDB
MODIFY FILE
( NAME = EDUSDB_Data,
  FILEGROWTH = 20)
```

【例3-3】 用 SQL 命令修改数据库 EDUSDB，添加一个次要数据文件，逻辑名称为 EDUSDB_DataNew，存放在 D 盘根目录下，文件名为 EDUSDB_DataNew. ndf。数据文件的初始大小为 100MB，最大容量为 200MB，文件自动增长容量为 10MB。

```
ALTER DATABASE EDUSDB
ADD FILE(
  NAME = EDUSDB_ DataNew,
  FILENAME = 'D:\EDUSDB_DataNew. ndf',
  SIZE = 100,
  MAXSIZE = 200,
  FILEGROWTH = 10)
```

【例3-4】 用 SQL 命令从 EDUSDB 数据库中删除例3-3中增加的次要数据文件。

```
ALTER DATABASE EDUSDB
REMOVE FILE EDUSDB_DataNew
```

3.4.7 删除用户数据库

1. 用 Management Studio 删除数据库

在"对象资源管理器"窗口中右击要删除的数据库，在弹出的快捷菜单中选择"删除"命令，即可删除数据库。删除数据库后，与此数据库关联的数据文件和日志文件都会被删除，系统数据库中存储的该数据库的所有信息也会被删除。

2. 用 SQL 命令删除数据库

使用 DROP DATABASE 命令可以从 SQL Server 中删除数据库，可以一次删除一个或多个数据库。只有数据库管理员和拥有此权限的人员才能使用此命令。DROP DATABASE 命令的语法如下：

```
DROP DATABASE 数据库名称[,…n]
```

【例3-5】 删除数据库 EDUSDB。

```
DROP DATABASE EDUSDB
```

3.4.8 查看数据库信息

1. 用 Management Studio 查看数据库信息

在"对象资源管理器"窗口中选中"数据库"节点下的某个数据库,右击,在弹出的快捷菜单中选择"属性"命令,即可查看该数据库的详细信息。

2. 用系统存储过程查看数据库信息

SQL Server 2019 提供了很多有用的系统存储过程,可以用它们获得许多从 Management Studio 界面中不易或不能看到的信息。有关存储过程的详细介绍请参见第 10 章,目前读者如果不了解存储过程,可以把它当作函数或命令来用。

(1)用系统存储过程显示数据库结构 可以使用系统存储过程 Sp_helpdb 显示数据库结构,其语法如下:

```
Sp_helpdb [[@ dbname =] 'name']
```

使用 Sp_helpdb 系统存储过程可以显示指定数据库的信息。如果不指定 [@ dbname =] 'name' 子句,则会显示在 master. dbo. sysdatabases 表中存储的所有数据库信息。命令执行成功会返回 0,否则返回 1。

例如,显示 AdventureWorks 2019 数据库的信息:

```
EXEC Sp_helpdb AdventureWorks2019
```

(2)用系统存储过程显示文件信息 可以使用存储过程 Sp_helpfile 显示当前数据库中的文件信息,其语法如下:

```
Sp_helpfile [[@ filename =]'name']
```

如果不指定文件名称,则会显示当前数据库中所有的文件信息。命令执行成功会返回 0,否则返回 1。

例如,显示 AdventureWorks2019 数据库中的 Address 表的信息:

```
EXEC Sp_helpfile Address
```

(3)用系统存储过程显示文件组信 可以使用系统存储过程 Sp_helpfilegroup 显示当前数据库中的文件组信息,其语法如下:

```
Sp_helpfilegroup[[@ filegroupname =]'name']
```

如果不指定文件组名称,则会显示当前数据库中所有的文件组信息。命令执行成功会返回 0,否则返回 1。

例如,显示 AdventureWorks2019 数据库中的所有文件组信息:

```
use AdventureWorks2019
EXEC Sp_helpfilegroup
```

3.4.9　迁移用户数据库

很多情况下，我们需要将数据库文件从一台计算机迁移到另外的计算机上，以下介绍两种常用的迁移数据库的方法。

1. 分离和加载

如图 3-16 所示，在"对象资源管理器"中选择要迁移的数据库节点，右击，在弹出的快捷菜单中选择"任务"→"分离"命令，弹出图 3-17 所示的"分离数据库"窗口，单击"确定"按钮，数据库文件就会从 SQL server 2019 成功分离。

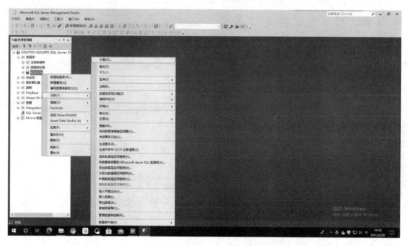

图 3-16　分离数据库操作

图 3-17　"分离数据库"窗口

如图 3-18 所示，在"对象资源管理器"窗口中选择"数据库"节点，右击，在弹出的快捷菜单中选择"附加"命令，弹出"附加数据库"窗口，如图 3-19 所示。单击"添加"按钮，在弹出的对话框中选择需要的 .mdf 文件，单击"确定"按钮，即可把数据库文件加载成功。

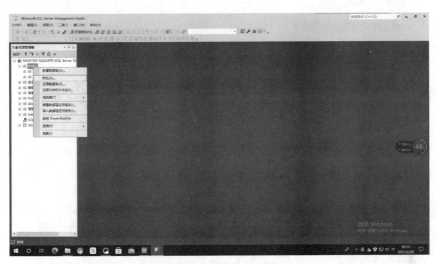

图 3-18　附加数据库操作

图 3-19　"附加数据库"窗口

2. 生成脚本

对于选定的数据库节点，在图 3-16 所示的级联菜单中选择"生成脚本"命令，会弹出

图 3-20 所示的"生成脚本"窗口。

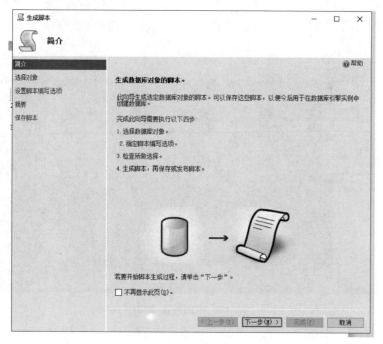

图 3-20　"生成脚本"窗口

在图 3-20 中，按照向导操作，即可生成数据库的脚本文件（扩展名为 .sql）。通过脚本文件，可以在其他计算机的数据库管理系统中重新创建相同的数据库。

3.5　数据表的创建和使用

3.5.1　用 Management Studio 创建数据表

1）右击"对象资源管理器"窗口中"数据库"下的"表"节点，在弹出的快捷菜单中选择"新建表"命令，弹出定义数据表结构对话框，如图 3-21 所示。其中，每一行用于定义数据表的一个字段，包括列名、数据类型、长度、允许 NULL 值及默认值或绑定等。

① 列名（表中某个字段名）：由用户命名，最长为 128 字符，可包含中文、英文、下划线、#号、货币符号（¥）及@符号。同一表中不允许有重名的列。

② 数据类型：定义字段可存放数据的类型。

③ 长度：字段所能容纳的最大数据量，不同的数据类型其长度的意义不同。

• 对字符型与 Unicode 字符类型而言，长度代表字段所能容纳的字符的数目，因此它会限制用户所能输入的文本长度。对数值型而言，长度则代表字段使用多少个字节来存放数字，由精度决定，精度越高，字段的长度就越长。精度是指数据中数字的位数，包括小数点左侧的整数部分和小数点右侧的小数部分。例如，数字 12345.678 的精度为 8，小数位数为 3。只有数值类型才有必要指定精度和小数位数。

• 各种整数型的字段长度是固定的，用户不需要输入长度，系统根据相应整数类型的不

82

图 3-21　定义数据表结构对话框

同自动给出字段长度。

●对于 binary、varbinary 和 image 数据类型而言，长度代表字段所能容纳的字节数。

④ 允许 Null 值：当设置某个字段为"允许 Null 值"时，表示该字段的值允许为 NULL 值。这样，在向数据表中输入数据时，如果没有给该字段输入数据，系统将自动取 NULL 值；否则，必须给该字段提供数据。

⑤ 默认值或绑定：该字段的默认值（DEFAULT 值）。如果规定了默认值，在向数据表中输入数据时，如果没有给该字段输入数据，系统自动将默认值写入该字段。

2）将数据表中各列定义完毕后，单击工具栏中的"保存"按钮，即可完成创建表过程。

3.5.2　用 SQL 命令创建数据表

可以使用 CREATE TABLE 语句创建数据表，其基本语法格式如下：

```
CREATE TABLE <表名> (<列定义>[{,<列定义> |<表约束>}])
```

1）<表名>最多可有 128 个字符，如 T_stuinfo、T_couinfo、T_classinfo 等，不允许重名。

2）<列定义>的书写格式如下：

```
<列名> <数据类型> [DEFAULT] [{<列约束>}]
```

3）DEFAULT：若某字段设置有默认值，则当该字段未被输入数据时，则将默认值自动填入该字段。

4）在 SQL 中用如下所示的格式来表示数据类型及它所采用的长度、精度和小数位数，其中 N 代表长度，P 代表精度，S 表示小数位数。

binary（N）　　　　　　例：binary（6）

char（N）　　　　　　　例：char（10）

numeric （P，[S]） 例：numeric （5，1）

但是，有的数据类型的精度与小数位数是固定的，对采用此类数据类型的字段而言，不需设置精度与小数位数。例如，如果某字段采用 INT 数据类型，其长度固定是 4，精度固定是 10，小数位数则固定是 0，这表示该字段能存放 10 位没有小数点的整数，存储大小则是 4B。

【例3-6】 用 SQL 命令建立一个学生表 T_stuinfo。

```
CREATE TABLE T_stuinfo
(stunum VARCHAR(10),
stuname NVARCHAR(10),
stusex CHAR(2)DEFAULT '男',
stubir date,
classnum VARCHAR(10))
```

执行该语句后，便创建了学生表 T_stuinfo。该数据表中含有 stunum、stuname、stusex、stubir、classnum 5 个字段，它们的数据类型和字段长度分别为 VARCHAR（10）、NVARCHAR（10）、CHAR（2）、date、VARCHAR（10）。其中，stusex 字段的默认值为男。

在创建表的过程中，可以为列指定约束，使数据表中的列满足某种约束。为表设置约束需要满足数据库完整性，详见 6.4 节。

3.5.3 修改数据表

由于应用环境和应用需求的变化，可能要修改基本表的结构，如增加新列或者修改原有的列定义等。

1. 用 Management Studio 修改数据表的结构

用 Management Studio 修改数据表的结构，可按下列步骤进行操作。

1）在 Management Studio 的"对象资源管理器"窗口中展开"数据库"节点。

2）右击要修改的数据表，在弹出的快捷菜单中选择"设计"命令，弹出图 3-22 所示的修改数据表结构对话框。可以在此对话框中修改列的数据类型、名称等属性，添加或删除列，也可以指定表的主关键字约束。

3）修改完毕后，单击工具栏中的"保存"按钮，存盘退出。

2. 用 SQL 命令修改数据表

SQL 使用 ALTER TABLE 命令来完成这一功能，有如下两种修改方式。

（1）ADD 方式 ADD 方式用于增加新列和完整性约束，其定义方式与 CREATE TABLE 语句中的定义方式相同。其语法格式如下：

```
ALTER TABLE <表名>
ADD <列定义> |<完整性约束定义>
```

【例3-7】 在 T_STUINFO 表中增加一个籍贯列和联系方式列。

```
ALTER TABLE T_STUINFO
ADD
```

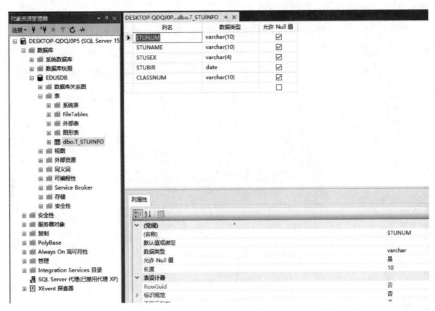

图 3-22　修改数据表结构对话框

```
nativePla VARCHAR(10),
phone VARCHAR(15)
```

通过修改表增加完整性约束将在 6.4 节中介绍。

（2）ALTER 方式　ALTER 方式用于修改某些列，其语法格式如下：

```
ALTER TABLE <表名>
ALTER COLUMN <列名> <数据类型> [NULL | NOT NULL]
```

【例 3-8】　把 T_STUINFO 表中的 stunum 列加宽到 12 个字符。

```
ALTER TABLE T_STUINFO
ALTER COLUMN
stunum VARCHAR(12)
```

注意：使用此方式有如下一些限制。

1）不能改变列名。

2）不能将含有空值的列的定义修改为 NOT NULL 约束。

3）若列中已有数据，则不能减少该列的宽度，也不能改变其数据类型。

4）只能修改 NULL/NOT NULL 约束，其他类型的约束在修改之前必须先将约束删除，然后重新添加修改过的约束定义。

3.5.4　删除基本表

当某个基本表已不再使用时，可将其删除。删除后，该表的数据和在此表上建立的索引都被删除，建立在该表上的视图不会删除，系统将继续保留其定义，但已无法使用。如果重新恢复该表，这些视图可重新使用。

1. 用 Management Studio 删除数据表

在"对象资源管理器"窗口中右击要删除的表，在弹出的快捷菜单中选择"删除"命令，打开"删除对象"窗口，如图 3-23 所示。单击"显示依赖关系"按钮，弹出"依赖关系"对话框，其中列出了表所依靠的对象和依赖于表的对象，当有对象依赖于表时不能删除表。

图 3-23 "删除对象"窗口

2. 用 SQL 命令删除数据表

删除数据表的 SQL 命令语法格式如下：

```
DROP TABLE <表名>
```

【例 3-9】 删除表 T_STUINFO。

```
DROP TABLE T_STUINFO
```

注意：只能删除自己建立的表，不能删除其他用户建立的表。

3.5.5 查看数据表

在"对象资源管理器"窗口中右击要操作的表，在弹出的快捷菜单中选择"编辑所有行"命令，即可输入数据。此外，在 3.10 节还会讲解使用 SQL 命令对数据表中的数据进行操作，在此不再赘述。

1. 查看数据表的属性

在"对象资源管理器"中展开"数据库"节点，选中相应的数据库，从中找到要查看的数据表。右击该表，在弹出的快捷菜单中选择"属性"命令，弹出"表属性"对话框，如图 3-24 所示。从图中可以看到表的详细属性信息，如当前连接参数，包括数据库、服务器和用户等，以及说明，包括名称、创建日期和系统对象等。

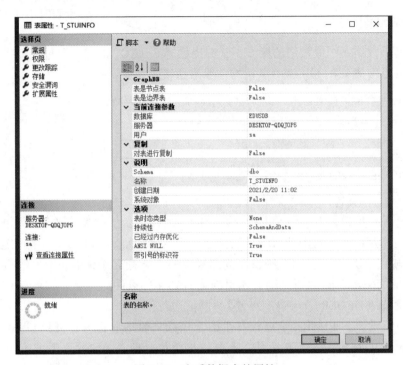

图 3-24　查看数据表的属性

2. 查看数据表中的数据

在"对象资源管理器"中右击要查看数据的表，在弹出的快捷菜单中选择"选择前 1000 行"命令，则会显示表中的前 1000 条数据，如图 3-25 所示。

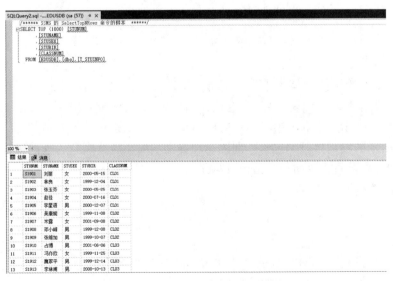

图 3-25　查看数据表中的数据

3.6 简单查询

3.6.1 数据查询

数据查询是数据库中最常用的操作。SQL 提供了 SELECT 语句，通过查询操作可得到所需的信息。关系（表）的 SELECT 语句的一般语法格式如下：

```
SELECT [ALL |DISTINCT] [TOP N [PERCENT] [WITH TIES]]
<列名 >[AS 别名 1][{, <列名 >[AS 别名 2]}[, …n]]
FROM <表名 >[[AS]表别名]
[WHERE <检索条件 >]
[GROUP BY <列名 1 >[HAVING <条件表达式 >]]
[ORDER BY <列名 2 >[ASC |DESC]]
```

其查询结果仍是一个表。SELECT 语句的执行过程是，根据 WHERE 子句的检索条件，从 FROM 子句指定的基本表中选取满足条件的元组，再按照 SELECT 子句中指定的列投影得到结果表。如果有 GROUP 子句，则将查询结果按照与 <列名 1 >相同的值进行分组。如果 GROUP 子句后有 HAVING 短语，则只输出满足 HAVING 条件的元组。如果有 ORDER 子句，查询结果还要按照 ORDER 子句中 <列名 2 >的值进行排序。

注意：可以看出，WHERE 子句相当于关系代数中的选取操作，SELECT 子句则相当于投影操作，但 SQL 查询不必规定投影、选取连接的执行顺序，它比关系代数更简单，功能更强大。

3.6.2 无条件查询

无条件查询是指只包含 SELECT…FROM 的查询，这种查询最简单，相当于只对关系（表）进行投影操作。

【例 3-10】 查询全体学生的学号、姓名和所在班级号。

```
SELECT STUNUM, STUNAME, CLASSNUM
FROM T_STUINFO
```

在菜单栏下方的快捷工具中单击"新建查询"按钮，会弹出图 3-26 所示的查询窗口（"对象资源管理器"右侧的窗口）。在查询窗口中输入上述查询语句，单击"执行"按钮，即可得到图 3-27 所示的查询结果界面，可以看出，在查询语句的下方是其对应的查询结果。

图 3-27 所示的查询界面中包含查询语句和查询结果，后续例题的查询过程和本例相同，所以不再给出完整的查询界面，只给出查询结果。

【例 3-11】 查询教师的全部信息。

```
SELECT*
FROM T_TEAINFO
```

用 " * " 表示 T_TEAINFO 表的全部列名，而不必逐一列出。

【例 3-12】 查询选修了课程的学生的学号。

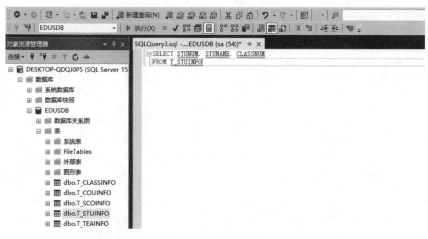

图 3-26 新建查询

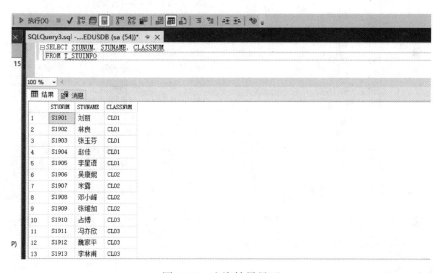

图 3-27 查询结果界面

```
SELECT DISTINCT STUNUM
FROM T_SCOINFO
```

查询结果中的重复行被去掉，查询结果如图 3-28 所示。

上述查询均为不使用 WHERE 子句的无条件查询，也称为投影查询。例 3-12 的查询结果与关系代数中的投影操作 $\prod_{STUNUM}$（T_SCOINFO）的结果相同。在关系代数中，投影后自动消去重复行；而 SQL 中必须使用关键字 DISTINCT 才会消去重复行。

另外，利用投影查询可控制列名的顺序，并可通过指定别名改变查询结果列标题的名字。

【例 3-13】 查询全部课程的课程编号、课程名称和主讲教师编号。

```
SELECT COUNUM,COUNAME,TEANUM
FROM T_COUINFO
```

或

```
SELECT COUNUM,COUNAME AS NAME,TEANUM
FROM T_COUINFO
```

查询结果如图 3-29 所示。

	STUNUM
1	S1901
2	S1902
3	S1903
4	S1904
5	S1905
6	S1906
7	S1907
8	S1908
9	S1909
10	S1910
11	S1911
12	S1912
13	S1913
14	S1914
15	S1915
16	S1916
17	S1917
18	S1918
19	S1919
20	S1920

	COUNUM	NAME	TEANUM
1	C01	大学计算机基础	T001
2	C02	数据结构	T001
3	C03	计算机组成原理	T002
4	C04	Python	T003
5	C05	C++	T004
6	C06	Java	T002
7	C07	电工电子技术	T004
8	C08	马克思主义原理	T008
9	C09	经济学原理	T005
10	C10	云计算平台	T005
11	C011	数据挖掘	T006
12	C012	数据库原理	T007
13	C013	计算机科学导论	T007
14	C014	电子商务	T003
15	C015	法律基础	T008
16	C016	计算机网络	T005
17	C017	hadoop	T004
18	C018	HIVE数据库	T002
19	C019	Oracle数据库应用	T007
20	C020	过程控制	T006

图 3-28　例 3-12 查询结果　　　　　　图 3-29　例 3-13 查询结果

其中，NAME 为 COUNAME 的别名。在 SELECT 语句中可以为查询结果的列名重命名，并且可以重新指定列的次序。

3.6.3　条件查询

当要在表中查找出满足某些条件的行时，则需要使用 WHERE 子句指定查询条件。WHERE 子句中，条件通常通过 3 部分来描述，即列名、比较运算符、常数。

常用的比较运算符如表 3-16 所示。

1. 比较大小

【例 3-14】　查询选修课程号为 C01 的学生的学号和成绩。

```
SELECT STUNUM,SCORE
FROM T_SCOINFO
WHERE COUNUM = 'C01'
```

查询结果如图 3-30 所示（只部分显示）。

表 3-16　常用的比较运算符

比较运算符	含义
=、>、<、>=、<=、!=、<>	比较大小
AND、OR、NOT	多重条件
BETWEEN AND	确定范围
IN	确定集合
LIKE	字符匹配
IS NULL	空值

	STUNUM	SCORE
1	S1901	88
2	S1901	66
3	S1902	50
4	S1902	81
5	S1903	75
6	S1903	78
7	S1904	84
8	S1904	50
9	S1905	74
10	S1905	91
11	S1906	74

图 3-30　例 3-14 查询结果

此查询结果与关系代数中的选取操作 $\sigma_{COUNUM='C001'}$（T_SCOINFO）的结果相同。

【例 3-15】　查询成绩为优秀（SCORE 大于等于 90 分）的学生的学号、课程号、考试类型和成绩。

```
SELECT STUNUM,COUNUM,TYPE,SCORE
FROM T_SCOINFO
WHERE SCORE >=90
```

2. 多重条件查询

当 WHERE 子句需要指定一个以上的查询条件时，需要使用逻辑运算符 AND、OR、NOT 将其连接成复合的逻辑表达式。其优先级由高到低分别为 NOT、AND、OR，用户可以使用括号改变优先级。

【例 3-16】　查询选修 C01 或 C02 且分数大于等于 85 分学生的学号、课程号和期末成绩。

```
SELECT STUNUM,COUNUM,SCORE
FROM T_SCOINFO
WHERE(COUNUM = 'C01' OR COUNUM = 'C02')AND(Score >= 85)AND(TYPE = '期末')
```

3. 确定范围

【例 3-17】　查询 C03 课程成绩优秀的学生的学号、考试类型及成绩。

```
SELECT STUNUM,TYPE,SCORE
FROM T_SCOINFO
WHERE COUNUM ='C03' AND SCORE BETWEEN 90 AND 100;
```

等价于：

```
SELECT STUNUM,TYPE,SCORE
```

```
FROM T_SCOINFO
WHERE COUNUM = 'C03' AND SCORE > = 90 AND SCORE < =100
```

注意：在 SQL Server 中，BETWEEN…AND…的条件包括等号；在有些 DBMS 中，BE-TWEEN…AND…的条件不包含等号。

【例 3-18】 查询 C03 课程成绩没有达到优秀的学生的学号、考试类型及成绩。

```
SELECT STUNUM,TYPE,SCORE
FROM T_SCOINFO
WHERE COUNUM = 'C03' AND SCORE NOT BETWEEN 90 AND 100
```

4. 确定集合

利用 IN 操作可以查询属性值属于指定集合的元组。

【例 3-19】 查询选修 C01 或 C02 的学生的学号、课程号、考试类型和成绩。

```
SELECT STUNUM,COUNUM,TYPE,SCORE
FROM T_SCOINFO
WHERE COUNUM IN('C01','C02')
```

此语句也可以使用逻辑运算符 OR 实现：

```
SELECT STUNUM,COUNUM,TYPE,SCORE
FROM T_SCOINFO
WHERE COUNUM = 'C01' OR COUNUM = 'C02'
```

利用 NOT IN 可以查询指定集合外的元组。

【例 3-20】 查询既没有选修 C01，也没有选修 C02 的学生的学号、课程号、考试类型和成绩。

```
SELECT STUNUM,COUNUM,TYPE,SCORE
FROM T_SCOINFO
WHERE COUNUM NOT IN('C01','C02')
```

等价于：

```
SELECT STUNUM,COUNUM,TYPE,SCORE
FROM T_SCOINFO
WHERE COUNUM! = 'C01' AND COUNUM! = 'C02'
```

5. 模糊查询

以上各例均属于完全匹配查询，或称为精确查询。当不知道完全精确的值时，用户还可以使用 LIKE 或 NOT LIKE 进行部分匹配查询（也称模糊查询）。LIKE 定义的一般格式如下：

```
<属性名 > LIKE <字符串常量 >
```

其中，属性名必须为字符型，字符串常量中的字符可以包含通配符，利用这些通配符可以进行模糊查询。字符串中的通配符及其功能如表 3-17 所示。

表 3-17　字符串中的通配符及其功能

通配符	功能	实例
%	代表 0 个或者多个字符	'ab%'，'ab' 后可以接任意字符串
_	代表一个字符	'a_b'，'a' 和 'b' 之间有一个字符
[ ]	表示某一范围的字符	[0 - 9]，0 ~ 9 之间的字符
[^]	表示不在某一范围的字符	[^0 - 9]，不在 0 ~ 9 之间的字符

【例 3-21】　查询所有姓王的教师的教师号和姓名。

```
SELECT TEANUM,TEANAME
FROM T_TEAINFO
WHERE TEANAME LIKE '王%'
```

【例 3-22】　查询姓名中第二个汉字是"云"的教师姓名和职称。

```
SELECT TEANAME,TITLE
FROM T_TEAINFO
WHERE TEANAME LIKE '_云%'
```

6. 空值查询

某个字段没有值称为具有空值（NULL）。通常当没有为一个列输入值时，该列的值就是空值。空值不同于零和空格，它不占用任何存储空间。例如，某些学生选修了课程但没有参加考试，就会造成数据表中有选课记录但没有考试成绩的现象。考试成绩为空值与参加考试成绩为 0 分是不同的。

【例 3-23】　查询没有考试成绩的学生的学号和相应的课程号。

```
SELECT STUNUM,COUNUM
FROM T_SCOINFO
WHERE SCORE IS NULL
```

注意：这里的空值条件为 SCORE IS NULL，不能写成 SCORE = NULL。

3.6.4　聚合函数

通过简单查询，可以将满足某种条件的表中源数据查询出来，而实际中往往有一些更为复杂的应用需求，如查询 C001 课程期末的平均分，则必须要把选修 C001 课程所有学生的期末成绩查询出来，再手工进行计算，方能得到平均成绩。而这样的结果可以通过聚合函数直接得到。

聚合函数也称多行函数，能够对多行查询出来的值进行计算，得到多行对应的单个结果。聚合函数还可以对一个表中的数据进行分组，得到多组数据，对每一组数据进行计算，每一组返回一个结果。

SQL 提供了几个常用的聚合函数，增强了数据的检索能力，具体如表 3-18 所示。其中，AVG( ) 函数可以求出一组数据的平均值，SUM( ) 函数可以求出一组数据的总和，这两个函数只能针对数值类型的数据；MAX( ) 函数可以求出一组数据的最大值，MIN( ) 函数可以求出一组数据的最小值，这两个函数都适用于任意类型数据。对于数值类型，比较其值的大小；对于日期类型，日期越早，值越小；对于字符串类型，采取字符 ASCII 码值比较的方式。在比较时空值被作为无穷大处理。聚合函数在计算时，忽略字段中的空值。

表 3-18　常用的聚合函数

函数名称	功能
AVG( )	按列计算平均值
SUM( )	按列计算值的总和
MAX( )	求某列的最大值
MIN( )	求某列的最小值
COUNT( )	按列统计值的个数

【例 3-24】 求选修 C01 课程的学生期末平均分。

```
SELECT AVG(SCORE)AS AvgScore
FROM T_SCOINFO
WHERE COUNUM = 'C01' AND TYPE = '期末'
```

查询结果如图 3-31 所示。

上述查询语句中 AS 后面的 AvgScore 是别名，别名会显示在查询结果中，让使用者能清楚地知道查询内容所表示的含义。

在使用聚合函数进行查询时，通常要给查询的每一项内容加别名，否则查询结果中就不显示列名。

例如，如果将上述查询语句改为如下形式：

```
SELECT AVG(Score)
FROM T_SCOINFO
WHERE COUNUM = 'C01' AND TYPE = '期末'
```

查询结果如图 3-32 所示。

【例 3-25】 求学号为 S1901 的学生选修 C01 号课程的期中与期末的总分。

```
SELECT SUM(SCORE)AS SUMSCORE
FROM T_SCOINFO
WHERE STUNUM = 'S1901' AND COUNUM = 'C01'
```

注意：SUM( )和 AVG( )函数只能对数值型字段进行计算。

【例 3-26】 求选修 C01 号课程的学生期中最高分、最低分及之间相差的分数。

```
SELECT MAX(SCORE)AS MaxScore,MIN(SCORE)AS MinScore,MAX(SCORE) - MIN(SCORE)
AS Diff
FROM T_SCOINFO
WHERE COUNUM = 'C01' AND TYPE = '期中'
```

查询结果如图 3-33 所示。

图 3-31　例 3-24 查询结果

图 3-32　无列名时的查询结果

图 3-33　例 3-26 查询结构

【例 3-27】 求男生的总数。

```
SELECT COUNT(STUNUM)AS MALECOUNT
FROM T_STUINFO
WHERE STUSEX = '男'
```

【例 3-28】 求教师表中共有多少种职称。

```
SELECT COUNT(DISTINCT TITLE)AS TITLECOUNT
FROM T_TEAINFO
```

注意：加入关键字 DISTINCT 后表示消去重复行，可计算字段 TITLE 不同值的数目，COUNT( ) 函数对空值不计算，但对 0 进行计算。

【例 3-29】 统计有成绩学生的人数。

```
SELECT COUNT(SCORE)
FROM T_SCOINFO
```

成绩为 0 的学生也计算在内，没有成绩（空值）的学生则不计算。

【例 3-30】 利用特殊函数 COUNT(*)求学生的总数。

```
SELECT COUNT(* ) FROM T_STUINFO
```

注意：COUNT(*)用来统计元组的个数，不消除重复行，不允许使用 DISTINCT 关键字。

3.6.5　分组查询

在使用函数 MAX( ) 和 MIN( ) 时，极容易出现一个错误。例如，查询 T_SCOINFO 表中最低分的分数，并显示该分数对应的学号、课程号和考试类型。

如果按照上面的思维惯性，写出的代码如下：

```
SELECT STUNUM,COUNUM,TYPE,MIN(SCORE)
FROM T_SCOINFO
```

上述 SQL 语句在运行之后会出现图 3-34 所示的错误。

```
消息

消息 8120，级别 16，状态 1，第 1 行
选择列表中的列 'T_SCOINFO.STUNUM' 无效，因为该列没有包含在聚合函数或 GROUP BY 子句中。

完成时间：2021-02-20T11:24:06.3089176+08:00
```

图 3-34　运行错误

为什么会出现这个错误呢？这就需要了解聚合函数的运行原理。聚合函数实际上是对一组数据进行统一的处理，最后得到一个结果。上述代码中，MIN（SCORE）得到一个最低分，虽然该最低分等于表中的一个分数，但是它已经不具备"某条记录中的分数"的含义，因此也无法对应相应的 STUNUM、COUNUM 及 TYPE。这就需要对每组统计结果进行分组显示。GROUP BY 子句可以将查询结果按属性列或属性列组合在行的方向上进行分组，每组在属性列或属性列组合上具有相同的值。

【例3-31】 查询每个教师的教师号及其任课的门数。

```
SELECT TEANUM,COUNT(*)AS Cou_Num
FROM T_COUINFO
GROUP BY TEANUM;
```

GROUP BY 子句按 TEANUM 的值分组，所有具有相同 TEA-NUM 的元组为一组，对每一组使用函数 COUNT 进行计算，统计出各位教师任课的门数。查询结果如图 3-35 所示。

注意：GROUP BY 子句在使用时，如果出现在 SELECT 列表中的字段的位置不是在聚合函数中，那么必须出现在 GROUP BY 子句中；反过来，使用 GROUP BY 时，在 GROUP BY 子句中出现的字段可以不出现在查询列表中。

	TEANUM	Cou_Num
1	T001	2
2	T002	3
3	T003	2
4	T004	3
5	T005	3
6	T006	2
7	T007	3
8	T008	2

图 3-35 例 3-31 查询结果

值得一提的是，聚合函数是不能在 WHERE 中出现的。例如，为了考察哪些科目的教学效果较好，显示各科考试平均分、平均分及格的课程编号和平均分。书写 SQL 语句如下：

```
SELECT COUNUM,AVG(SCORE)AS AVGSCORE
FROM T_SCOINFO
WHERE AVG(SCORE)>=60
GROUP BY COUNUM
```

上述语句在运行时会出错（见图 3-36），主要是因为 WHERE 语句是为了限制查询的，在 GROUP BY 前就已经执行，而那时还没有进行分组，AVG（SCORE）还未计算出来。因此，若在分组后还要按照一定的条件进行筛选，则需使用 HAVING 子句。

消息 147，级别 15，状态 1，第 3 行
聚合不应出现在 WHERE 子句中，除非该聚合位于 HAVING 子句或选择列表所包含的子查询中，并且要对其进行聚合的列是外部引用。

完成时间：2021-02-20T11:25:03.7958409+08:00

图 3-36 运行出错

【例3-32】 查询期中与期末平均分及格的学生学号、课程号及平均成绩。

```
SELECT STUNUM,COUNUM,AVG(SCORE)AS AVGSCORE
FROM T_SCOINFO
GROUP BY STUNUM,COUNUM
HAVING AVG(SCORE)>=60
```

查询结果如图 3-37 所示（截取部分结果）。

GROUP BY 子句按 STUNUM 和 COUNUM 的值分组，所有具有相同 STUNUM 和 COUNUM 的元组为一组，对每一组使用函数 AVG() 进行计算，统计出每个学生每门课程期中与期末的平均成绩。HAVING 子句去掉不满足 AVG（SCORE）>=60 的组。

当在一个 SQL 查询中同时使用 WHERE 子句、

	STUNUM	COUNUM	AVGSCORE
1	S1901	C01	77
2	S1902	C01	65.5
3	S1903	C01	76.5
4	S1904	C01	67
5	S1905	C01	82.5
6	S1906	C01	67
7	S1907	C01	74
8	S1909	C01	81
9	S1910	C01	87
10	S1911	C01	77.5
11	S1912	C01	75
12	S1913	C01	70
13	S1914	C01	73

图 3-37 例 3-32 查询结果

GROUP BY 子句和 HAVING 子句时，其顺序是 WHERE、GROUP BY、HAVING。

　　注意：WHERE 与 HAVING 子句的根本区别在于作用对象不同。WHERE 子句作用于基本表或视图，从中选择满足条件的元组；HAVING 子句作用于组，选择满足条件的组，必须用在 GROUP BY 子句之后，但 GROUP BY 子句可以没有 HAVING 子句。

3.6.6　查询结果排序

　　当需要对查询结果排序时，应该使用 ORDER BY 子句。ORDER BY 子句必须出现在其他子句之后。排序方式可以指定，DESC 为降序，ASC 为升序，默认时为升序。

　　【例 3-33】　查询选修 C01 课程的学生的学号和期末成绩，并按成绩降序排列。

```
SELECT STUNUM,SCORE
FROM T_SCOINFO
WHERE COUNUM = 'C01' AND TYPE = '期末'
ORDER BY SCORE DESC;
```

　　【例 3-34】　查询选修 C02、C03、C04 或 C05 课程的学生学号、课程号、考试类型和成绩，查询结果按学号升序排列，学号相同再按成绩降序排列。

```
SELECT STUNUM,COUNUM,TYPE,SCORE
FROM T_SCOINFO
WHERE COUNUM IN('C02','C03','C04','C05')
ORDER BY STUNUM,SCORE DESC
```

　　至此，我们基本学习了一个完整的 SQL 语句的结构，如下所示：

```
SELECT 字段或分组函数
FROM 表名
[WHERE 筛选条件]
[GROUP BY 分组列]
[HAVING 分组筛选条件]
[ORDER BY 列]
```

　　在书写时，必须注意各个子句的位置。一般情况下，其执行过程如下。

　　1）最先执行 WHERE 子句，再对表中数据进行过滤。

　　2）将符合条件的数据用 GROUP BY 进行分组。

　　3）分组数据通过 HAVING 子句进行组函数过滤。

　　4）结果通过 ORDER BY 子句进行排序。

　　5）结果返回给用户。

3.7　多表连接查询

　　上述查询都是从单个表中获取信息。但是，实际工程中的查询，其复杂度远不止于此。例如，在教学数据库中，学生表中存储了学生的基本信息，考试成绩表中存储了学生的考试成绩。如果要查询姓名为"刘丽"的学生的考试成绩，则可以使用连接查询。

如果一个查询需要对多个表进行操作，就称为连接查询。连接查询的结果集或结果表称为表之间的连接。连接查询实际上是通过各个表之间共同列的关联性来查询数据的，数据表之间的联系是通过表的字段值来体现的，这种字段称为连接字段。连接操作的目的就是通过加在连接字段上的条件将多个表连接起来，以便从多个表中查询数据。

3.7.1　多表连接查询基本结构

表的连接方法有以下两种。

1）当表之间满足一定条件的行进行连接时，FROM 子句指明进行连接的表名，WHERE 子句指明连接的列名及其连接条件。

```
SELECT [ALL |DISTINCT] [TOP N [PERCENT] [WITH TIES]]
<列名 > [AS 别名 1] [{, <列名 > [ AS 别名 2…]}]
FROM(表名 1 > [[AS] 表 1 别名] [{, <表名 2 > [[AS] 表 2 别名…]}]
[WHERE <检索条件 >]
[GROUP BY <列名 1 [,…] > [HAVING <条件表达式 >]]
[ORDER BY <列名 2 [,…] > [ASC |DESC]]
```

2）利用关键字 JOIN 进行连接，具体的连接方法分为以下几种。

① INNER JOIN（内连接）：显示符合条件的记录，此为默认值。

② LEFT（OUTER）JOIN：左（外）连接，用于显示符合条件的数据行及左边表中不符合条件的数据行，此时右边数据行会以 NULL 来显示。

③ RIGHT（OUTER）JOIN：右（外）连接，用于显示符合条件的数据行及右边表中不符合条件的数据行，此时左边数据行会以 NULL 来显示。

④ FULL（OUTER）JOIN：显示符合条件的数据行及左边表和右边表中不符合条件的数据行，此时缺乏数据的数据行会以 NULL 来显示。

⑤ CROSS JOIN：将一个表的每一个记录和另一个表的每一个记录匹配成新的数据行。

当将 JOIN 关键词放于 FROM 子句中时，应有关键词 ON 与之对应，以表明连接的条件。

```
SELECT [ALL |DISTINCT] [TOP N [PERCENT] [WITH TIES]]
列名 1 [AS 别名 1]
[,列名 2 [ AS 别名 2]…]
[INTO 新表名]
FROM 表名 1 [[AS] 表 1 别名]
[INNER |RIGHT |FULL |OUTER |CROSS ] JOIN
表名 2 [[AS] 表 2 别名]
ON 条件
…
```

下面介绍几种表的连接操作。

3.7.2　内连接查询

【例 3-35】　查询岳云峰老师讲授的课程，要求列出教师号、教师姓名和课程名称。

1. 方法 1

```
SELECT T_TEAINFO. TEANUM,TEANAME,COUNAME
FROM T_TEAINFO,T_COUINFO
WHERE(T_TEAINFO. TEANUM = T_COUINFO. TEANUM)AND(TEANAME = '岳云峰')
```

其中，TEANAME ＝ '岳云峰' 为查询条件，而 T_TEAINFO. TEANUM ＝ T_COUIN-FO. TEANUM 为连接条件，TEANUM 为连接字段。

连接条件的一般格式如下：

[<表名 1 >.] <列名 1 > <比较运算符> [<表名 2 >.] <列名 2 >

其中，比较运算符主要有 ＝ 、 > 、 < 、 > ＝ 、 < ＝ 、! ＝ 。当比较运算符为 " ＝ " 时，称为等值连接；其他情况为非等值连接。

引用列名 TEANO 时要加上表名前缀，这是因为两个表中的列名相同，必须用表名前缀来确切说明所指列属于哪个表，以避免二义性。如果列名是唯一的（如 TEANAME），就不必加前缀。

上述操作是将 T_TEAINFO 表中的 TEANUM 和 T_COUINFO 表中的 TEANUM 相等的行连接，同时选取 TEANAME 为岳云峰的行，然后在 TEANUM、TEANAME、COUNAME 列上投影，这是连接、选取和投影操作的组合。

2. 方法 2

```
SELECT TEA. TEANUM,TEANAME,COUNAME
FROM T_TEAINFO TEA INNER JOIN T_COUINFO COU
ON TEA. TEANUM = COU. TEANUM
WHERE TEANAME = '岳云峰'
```

3. 方法 3

```
SELECT R1. TEANUM,R2. TEANAME,R1. COUNAME
FROM
(SELECT TEANUM,COUNAME FROM T_COUINFO )AS R1
INNER JOIN
(SELECT TEANUM,TEANAME FROM T_TEAINFO
WHERE TEANAME = '岳云峰')AS R2
ON R1. TEANUM = R2. TEANUM
```

【例 3-36】　查询所有选课学生的学号、姓名、选课名称、考试类型及成绩。

```
SELECT STU. STUNUM,STUNAME,COUNAME,TYPE,SCORE
FROM T_STUINFO STU,T_COUINFO COU,T_SCOINFO SCO
WHERE STU. STUNUM = SCO. STUNUM AND SCO. COUNUM = COU. COUNUM
```

本例涉及 3 个表，WHERE 子句中有两个连接条件。当有两个以上的表进行连接时，称为多表连接。

【例 3-37】　查询每门课程的课程号、课程名和选课人数。

```
SELECT COU. COUNUM,COUNAME,COUNT(DISTINCT SCO. STUNUM)as STUCOUNT
FROM T_COUINFO COU,T_SCOINFO SCO
WHERE SCO. COUNUM = COU. COUNUM
GROUP BY COU. COUNUM,COUNAME
```

3.7.3　外连接查询

以下为一个内连接的示例。

【例 3-38】　查询课程 Python 是哪一位老师教的，列出其姓名。

很明显，我们可以将 T_COURSE 和 T_TEACHER 进行内连接：

```
SELECT COU. COUNAME,TEA. TEANAME
FROM T_COUINFO COU
JOIN T_TEAINFO TEA ON COU. TEANUM = TEA. TEANUM
WHERE COU. COUNAME = 'Python'
```

查询结果如图 3-38 所示。

如果 Python 课程还没有确定老师，会是什么情况呢？在 Python 课程还没有确定老师的情况下，运行上面的语句，查询结果如图 3-39 所示。

图 3-38　内连接查询结果

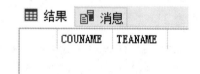

图 3-39　Python 课程没有确定老师的情况下的内连接查询结果

为什么会不显示呢？这是因为在运行连接条件 COU. TEANUM = TEA. TEANUM 时，对于 Python 的 TEANUM，在 T_TEAINFO 表中无法找到相等的 TEANUM。这就是内连接的特点：当两表连接时，如果一方表的连接列值在另一方表内找不到时，则丢弃整条记录。

外连接则不同，当两表连接时，如果一方表的连接列值在另一方表内找不到，不会丢弃整条记录，而是让找不到的一方的列显示为空值。参与连接的表有主从之分，以主表的每行数据去匹配从表的数据列。符合连接条件的数据将直接返回结果集中；对那些不符合连接条件的列，将被填上 NULL 值后再返回结果集中（对于 bit 数据类型的列，由于 bit 数据类型不允许有 NULL 值，因此会被填上 0 值，再返回结果集中）。

外连接分为左外连接和右外连接两种。以主表所在的方向区分外连接，主表在左边，则称为左外连接；主表在右边，则称为右外连接。

【例 3-39】　对例 3-38 中的 SQL 语句修改如下：

```
SELECT COU. COUNAME,TEA. TEANAME
FROM T_COUINFO COU
LEFT JOIN T_TEAINFO TEA ON COU. TEANUM = TEA. TEANUM
WHERE COU. COUNAME = 'Python'
```

则查询结果包括所有的课程，没有指定教师的课程教师
编号显示为空，查询结果如图 3-40 所示。

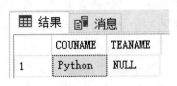

3.7.4　交叉查询（笛卡儿积）

交叉查询（CROSS JOIN）对连接查询的表没有特殊的
要求，任何表都可以进行交叉查询操作。

图 3-40　例 3-39 查询结果

【例 3-40】　对学生表 T_STUINFO 和课程表 T_COUINFO 进行交叉查询。

```
SELECT *
FROM T_STUINFO
CROSS JOIN T_COUINFO
```

上述查询是将学生表 T_STUINFO 中的每一个记录和课程表 T_COUINFO 的每个记录匹配
成新的数据行，查询的结果集合的行数是两个表行数的乘积，列数是两个表列数的和。

3.7.5　自连接查询

当一个表与其自身进行连接操作时，称为表的自连接。

【例 3-41】　查询每个学生每门课程的加权成绩（加权成绩 = 期末成绩 × 0.6 + 期中
成绩 × 0.4）。

要查询的期中成绩和期末成绩均在同一表 T_SCOINFO 中，可以将表 T_SCOINFO 分别取
两个别名，即 SCO1 和 SCO2。将 SCO1、SCO2 进行连接计算，得到加权成绩，这实际上是
同一表的连接查询。SQL 语句如下：

```
SELECT SCO1.STUNUM, SCO1.COUNUM, SCO1.SCORE * 0.4 +
SCO2.SCORE* 0.6 AS SCORE
FROM T_SCOINFO SCO1
JOIN T_SCOINFO SCO2
ON SCO1.STUNUM = SCO2.STUNUM AND SCO1.COUNUM =
SCO2.COUNUM
```

	STUNUM	COUNUM	SCORE
1	S1901	C01	88
2	S1901	C01	79.2
3	S1901	C02	76
4	S1901	C02	74.4
5	S1901	C03	76
6	S1901	C03	72.8
7	S1901	C04	87
8	S1901	C04	82.2

查询结果如图 3-41 所示（截取部分结果）。

图 3-41　例 3-41 查询结果

3.8　子查询

在 WHERE 子句中包含一个形如 SELECT-FROM-WHERE 的查询块，此查询块称为子查
询或嵌套查询，包含子查询的语句称为父查询或外部查询。嵌套查询可以将一系列简单查询
构成复杂查询，增强查询能力。子查询的嵌套层次最多可达到 255 层，以层层嵌套的方式构
造查询，充分体现了 SQL "结构化" 的特点。

嵌套查询在执行时由里向外处理，每个子查询是在上一级外部查询处理之前完成的，父
查询要用到子查询的结果。

3.8.1　普通子查询

普通子查询的执行顺序是：首先执行子查询，然后把子查询的结果作为父查询的查询条

件的值。普通子查询只执行一次，而父查询涉及的所有记录行都与其查询结果进行比较以确定查询结果集合。

1. 返回一个值的普通子查询

当子查询的返回值只有一个时，可以使用比较运算符（=、>、<、> =、< =、! =）将父查询和子查询连接起来。

【例 3-42】　查询与岳云峰教师职称相同的教师的教师号、姓名。

在未介绍子查询之前，遇到这样的问题，我们会先根据教师姓名岳云峰去查询该教师的教师职称，然后以查询出来的职称作为条件去查询满足该条件的教师姓名。这样需要经过两次查询才能查出想要的结果。使用子查询，则可以通过查询的嵌套一次性完成查询。

```
SELECT TEANUM,TEANAME
FROM T_TEAINFO
WHERE TITLE =
(SELECT TITLE
FROM T_TEAINFO
WHERE TEANAME = '岳云峰') AND TEANAME < > '岳云峰'
```

此查询相当于将查询分成两个查询块来执行。首先执行子查询：

```
SELECT TITLE
FROM T_TEAINFO
WHERE TEANAME = '岳云峰'
```

子查询向主查询返回一个值，即岳云峰教师的职称"副教授"，然后以此作为父查询的条件，相当于再执行父查询，查询所有职称为"副教授"的教师的教师号、姓名。

```
SELECT TEANUM,TEANAME
FROM T_TEAINFO
WHERE TITLE = '副教授'
```

查询结果如图 3-42 所示。

2. 返回一组值的普通子查询

如果子查询的返回值不止一个，而是一个集合，则不能直接使用比较运算符，可以在比较运算符和子查询之间插入 ANY 或 ALL。其具体含义详见以下各例。

（1）使用 ANY

【例 3-43】　查询授课的教师，显示教师姓名。

```
SELECT TEANAME
FROM T_TEAINFO
WHERE TEANUM = ANY (
SELECT TEANUM
FROM T_COUINFO
)
```

先执行子查询，找到课程表中所有的教师号，教师号为一组值构成的集合（'T0001'，'T0002'，'T0003'，'T0004'，'T0005'，'T0007'）；再执行父查询。其中，ANY 的含义为任意一个，查询教师号为'T0001'，'T0002'，'T0003'，'T0004'，'T0005'，'T0007'的教师的姓名。查询结果如图 3-43 所示。

	TEANAME
1	钟楚红
2	王云利
3	岳云峰
4	赵佳
5	房天
6	景菲

图 3-43　例 3-43 查询结果

	TEANUM	TEANAME
1	T001	钟楚红
2	T004	赵佳

图 3-42　例 3-42 查询结果

该例也可以使用前面介绍的连接操作来实现：

```
SELECT DISTINCT TEANAME
FROM T_TEAINFO TEA,T_COUINFO COU
WHERE TEA. TEANUM = COU. TEANUM
```

可见，对于同一查询，可使用子查询和连接查询两种方法来实现，读者可根据习惯选用。

【例 3-44】　查询比学号为 S1901 的学生某门课程期末成绩高的其他学生的期末成绩，显示学号、课程号和成绩。

```
SELECT STUNUM,COUNUM,SCORE
FROM T_SCOINFO
WHERE TYPE = '期末' AND SCORE > ANY(SELECT SCORE
    FROM T_SCOINFO
    WHERE STUNUM = 'S1901' AND TYPE = '期末') AND
STUNUM < > 'S1901'
```

先执行子查询，找到学号为 S1901 的学生期末成绩集合；再执行父查询。其中，ANY 的含义为任意一个，查询除学号为 S1901 学生之外的期末成绩高于子查询结果集合中最低期末成绩的学生学号、课程号及成绩。查询结果如图 3-44 所示（截取部分结果）。

此查询也可以写为

```
SELECT STUNUM,SCORE
FROM T_SCOINFO
WHERE TYPE = '期末' AND SCORE > (SELECT MIN(SCORE)
                FROM T_SCOINFO
                WHERE STUNUM = 'S1901' AND TYPE = '期末') AND STUNUM < > 'S1901'
```

	STUNUM	COUNUM	SCORE
1	S1902	C01	81
2	S1902	C04	86
3	S1902	C05	75
4	S1902	C06	96
5	S1902	C07	84
6	S1902	C08	90
7	S1902	C09	84
8	S1902	C10	78
9	S1903	C01	78
10	S1903	C02	70
11	S1903	C03	83
12	S1903	C05	93
13	S1903	C07	87
14	S1903	C08	81

图 3-44　例 3-44 查询结果

（2）使用 IN　可以使用 IN 代替"= ANY"。

【例 3-45】　查询授课的教师，显示教师姓名（使用 IN）。

103

```
SELECT TEANAME
FROM T_TEAINFO
WHERE TEANUM IN(
    SELECT TEANUM
    FROM T_COUINFO
);
```

（3）使用 ALL ALL 的含义是全部。

【例3-46】 查询比学号为 S1901 的学生所有选修课程期末成绩都高的其他学生选修课程的期末成绩，显示学号、课程号和成绩。

```
SELECT STUNUM,COUNUM,SCORE
FROM T_SCOINFO
WHERE TYPE = '期末' AND SCORE > ALL(SELECT SCORE
                    FROM T_SCOINFO
                    WHERE STUNUM = 'S1901' AND TYPE = '期末')AND STUNUM < > 'S1901';
```

先执行子查询，找到所有学生选修课程的期末成绩集合；再执行父查询。其中，ALL 的含义为所有，查询除学号为 S1901 学生之外的期末成绩高于子查询结果集合中最高期末成绩的学生学号、课程号及成绩。查询结果如图 3-45 所示。

此查询也可以写为

```
SELECT STUNUM,SCORE
FROM T_SCOINFO
WHERE TYPE = '期末' AND SCORE > (SELECT MAX(SCORE)
                    FROM T_SCOINFO
                    WHERE STUNUM = 'S1901' AND TYPE = '期末')AND STUNUM < > 'S1901';
```

	STUNUM	COUNUM	SCORE
1	S1902	C06	96
2	S1903	C05	93
3	S1905	C06	96
4	S1909	C05	99
5	S1910	C01	99
6	S1910	C04	94
7	S1910	C10	94
8	S1911	C07	99
9	S1912	C08	93
10	S1914	C02	95
11	S1916	C05	98
12	S1918	C08	94
13	S1919	C09	98

图 3-45 例 3-46 查询结果

3.8.2 相关子查询

3.8.1 节介绍的子查询均为普通子查询，但有时子查询的查询条件需要引用父查询表中的属性值，我们把这类查询称为相关子查询。

相关子查询的执行顺序是：首先选取父查询表中的第一行记录，内部的子查询利用此行中相关的属性值进行查询；然后父查询根据子查询返回的结果判断此行是否满足查询条件，如果满足条件，则把该行放入父查询的查询结果集中。重复执行这一过程，直到处理完父查询表中的每一行数据。

由此可以看出，相关子查询的执行次数是由父查询表的行数决定的。

以下均为相关子查询的示例。

【例3-47】 查询学号为 S0901 的学生的考试成绩中，大于相应课程平均分的课程编号、考试类型和分数。

要表达"相应课程平均分",就可以使用相关子查询。

在相关子查询中,对于外部查询返回的每一行数据,内部查询都要执行一次。外部查询的每行数据传递一个值给子查询,然后子查询为每一行数据执行一次并返回它的记录。

本例的 SQL 语句可以写为

```
SELECT SCO.COUNUM,SCO.TYPE,SCO.SCORE
FROM T_SCOINFO SCO
WHERE SCO.STUNUM = 'S0901'
AND SCO.SCORE >
        (SELECT AVG(SCORE)
        FROM T_SCOINFO WHERE COUNUM = SCO.COUNUM);
```

此外,使用 EXISTS 也可以进行相关子查询。EXISTS 是表示存在的量词,带有 EXISTS 的子查询不返回任何实际数据,只得到逻辑值"真"或"假"。当子查询的查询结果集合为非空时,外层的 WHERE 子句返回真值,否则返回假值。NOT EXISTS 与此相反。

【例 3-48】 查询没有课的教师,列出教师姓名。

```
SELECT TEANAME
FROM T_TEAINFO TEA
WHERE NOT EXISTS
(SELECT COUNUM FROM T_COUINFO WHERE TEANUM = TEA.TEANUM)
```

当子查询 T_COUINFO 表存在一行记录满足其 WHERE 子句中的条件时,父查询便得到一个 TEANAME 值。重复执行以上过程,直到得出最后结果。

3.9　其他类型查询

3.9.1　合并查询

合并查询是使用 UNION 操作符将来自不同查询的数据组合起来,形成一个具有综合信息的查询结果。UNION 操作会自动将重复的数据行剔除。必须注意的是,参加合并查询的各子查询的使用的表结构应该相同,即各子查询中的数据数目和对应的数据类型都必须相同。

【例 3-49】 从 T_SCOINFO 数据表中查询出学号为 S1901 的学生的学号和总分,再从 T_SCOINFO 数据表中查询出学号为 S1905 的学生的学号和总分,然后将两个查询结果合并成一个结果集。

```
SELECT STUNUM AS 学号,SUM(SCORE)AS 总分
FROM T_SCOINFO
WHERE(STUNUM = 'S1901')
GROUP BY STUNUM
UNION
SELECT STUNUM AS 学号,SUM(SCORE)AS 总分
FROM T_SCOINFO
```

```
WHERE(STUNUM = 'S1905')
GROUP BY STUNUM
```

3.9.2　存储查询结果

使用 SELECT…INTO 语句可以将查询结果存储到一个新建的数据库表或临时表中。

【例 3-50】　从 T_SCOINFO 数据表中查询出所有学生的学号和总分，并将查询结果存放到一个新的数据表 T_SUMSCO 中。

```
SELECT STUNUM AS 学号,SUM(SCORE)AS 总分
INTO T_SUMSCO
FROM T_SCOINFO
GROUP BY STUNUM
```

如果在本例中将 INTO T_SUMSCO 改为 INTO #T_SUMSCO，则查询结果被存放到一个临时表中。临时表只存储在内存中，并不存储在数据库中，所以其存在的时间非常短。

3.10　数据操纵语言

SQL 提供的数据操纵语言主要包括添加数据、修改数据和删除数据三类语句。

3.10.1　添加数据

添加数据是把新的记录添加到一个已存在的表中。

1. 用 Management Studio 添加数据

可以在 Management Studio 中查看数据库表的数据时添加数据，但这种方式不能应付数据的大量添加。

用 Management Studio 添加数据的具体方法是：打开待添加数据记录的数据表，右击，在弹出的快捷菜单中选择"编辑前 200 行"命令，在打开的窗口中单击空白行，分别向各字段中输入新数据即可。当输入一个新记录的数据后，会自动在最后出现一新的空白行，用户可以继续输入多个数据记录。

2. 用 SQL 命令添加数据

添加数据使用的 SQL 命令是 INSERT INTO，可分为以下几种情况。

（1）添加一行新记录　添加一行新记录的语法格式如下：

```
INSERT INTO <表名> [(<列名1>[,<列名2>…])] VALUES(<值1>[,<值2>…])
```

其中，<表名>是指要添加新记录的表；<列名>是可选项，指定待添加数据的列；VALUES 子句指定待添加数据的具体值。列名的排列顺序不一定要和表定义时的顺序一致，但当指定列名时，VALUES 子句中值的排列顺序必须和列名表中的列名排列顺序一致，个数相等，数据类型一一对应。

【例 3-51】　在 T_STUINFO 表中添加一条学生记录（学号为 S1921，姓名为宋婉瑜，性别为女，出生日期为 1999 - 5 - 21，班级号为 C02）。

```
INSERT INTO T_STUINFO(STUNUM,STUNAME,STUSEX,STUBIR,CLASSNUM)
VALUES('S1921','宋婉瑜',' '女','1999-5-21','C02')
```

注意：必须用逗号将各个数据分开，字符型数据要用单引号括起来。如果 INTO 子句中没有指定列名，则新添加的记录必须在每个属性列上均有值，且 VALUES 子句中值的排列顺序要和表中各属性列的排列顺序一致。

（2）添加一行记录的部分数据值

【例 3-52】 在 T_SCOINFO 表中添加一条选课记录（'S1921'，'C01'）。

```
INSERT INTO T_SCOINFO(STUNUM,COUNUM)
VALUES('S1921','C01')
```

将 VALUES 子句中的值按照 INTO 子句中指定列名的顺序添加到表中，对于 INTO 子句中没有出现的列，则新添加的记录在这些列上将赋 NULL 值，如上例的 SCORE 赋 NULL 值。但在表定义时，有 NOT NULL 约束的属性列不能取 NULL 值，插入时必须给其赋值。

3. 添加多行记录

添加多行记录用于表间的复制，即将一个表中的数据抽取数行添加到另一个表中，可以通过子查询来实现。

添加多行记录的命令语法格式如下：

```
INSERT INTO <表名> [(<列名 1> [,<列名 2>…])]
子查询
```

【例 3-53】 求学号为 S1901 的学生的各门课程的平均成绩，把结果存放在新表 T_AVG-SCORE1901 中。

首先，建立新表 T_AVGSCORE1901，用来存放系名和各系的平均成绩。

```
CREATE TABLE T_AVGSCORE1901(
COUNUM VARCHAR(20),
AVGSCORE FLOAT)
```

然后，利用子查询求出学号为 S1901 的学生各门课程的平均成绩，把结果存放在新表 T_AVGSCORE1901 中。

```
INSERT INTO T_AVGSCORE1901
SELECT COUNUM,AVG(SCORE)
FROM T_SCOINFO
WHERE STUNUM='S1901'
GROUP BY COUNUM
```

3.10.2　修改数据

1. 用 Management Studio 修改数据

可以在 Management Studio 中查看数据库表的数据时修改数据，但这种方式不能应付数据的大量修改。

用 Management Studio 修改数据的方法是：在"对象资源管理器"中右击要修改数据的

表，在弹出的快捷菜单中选择"编辑前 200 行"命令，在弹出的修改表数据对话框中单击要修改的记录，分别向各字段中输入新数据即可，原数据被新数据覆盖。

当修改表结构并保存时，系统将给出错误提示。

解决上述问题的方法是，选择 Management Studio 中的"工具"→"选项"选项，弹出"选项"对话框，选择"表设计器和数据库设计器"，取消选中"阻止保存要求重新创建表的更改"复选框。单击"确定"按钮即可，如图 3-46 所示。

图 3-46　禁止表结构修改的选项设置

2. 用 SQL 命令修改数据

可以使用 SQL 的 UPDATE 语句对表中的一行或多行记录的某些列值进行修改，其语法格式如下：

```
UPDATE <表名>
SET <列名1> = <表达式1> [,<列名2> = <表达式2>]…
[WHERE <条件>]
```

其中，<表名>是要修改的表，SET 子句给出要修改的列及其修改后的值。WHERE 子句指定待修改的记录应当满足的条件，当 WHERE 子句省略时，则修改表中的所有记录。

（1）修改一行

【例 3-54】　把学生吴康妮转到 C05 班。

```
UPDATE T_STUINFO
SET CLASSNUM = 'C05'
WHERE STUNAME = '吴康妮'
```

（2）修改多行

【例 3-55】　将 C006 课程的所有学生的期末成绩加 5 分。

```
UPDATE T_SCOINFO
SET SCORE = SCORE + 5
WHERE COUNUM = 'C006' AND TYPE = '期末'
```

（3）利用子查询进行修改

【例 3-56】　把不讲课教师的职称调整为"助教"。

```
UPDATE T_TEAINFO
SET TITLE = '助教'
WHERE TEANUM NOT IN(
SELECT TEANUM
FROM T_COUINFO)
```

3.10.3　删除数据

1. 用 Management Studio 删除数据

可以在 Management Studio 中查看数据库表的数据时删除数据，这种方式适合删除少量记录等简单情况。

用 Management Studio 删除数据的方法是：打开待删除记录的数据表，右击，在弹出的快捷菜单中选择"编辑前 200 行"命令，在弹出的窗口中选择一条或者多条记录删除即可。

2. 用 SQL 命令删除数据

使用 SQL 的 DELETE 语句可以删除表中的一行或多行记录，其语法格式如下：

```
DELETE
FROM <表名 >
[WHERE  <条件 >]
```

其中，<表名 >是要删除数据的表。WHERE 子句指定待删除的记录应当满足的条件，当 WHERE 子句省略时，则删除表中的所有记录。

（1）删除一行记录

【例 3-57】　删除学生表中"郑心仪"的记录。

```
DELETE
FROM T_STUINFO
WHERE STUNAME = '郑心仪'
```

（2）删除多行记录

【例 3-58】　删除 C01 班所有学生。

```
DELETE
FROM T_STUINFO
WHERE CLASSNUM = 'C01'
```

（3）利用子查询选择要删除的行

【例 3-59】　删除钟楚红老师的授课记录。

```
DELETE
FROM T_COUINFO
WHERE TEANUM  = ( SELECT TEANUM
                  FROM T_TEAINFO
                  WHERE TEANAME  = '钟楚红')
```

本 章 小 结

对数据库的操作有两种方式，一种是通过 SQL 语句来进行，另一种是通过数据库管理系统 SQL Server 2019 中的 Management Studio 来进行。

本章详细介绍了 SQL 语言及其使用。SQL 语言包括数据定义语言、数据查询语言、数据操纵语言和数据控制语言，其中数据控制语言会在后面的章节中介绍。数据定义语言包括数据库的创建、修改、删除和迁移，以及数据表的创建、修改和删除；数据查询语言功能最为丰富和复杂，包括简单查询、多表连接查询、子查询以及其他类型查询；数据操纵语言包括对数据表中的数据进行添加、修改和删除操作。

本章也介绍了数据库管理系统 SQL Server 2019 及其使用，包括 SQL Server 2019 的简介、系统数据库、支持的数据类型，以及如何使用 SQL Server 2019 进行数据库和数据表的操作。

习　题

一、选择题

1. 在 SQL 的 SELECT 语句中，能实现投影操作的是（　　）。

A. SELECT　　　　B. FROM　　　　C. WHERE　　　　D. GROUP BY

2. SQL 集数据查询、数据操纵、数据定义和数据控制功能于一体，语句 ALTER TABLE 实现的功能是（　　）。

A. 数据查询　　　B. 数据操纵　　　C. 数据定义　　　D. 数据控制

3. 下列 SQL 语句中，（　　）不是数据操纵语句。

A. INSERT　　　　B. CREATE　　　C. DELETE　　　D. UPDATE

4. SQL 使用（　　）语句为用户授予系统权限或对象权限。

A. SELECT　　　　B. CREATE　　　C. GRANT　　　D. REVOKE

5. SQL 中，下列涉及空值的操作不正确的是（　　）。

A. STUBIR IS NULL　　　　　　　　B. STUBIR IS NOT NULL

C. STUBIR = NULL　　　　　　　　D. NOT（STUBIR IS NULL）

6. 若用如下 SQL 语句创建了一个表 T_STUINFO，

```
CREATE TABLE T_STUINFO
(STUNUM CHAR(6)NOT NULL,
STUNAME CHAR(8)NOT MULL,
STUSEX CHAR(2),
STUBIR DATE)
```

现向 T_STUINFO 表插入如下行时，（　　）可以被插入。

A.（'S9901'，'李明芳'，女，2000 - 12 - 15）

B.（'S9907'，'张为'，NULL，NULL）

C.（NULL，'陈道'，'男'，'2001 - 05 - 19'）

D.（'S9923'，NULL，'女'，'2000 - 08 - 15'）

7. 假定学生关系是 T_STUINFO（STUNUM，STUNAME，STUSEX，STUBIR），课程关系是 T_COUINFO（COUNUM，COUNAME，TITLE），学生选课关系是 T_SCOINFO（STUNUM，COUNUM，TYPE，SCORE）。要查找选修"数据库"课程的"男"学生姓名，将涉及的关系是（　　）。

A. T_STUINFO

B. T_SCOINFO，T_COUINFO

C. T_STUINFO，T_SCOINFO

D. T_STUINFO，T_SCOINFO，T_COUINFO

8. 在 SQL 中，修改数据表结构应使用的命令是（　　）。

A．ALTER　　　　　B．CREATE　　　　　C．CHANGE　　　　　D．DELETE

9. 已知学生、课程和成绩 3 个关系如下：学生（学号，姓名，性别，班级）、课程（课程名称，学时，性质）、成绩（课程名称，学号，分数）。若输出学生成绩单，包括学号、姓名、课程名称和分数，应该对这些关系进行（　　　）操作。

A．并　　　　　　B．交　　　　　　C．乘积　　　　　　D．连接

二、填空题

1. SQL 是_____的缩写。

2. SQL 的功能包括_____、_____、_____、_____ 4 个部分。

3. SQL 支持数据库的三级模式结构，其中_____对应于视图和部分基本表，_____对应于基本表，_____对应于存储文件。

4. 在 SQL Server 2008 R2 中，数据库由_____文件和_____文件组成。

5. 在 SQL Server 中可以定义_____、_____、_____、_____ 和_____ 5 种类型的完整性约束。

6. 按照索引记录的存放位置，索引可分为_____与_____。

7. 数据表之间的联系是通过表的字段值来体现的，这种字段称为_____。

8. 相关子查询的执行次数是由父查询表的_____决定的。

9. 设有学生关系表 S（No，Name，Sex，Bir），其中 No 为学号，Name 为姓名，Sex 为性别，Bir 为出生日期。根据以下问题，写出对应的 SQL 语句。

（1）向关系表 S 中增加一名新学生，该学生的学号是 S1933、姓名是李国栋、性别是男、出生日期是 1999－06－24：_____。

（2）向关系表中增加一名新学生，该学生的学号是 S1935、姓名是王大友：_____。

（3）从学生关系表 S 中将学号为 S1933 的学生的姓名改为陈早：_____。

（4）从学生关系表 S 中删除学号为 S1914 的学生：_____。

（5）从学生关系表 S 中删除所有姓陈的学生：_____。

10. 建立一个学生表 Student，其由学号 SNo、姓名 SName、性别 SSex、年龄 SAge、所在系 SDept 5 个属性组成，其中学号（假定其为字符型，长度为 8 个字符）属性不能为空。

```
CREATE TABLE Student
(SNo _____,
SName CHAR(12),
SSex CHAR(12),
SAge INTEGER,
SDept CHAR(1))
```

11. 学生–选课课程数据库中的 3 个关系如下：S（SNo，SName，Sex，Age）、SC（SNo，CNo，Cnade）、C（CNo，CName，Teacher），查找选修"数据库技术"这门课程的女生的学生名和成绩。使用连接查询的 SQL 语句如下：

```
SELECT SName,Grade
FROM S,SC,C
WHERE CName = '数据库技术'
AND S. Sno = C. SNo
```

AND _____

12. 建立一个学生表 Student，其由学号 SNo、姓名 SName、性别 SSex、年龄 SAge、所在系 SDept 5 个属性组成，其中学号（假定其为字符型，长度为 8 个字符）属性不能为空。Student 表建立完成后，若要在表中增加年级 SGrade 项（设字段类型为字符型，长度为 10 个字符），其 SQL 命令为：_____。

三、设计题

1. 设有两个数据表，表的字段名如下：

图书（Book）：书号（BNo）、类型（BType）、书名（BName）、作者（BAuth）、单价（BPrice）、出版社号（PNo）。

出版社（Publish）：出版社号（PNo）、出版社名称（PName）、所在城市（PCity）、电话（PTel）。

用 SQL 实现下述功能。

（1）查询在"高等教育出版社"出版，书名为《操作系统》的图书的作者名。

（2）查询为作者"张欣"出版全部"小说"类图书的出版社的电话。

（3）查询"电子工业出版社"出版的"计算机"类图书的价格，同时输出出版社名称及图书类别。

（4）查找比"人民邮电出版社"出版的《高等数学》价格低的同名书的有关信息。

（5）查找书名中有"计算机"一词的图书的书名及作者。

（6）在"图书"表中增加"出版时间（BDate）"项，其数据类型为日期型。

（7）在"图书"表中以"作者"建立一个索引。

2. 假设有一个书店，书店的管理者要对书店的经营状况进行管理，需要建立一个数据库，其中包括两个表：

存书（书号，书名，出版社，版次，出版日期，作者，书价，进价，数量）

销售（日期，书号，数量，金额）

请用 SQL 实现书店管理者的下列要求。

（1）建立存书表和销售表。

（2）掌握书的库存情况。列出当前库存的所有书名、数量、余额（余额＝进价×数量，即库存占用的资金）。

（3）统计总销售额。

（4）列出每天的销售报表，包括书名、数量和合计金额（每种书的销售总额）。

（5）分析畅销书，即列出本期（从当前日期起，向前 30 天）销售数量大于 100 册的图书的书名、数量。

Chapter

第4章

关系数据库的规范化设计

学习目标

1. 掌握关系模式的设计问题
2. 掌握函数依赖、1NF、2NF 和 3NF；掌握 Armstrong 公理系统的推理规则
3. 了解多值依赖、嵌套依赖、4NF 和 5NF
4. 了解模式分解

4.1 关系模式的设计问题

关系数据库系统是关系模式的集合，针对一个具体问题构建关系数据库，应该构造几个关系模式。

关系数据库 STUDB 中存在 4 个关系，如表 4-1 ~ 表 4-4 所示。

1）关系 T_STUINFO（STUNUM，STUNAME，STUSEX，STUBIR DATE，CLASSNUM）。

2）关系 T_COUTEAINFO（COUNUM，COUNAME，TEANUM，TITLE，TEANAME）。

3）关系 T_CLASSINFO（CLASSNUM，CLASSNAME，DEPTNAM）。

4）关系 T_SCOINFO（STUNUM，COUNUM，TEANUM，SCORE）。

表 4-1　关系 T_STUINFO

STUNUM	STUNAME	STUSEX	STUBIR DATE	CLASSNUM
S1901	刘丽	女	2000 - 5 - 15	C01
S1902	林良	女	1999 - 12 - 4	C01
S1903	张玉芬	女	2000 - 5 - 25	C01
S1904	赵佳	女	2000 - 7 - 16	C01
S1905	李星语	男	2000 - 12 - 7	C01
S1906	吴康妮	女	1999 - 11 - 8	C02

表 4-2　关系 T_COUTEAINFO

COUNUM	COUNAME	TEANUM	TITLE	TEANAME
C01	大学计算机基础	T001	副教授	钟楚红
C02	数据结构	T001	副教授	钟楚红

（续）

COUNUM	COUNAME	TEANUM	TITLE	TEANAME
C03	计算机组成原理	T002	助教	王云利
C04	Python	T002	助教	王云利
C05	C++	T004	副教授	赵佳
C06	Java	T003	副教授	岳云峰

表 4-3 关系 T_CLASSINFO

CLASSNUM	CLASSNAME	DEPTNAM
C01	计算机 19-1 班	计算机科学与技术学院
C02	计算机 19-2 班	计算机科学与技术学院
C03	人工智能 19-1 班	计算机科学与技术学院
C04	人工智能 19-2 班	计算机科学与技术学院
C05	大数据 19-1 班	计算机科学与技术学院
C07	地理信息 19-1 班	测绘工程学院

表 4-4 关系 T_SCOINFO

STUNUM	COUNUM	TEANUM	SCORE
S1901	C01	T001	88
S1901	C02	T001	76
S1901	C03	T002	76
S1901	C04	T003	87
S1901	C05	T004	45
S1901	C06	T002	98

4 个关系中表 4-1 的关系 T_STUINFO 通过外码 CLASSNUM 将关系 T_STUINFO 和表 4-3 的关系 T_CLASSINFO 联系起来；表 4-4 的关系 T_SCOINFO 通过候选码（STUNUM，COU-NUM）将表 4-1 的关系 T_STUINFO 和表 4-2 的关系 T_COUTEAINFO 建立联系。4 个关系都互相联系，看起来这是一个设计好的数据库，事实上它是有问题的。

4.1.1 数据冗余

在表 4-2 中，关系 T_COUTEAINFO 是有问题的，这里编号为 T001 和 T002 的信息都有重复，（T001，副教授，钟楚红）与（T002，助教，王云利）同样的数据各出现了两次，有了数据冗余。数据冗余是指同样数据在系统中多次重复出现。冗余数据浪费了大量的存储空间，如表 4-5 所示。

表 4-5　关系 T_COUTEAINFO 的冗余数据

COUNUM	COUNAME	TEANUM	TITLE	TEANAME
C01	大学计算机基础	T001	副教授	钟楚红
C02	数据结构	T001	副教授	钟楚红
C03	计算机组成原理	T002	助教	王云利
C04	Python	T002	助教	王云利
C05	C ++	T004	副教授	赵佳
C06	Java	T003	副教授	岳云峰

4.1.2　操作异常

1. 修改异常

例如教师 T001 教两门课程，在关系中就会对应两个元组都存有同样的教师编号 T001 和副教授职称。如果教师的职称变了，这两个元组中的职称都要改变。若有一个元组中的职称未更改，就会造成这个教师的职称不唯一，产生不一致现象，如表 4-6 所示。

表 4-6　关系 T_COUTEAINFO 的修改数据

COUNUM	COUNAME	TEANUM	TITLE	TEANAME
C01	大学计算机基础	T001	副教授	钟楚红
C02	数据结构	T001	副教授	钟楚红
C03	计算机组成原理	T002	助教	王云利
C04	Python	T002	助教	王云利
C05	C ++	T004	副教授	赵佳
C06	Java	T003	副教授	岳云峰

2. 插入异常

如果一个教师 T009 刚调来，尚未分派教学任务，只有教师的姓名和职称两项数据，如果要将教师的姓名和职称存储到关系 T_COUTEAINFO 中，课程编号不能为空，课程编号是主码，因此插入操作无法完成，如表 4-7 所示。

表 4-7　关系 T_COUTEAINFO 的插入数据

COUNUM	COUNAME	TEANUM	TITLE	TEANAME
C01	大学计算机基础	T001	副教授	钟楚红
C02	数据结构	T001	副教授	钟楚红
C03	计算机组成原理	T002	助教	王云利
C04	Python	T002	助教	王云利
C05	C ++	T004	副教授	赵佳
C06	Java	T003	副教授	岳云峰
?	—	T009	讲师	孙凯丽

3. 删除异常

如果在表 4-2 中要取消教师 T003 的教学任务，而他在关系 T_COUTEAINFO 中只有一条元组，如果把这个带有教师 T003 所教课程的编号的元组删去，同时也把教师 T003 的职称、姓名信息删去了。数据库中就缺少了 T003 教师的信息，操作错误，如表 4-8 所示。

表 4-8　关系 T_COUTEAINFO 的删除数据

COUNUM	COUNAME	TEANUM	TITLE	TEANAME
C01	大学计算机基础	T001	副教授	钟楚红
C02	数据结构	T001	副教授	钟楚红
C03	计算机组成原理	T002	助教	王云利
C04	Python	T002	助教	王云利
C05	C++	T004	副教授	赵佳
~~C06~~	~~Java~~	~~T003~~	~~副教授~~	~~岳云峰~~

为什么会发生这些问题？

关系 T_COUTEAINFO（COUNUM，COUNAME，TEANUM，TITLE，TEANAME）中，属性 COUNAME、TEANUM、TITLE 和 TEANAME 依赖主码 COUNUM，而属性 TEANAME 和 TITLE 又依赖非主属性 TEANUM，这就有了不好的函数依赖，有了这些不好的函数依赖就有了数据冗余和操作异常。本例中可以修改关系 T_COUTEAINFO 的关系模式，将关系 T_COUTEAINFO 分解为关系 T_COUINFO（COUNUM，COUNAME，TEANUM）和关系 T_TEAINFO（TEANUM，TITLE，TEANAME），关系 T_COUINFO 通过外码 TEANUM 与关系 T_TEAINFO 建立联系。新的关系模式里面没有不好的函数依赖，最终如表 4-2 的信息分解，如表 4-9 和 4-10 所示。

数据库 STUDB 中每个 TEANUM 对应一个唯一的 TITLE 和唯一的 TEANAME。如果某一 TEANUM 的 TITLE 变了，修改一个 TITLE 信息就可以，避免了修改异常。如果一个教师刚调来，尚未分派教学任务，只需在关系 T_TEAINFO 中填入该教师的 TEANUM、TITLE、TEANAME 属性值即可，避免了插入异常。如果要取消教师 T003 的教学任务，可以在关系 T_COUINFO 中删去 T003 编号的教师元组即可，避免了删除异常。

表 4-9　关系 T_COUINFO

COUNUM	COUNAME	TEANUM
C01	大学计算机基础	T001
C02	数据结构	T001
C03	计算机组成原理	T002
C04	Python	T002
C05	C++	T004
C06	Java	T003

表 4-10　关系 T_TEAINFO

TEANUM	TITLE	TEANAME
T001	副教授	钟楚红
T002	助教	王云利
T003	副教授	岳云峰
T004	副教授	赵佳

好的关系模型尽量避免数据冗余和操作异常，分解是解决关系模式冗余问题的方法。

4.1.3　关系模式的非形式化设计准则

在讨论关系模式的质量时，有 4 个非形式化的衡量准则。

（1）准则 1　关系模式的设计应尽可能只包含有直接联系的属性，不要包含有间接联系的属性。也就是说，每个关系模式应只对应于一个实体类型或一个联系类型。

在关系 T_COUTEAINFO 中可看出，COUNUM 与 TEANUM 之间是直接联系，而 COU-NUM 与教师的 TITLE、TEANAME 属性是间接联系。把有间接联系的属性放在一个模式中，就会出现表 4-5 中的数据冗余和操作异常现象。而在表 4-9 和表 4-10 的两个关系模式中，都是直接联系的属性集合，避免了因间接联系的属性集合而出现的问题。

（2）准则 2　关系模式的设计应尽可能使得相应关系中不出现插入、删除和修改等操作异常现象。如果出现任何异常，则要清楚地加以说明，并确保更新数据库的操作正确。

设计成表 4-2 的模式会出现操作异常现象，而设计成表 4-9 和表 4-10 的模式就不会出现操作异常现象。

（3）准则 3　关系模式的设计应尽可能使得相应关系中避免放置经常为空值的属性。

（4）准则 4　关系模式的设计应尽可能使得关系的等值连接在主码和外码的属性上进行，并且保证连接以后不会生成额外的元组。

4.2　函数依赖

为了使数据库设计的方法趋于完备，人们研究了规范化理论，用它来指导我们设计规范的数据库模式。规范化理论按属性间函数的依赖情况，来区分关系规范化的程度。

4.2.1　函数依赖的概念

1. 关系函数的引入

初中开始我们就一直和函数的概念打交道，数学中，函数是非常重要的概念，我们可以通过给定的 X 求出 Y。例如抽象的函数 $Y = f(X)$ 不规定具体是什么函数；一元函数，$Y = X + 1$；二项式，$Y = X^2 + 2X + 1$……。

对关系来说，可以这样认为，从给定的属性值来判定它所在元组的其他属性值 COUN-AME = f(COUNUM)，STUNAME = f(STUNUM)。

例如：给定了学号，可以在学生关系中确定该学生的姓名，给定了课程编号就能在课程关系中确定该课程的课程名。因此，关系模式也有函数关系。

2. 关系中对应的属性表示

关系中对应的属性间用函数的方式来表示是不够形象的，要说明哪项属性决定另外哪项属性，更好的表示方式是函数间的依赖关系。

如果表示学生姓名依赖于学号，将其记为 STUNUM→STUNAME，也就是 STUNAME 依赖于 STUNUM。

如果表示课程名依赖于课程编号，则将其记为 COUNUM→COUNAME，也就是 COUN-AME 依赖于 COUNUM。

3. 函数依赖的定义

定义 4-1 设有关系模式 R(U)，U 是关系 R 的属性集，X 和 Y 是属性集 U 的子集，函数依赖是形为 X→Y 的一个命题，只要小 r 是大 R 的当前关系，对小 r 中任意两个元组 t 和 s，都有 t[X] = s[X] 蕴涵 t[Y] = s[Y]，那么称 FD 的 X→Y 在关系模式 R(U) 中成立。

这里 FD（Functional Dependence）是函数依赖，t[X] 和 t[Y] 是元组 t 中的 X 和 Y 属性值，s[X] 和 s[Y] 是元组 s 中的 X 和 Y 属性值，X→Y 即为 Y 是由 X 决定的。

从函数依赖的定义中可以看出以下 3 点：

（1）所有关系实例满足的约束条件 函数依赖不是指关系模式 R 的某个或某些关系实例满足的约束条件，而是全部关系模式 R 的所有关系实例都要满足的约束条件。关系实例也可以看作是元组。

（2）函数依赖是语义范畴的概念 只能根据数据的语义来确定函数依赖，而不能根据具体的数值判断。

（3）强制规定 数据库设计者可以对现实世界作强制的规定。

有了函数依赖的概念，进一步看平凡/非平凡函数依赖、完全/部分函数依赖、函数的互相依赖及传递依赖。

4.2.2 平凡/非平凡函数依赖

定义 4-2 函数依赖可以依据 Y 是不是在 X 中来判定其是平凡的函数依赖还是非平凡的函数依赖。

1）如果 X→Y 但 Y 不是 X 的子集，则称 X→Y 是非平凡函数依赖。

2）如果 X→Y 而且 Y 是 X 的子集，则称 X→Y 是平凡函数依赖。

如不特别说明，本章讨论的都是非平凡函数依赖。

例如：（STUNUM，COUNUM）→SCORE 中，Y 是 SCORE，X 是由 STUNUM 和 COUNUM 组成的主属性，Y 不在 X 里，即 SCORE 不在主属性 STUNUM 和 COUNUM 里，则是非平凡函数依赖；（STUNUM，CLASSNUM）→CLASSNUM，Y 是 CLASSNUM，X 是由 STUNUM 和 CLASSNUM 组成的主属性，Y 是 X 组合中的一部分，是平凡函数依赖。

非平凡函数依赖，如（STUNUM，COUNUM）→SCORE。

平凡函数依赖，如（STUNUM，CLASSNUM）→CLASSNUM。

4.2.3 完全/部分函数依赖

完全/部分函数依赖则是从依赖的子集是否为真子集来判定。

定义 4-3 如果 X→Y，并且对于 X 的一个任意真子集 X′都有 X′↛Y，则称 Y 完全函数依赖于 X，并记作 $X \xrightarrow{f} Y$；如果 $X' \longrightarrow Y$ 成立，则称 Y 部分函数依赖于 X，并记作 $X \xrightarrow{p} Y$。

在选课关系（STUNUM，COUNUM，SCORE）中，成绩依赖主属性（STUNUM，COUNUM），即成绩不单单依赖学号，也不单单依赖课程号，这是完全函数依赖，记作（STUNUM，COUNUM）$\xrightarrow{f}$ SCORE；在关系 T_STUINFO（STUNUM，CLASSNUM，STUNAME，STUSEX，STUBIR DATE，CLASSTEACHER）中，（STUNUM，CLASSNUM）是主属性，CLASSTEACHER 只与 CLASSNUM 有关系，与 STUNUM 没关系，CLASSTEACHER 只依赖主属性的一部分，因

此是部分函数依赖，记作（STUNUM，CLASSNUM）$\xrightarrow{\text{P}}$CLASSTEACHER。

4.2.4 互相依赖

函数互相依赖也是判断依赖关系常用的一种依赖。

定义 4-4 如果 X→Y 和 Y→X 同时成立，则称为互相依赖，记为 X←→Y。

在关系 T_STUINFO（STUNUM，STUNAME，CLASSNUM）中，如果强调学生不能重名，则 STUNUM 与 STUNAME 是一一对应的关系，通过 STUNUM 可以找到 STUNAME，即 STU-NAME 函数依赖于 STUNUM，通过学生名也可以找到对应该学生名的 STUNUM，即 STUNUM 函数依赖于 STUNAME，所以有 STUNUM 和 STUNAME 互相依赖，记作 STUNUM←→STUNAME。

4.2.5 传递依赖

传递函数依赖是判定函数是否满足 3NF 的依据，即属性值有连续依赖的关系。

定义 4-5 如果 X→Y（非平凡函数依赖，并且 X 函数不依赖于 Y）、Y→Z，则称 Z 函数传递依赖于 X。

在关系 T_STUINFO（STUNUM，STUNAME，CLASSNUM，CLASSTEACHER）中，存在依赖 STUNUM→CLASSNUM 和 CLASSNUM→CLASSTEACHER，CLASSTEACHER 通过依赖 CLASSNUM 与 STUNUM 建立联系，即也依赖 STUNUM。而在关系 T_STUINFO 中 STUNUM 是主属性，CLASSNUM、CLASSTEACHER 都是非主属性，而 CLASSTEACHER 是通过一个非主属性 CLASSNUM 与主属性 STUNUM 建立联系的，即 CLASSTEACHER 传递依赖于 STUNUM。

4.2.6 码

1. 候选码定义

定义 4-6 设 K 为 R〈U，F〉中的属性或属性组合，若 K $\xrightarrow{\text{f}}$ U，则 K 为 R 的候选码（Candidate Key）。若候选码多于一个，则选定其中的一个为主码（Primary Key）。

候选码在函数依赖及范式的判定中很重要，这里要明确：①其他非候选码一定都全部依赖候选码；②候选码可以是一个或多个属性；③主码是候选码中的一个属性。

2. 主属性定义

定义 4-7 在一个关系中，如果一个属性是构成某一个候选码的属性集中的一个属性，则称其为主属性（Prime Attribute）。

3. 非主属性定义

定义 4-8 不包含在任何码中的属性称为非主属性（Nonprime Attribute）或非码属性（Non-key Attribute）。

在候选码多于一个码的关系中，用主属性来表示候选码中的属性，而不在候选码中的属性是非主属性。依赖概念中用主属性和非主属性表示属性间的关系。

【例 4-1】 关系 T_SCOINFO（STUNUM，TYPE，COUNUM，SCORE）中，候选码是由 STUNUM 和 COUNUM 共同组成，这两个属性是 T_SCOINFO 的主属性，TYPE、SCORE 不在候选码中的属性 SCORE 是非主属性。

4. 全码定义

最极端的情况，整个属性组是码，称为全码（All-Key），最简单的情况，单个属性的关系本身就是码。

【例 4-2】 判断关系模式 R(U) 中的码，U 为演奏者、作品和听众。

关系模式 R(U) 中，假设一个演奏者可以演奏多个作品，某一作品可被多个演奏者演奏。听众也可以欣赏不同演奏者的不同作品，这个关系模式的码为（演奏者，作品，听众），即全码（All-Key）。

5. 超码定义

定义 4-9 在关系模式中能唯一表示元组的属性集称为关系模式的超码。

1）学生关系（学号，姓名，生日，专业），学生关系中姓名、生日、专业都是依赖于学号的，因此超码是学号。

2）课程关系（学号，课程号，成绩），课程关系中的成绩依赖于学号和课程号，因此它的超码是学号和课程号。

3）朋友关系（姓名 1，姓名 2），朋友的关系是相互的，因此互相依赖，都是超码。

超码可以是一个或多个属性集合。

上面关系中，学生关系中的超码是一个码；课程关系中的超码是两个码；朋友关系中的超码是全码。

4.3 范式

4.3.1 现象

分析表 4-11 中仓库关系（仓库号，地点，设备号，设备名，库存量）的依赖情况，仓库关系中存在的函数依赖关系有：仓库号→地点、设备号→设备名、（仓库号，设备号）→库存量。

（仓库号，设备号）为主属性，这里存在两个部分函数依赖，地点只依赖仓库号，它与设备号无关；设备名只依赖于设备号，它与仓库号无关，而库存量依赖仓库号和设备号。有部分函数依赖，数据库中就一定有冗余数据，表 4-11 中地点有重复，操作的时候就会产生插入异常、修改异常和删除异常。

表 4-11　仓库关系

仓库号	地点	设备号	设备名	库存量
WH1	北京	D1	投影仪	10
WH1	北京	D2	计算机	15
WH2	上海	D2	计算机	0
WH3	广州	D2	计算机	4
WH3	广州	D1	投影仪	8

因为某些属性之间存在着"不良"的函数依赖，这样的关系模型在使用的过程中会出

现数据冗余、操作异常，这些问题是由函数依赖产生的，这个关系模式没有设计好，需要改造这个关系模式。

4.3.2　关系模式的范式

1. 关系模式的好与坏

衡量关系模式的好与坏的标准就是模式的范式（Normal Forms，NF）。范式的种类与数据依赖有着直接的联系，基于 FD 的范式有 1NF、2NF、3NF、BCNF 等多种。

关系数据库中的关系是要满足一定要求的，满足不同程度要求的为不同范式。

定义 4-10　满足最低要求的叫 1NF。在 1NF 中满足进一步要求的为 2NF，其余以此类推。

对于各种范式之间的联系有 $4NF \subseteq BCNF \subseteq 3NF \subseteq 2NF \subseteq 1NF$ 成立，它们的规范化程度越往上是越高的。满足 1NF 的才有可能满足 2NF，满足 2NF 的才有可能满足 3NF。3NF 有可能是 BCNF，也有可能不是；但是如果是 BCNF，则一定是 3NF。

如图 4-1 所示，图中全部的表格或关系都可以分解成为 1NF，满足 1NF 后再进一步操作，消除部分函数依赖，得到 2NF，2NF 经过消除传递函数依赖又得到 3NF，3NF 再消除主属性对非主属性的函数依赖后得到 BCNF，依次向下。

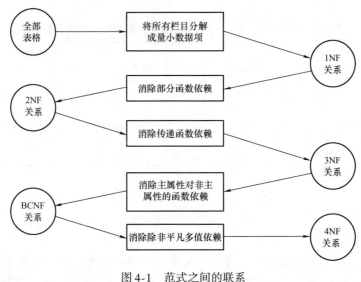

图 4-1　范式之间的联系

2. 关系模式的范式命名

R 为第几范式就可以写成 $R \in XNF$。这里 X 是第几的数字。

一个低一级范式的关系模式，通过模式分解可以转换为若干个高一级范式的关系模式的集合，这种过程就是规范化。

在不提及函数依赖时，关系中是不可能有冗余的问题，但是当存在函数依赖时，关系中就有可能存在数据冗余问题。针对数据冗余提出了规范化，这里 1NF 是关系模式的基础；2NF 已成为历史；在数据库设计中最常用的是 3NF 和 BCNF。为了叙述的方便，我们从 1NF、2NF、3NF、BCNF、4NF、5NF 顺序来依次介绍。

4.3.3 1NF

1NF 是范式中最基本的。

定义 4-11 如果关系模式 R 的每个关系 r 的属性值都是不可分的原子值，那么称 R 是第一范式的模式（first normal form，1NF）。

只要满足 1NF 的关系就称为规范化的关系，否则称为非规范化的关系。关系数据库研究的关系都是规范化的关系，如表 4-12 所示。

表中包括（系名称，高级职称人数）两个属性，而这里高级职称人数包括教授和副教授类，那么这个高级职称人数属性就是可再划分的属性，该关系就不是规范的关系。如果去掉高级职称人数，将该高校各系职称关系模式改为（系名称，教授人数，副教授人数），该关系就满足 1NF，是规范的关系了。

如表 4-13 所示，该关系就是规范的 1NF 关系，1NF 是关系模式应具备的最起码的条件，是基础。

非原子属性是有层级关系的，在关系数据库中没有办法统计里面的数据，但生活里面我们常见到这样的数据。例如，统计 12 个月的某种产品的销售量，在关系数据库中是不能把这 12 个月的数据放到年的下面，形成我们常见的嵌套表格，我们一定要分解成 12 个月的数据分别存储。

表 4-12 高校各系职称关系

系名称	高级职称人数	
	教授	副教授
计算机	6	10
测绘	3	5
电子通信	4	8
土木	10	15

表 4-13 高校各系职称关系（1NF）

系名称	教授人数	副教授人数
计算机	6	10
测绘	3	5
电子通信	4	8
土木	10	15

4.3.4 2NF

1. 2NF 定义

定义 4-12 如果关系模式 R 是 1NF，且每个非主属性完全函数依赖于候选码，那么称 R 是第二范式（2NF）的模式。如果数据库模式中每个关系模式都是 2NF，则称数据库模式为 2NF 的数据库模式。

如图 4-2 所示，关系模式 R 是 1NF，将所有属性分成候选码和非主属性两部分，候选码中选定一个属性作为主码，如果非主属性中存在一个属性，它只依赖候选码中的主码，那么，这就存在局部依赖，该关系就不是 2NF。如果所有非主属性都全部依赖候选码，则该关系就是 2NF。

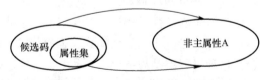

图 4-2 违反 2NF 的局部依赖图

2. 2NF 的判断

【例 4-3】 设关系模式 R（STUNUM，STUNAME，STUSEX，COUNUM，COUNAME，SCORE，TEANUM，TEANAME，STUBIRDATE，TITLE）的属性分别表示学生学号、学生名、学生性别、选修课程的编号、选修课程名、成绩、任课教师编号、任课教师姓名、学生出生日期和教师职称。数据如表 4-14 所示。

表 4-14 关系 R

STUNUM	STUNAME	STUSEX	COUNUM	COUNAME	SCORE	TEANUM	TEANAME	STUBIR DATE	TITLE
S1901	刘丽	女	C05	C ++	Null	T004	赵佳	2000 - 5 - 15	副教授
S1902	林良	女	C05	C ++	60	T004	赵佳	1999 - 12 - 4	副教授
S1903	张玉芬	女	C05	C ++	72	T004	赵佳	2000 - 5 - 25	副教授
S1904	赵佳	女	C05	C ++	56	T004	赵佳	2000 - 7 - 16	副教授
S1903	张玉芬	女	C06	Python	85	T002	王云利	2000 - 5 - 25	助教
S1904	赵佳	女	C06	Python	68	T002	王云利	2000 - 7 - 16	助教
S1905	李星语	男	C02	数据结构	75	T001	钟楚红	2000 - 12 - 7	副教授
S1906	吴康妮	女	C02	数据结构	88	T001	钟楚红	1999 - 11 - 8	副教授
S1906	吴康妮	女	C03	计算机组成原理	90	T002	王云利	1999 - 11 - 8	助教

R 有三个函数依赖关系：①（STUNUM，COUNUM）→SCORE；②STUNUM→（STUNAME，STUSEX，STUBIRDATE）；③COUNUM→（COUNAME，TEANUM，TEANAME，TITLE）。

分析关系 R 中的属性。由于其他属性都依赖（STUNUM，COUNUM）组合码，因此（STUNUM，COUNUM）是 R 的候选码。关系 R 的非主属性为 SCORE、TEANUM、TEANAME、STUBIR 和 TITLE，根据 R 上的三个关系可以看出，COUNUM→（COUNAME，TEANUM，TEANAME，TITLE）判定非主属性 TEANUM、TEANAME 和 TITLE 只部分函数依赖于候选码，因此，R 不是 2NF 模式。此时 R 的关系就会出现冗余和操作异常。

（1）数据冗余问题 6 名学生选修了 C02、C03、C05 和 C06 课程，那么关系 R 中存储了 COUNUM、COUNAME、TEANUM、TEANAME 和 TITLE 的大量重复数据。

（2）插入异常 假设转学来一个学号为 S1960 的学生，他还没选修课程，因为课程号是候选码，没有候选码的值该学生的其他信息无法录入到关系 R 中。

（3）修改异常 例如 T004 教师评上教授了，则必须无遗漏地修改有赵佳老师的 4 个元组中的 TITLE 属性信息项，并承担操作带来的错误风险。

（4）删除异常 假定学生 S1901 本来只选修了 C05 这一门课。现在因身体不适，她连 C05 也不选修了。因为 COUNUM 是候选码中的一个属性，删除操作将删除该学生的所有信息，包括不该删除的信息。

我们给出的结论是这不是一个好的范式。我们需要继续将这个范式分解为 2NF，分解为关系 R1、关系 R2 和关系 R3。我们来看分解后这 3 个范式的情况，关系 R1（COUNUM，COUNAME，TEANUM，TEANAME，TITLE）中，候选码为 COUNUM，因为候选码只有一个属性，其他属性都是非主属性，所以其是 2NF；R2（STUNUM，STUNAME，STUSEX，STUBIR DATE）中，STUNUM 是候选码，STUNAME、STUSEX 和 STUBIR DATE 是非主属性，不存在部分依赖，其也是 2NF；R3（STUNUM，COUNUM，SCORE）中，STUNUM、COUNUM 是候选码，非主属性 SCORE 依赖 STUNUM 和 COUNUM，因此关系 R3 也消除了部分函数依赖。这三个关系都是 2NF。关系 R 的局部依赖消失，如表 4-15 ~ 表 4-17 所示。

R1、R2 和 R3 是否还存在数据冗余与操作错误，请同学们课后思考。

表 4-15　关系 R1

COUNUM	COUNAME	TEANUM	TEANAME	TITLE
C05	C++	T004	赵佳	副教授
C06	Python	T002	王云利	助教
C02	数据结构	T001	钟楚红	副教授
C03	计算机组成原理	T002	王云利	助教

表 4-16　关系 R2

STUNUM	STUNAME	STUSEX	STUBIR DATE
S1901	刘丽	女	2000 − 5 − 15
S1902	林良	女	1999 − 12 − 4
S1903	张玉芬	女	2000 − 5 − 25
S1904	赵佳	女	2000 − 7 − 16
S1905	李星语	男	2000 − 12 − 7
S1906	吴康妮	女	1999 − 11 − 8

表 4-17　关系 R3

STUNUM	COUNUM	SCORE
S1901	C05	Null
S1902	C05	60
S1903	C05	72
S1904	C05	56
S1903	C06	85
S1904	C06	68
S1905	C02	75
S1906	C02	88
S1906	C03	90

4.3.5　3NF

2NF 是在 1NF 的基础上，消除了非主属性对候选码的部分依赖，而 2NF 仍然存在数据冗余和操作异常，本节进一步学习 3NF。

1. 问题回顾

关系 R（STUNUM，STUNAME，STUSEX，COUNUM，COUNAME，SCORE，TEANUM，TEANAME，STUBIRDATE，TITLE）分解为①R1（COUNUM，COUNAME，TEANUM，TE-

ANAME，TITLE）；②R2（STUNUM，STUNAME，STUSEX，STUBIR DATE）；③R3（STU-NUM，COUNUM，SCORE）。

在关系 R1（COUNUM，COUNAME，TEANUM，TEANAME，TITLE）中，COUNUM 是主码，也是唯一的候选码，其他属性都依赖该码，再进一步分析，TITLE 函数依赖 TEA-NUM，TEANUM 函数依赖 COUNUM，如果同一教师讲授不同课程，在数据库中就会存储几门课程的信息，TEANAME 和 TITLE 就会重复存储多次，这就产生了数据冗余，有了数据冗余，在操作时就会出现问题。插入操作中，如果填入一名没有教课的教师信息，由于没有主码，无法插入；修改操作中，如果教师职称更改，则需要在数据库中修改所有该教师教过课程中存储的职称，如果没有全部都改过，则会出现数据不一致现象；删除操作中，如果需要删除某位教师讲授的某门课程，在删除时就有可能会删掉该教师的姓名和职称信息。因此，只满足 2NF 的关系也不是一个好的关系。

【例 4-4】　找出 R1（COUNUM，COUNAME，TEANUM，TEANAME，TITLE）存在的传递依赖。

关系中存在两个传递依赖：TEANAME 传递依赖于 COUNUM，TITLE 传递依赖于 COU-NUM 即 COUNUM→TEANAME、COUNUM→TITLE。

2. 3NF 定义

有了传递依赖和超码的概念，我们给出 3NF 的定义。

定义 4-13　如果关系模式 R 是 1NF，且每个非主属性都不传递依赖于 R 的候选码，那么称 R 是第三范式（3NF）的模式。如果数据库模式中每个关系模式都是 3NF，则称其为 3NF 的数据库模式。

这是从传递依赖的角度定义 3NF，如果从超码上来定义 3NF，我们可以给出下面概念。

设 F 是关系模式 R 的 FD 集，如果对 F 中每个非平凡的 FD X→Y，都有 X 是 R 的超码，或者 Y 的每个属性都是候选码，那么称 R 是 3NF 的模式。

在超码的概念中可以看出如果每个非平凡函数依赖 X 都是超码，或者此关系所有的属性都是候选码，这也满足 3NF 的概念。

如图 4-3 ~ 图 4-5 所示是三种违反 3NF 概念的情况。

图 4-3 属性集 Y 在候选码中，非主属性依赖于候选码中的属性集 Y，这属于部分函数依赖，不是 3NF。

图 4-4 所示，属性集 Y 与候选码相交，非主属性依赖于属性集 Y，而 Y 或者是候选码，或者是非主属性，但都依赖候选码，因此 A 也都传递依赖于候选码，这不是 3NF。

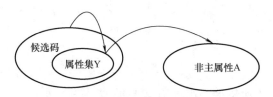

图 4-3　违反 3NF 的传递依赖的
3 种情况 Y 在候选码中

图 4-4　违反 3NF 的传递依赖的
3 种情况 Y 与候选码相交

图 4-5 中，属性集 Y 在候选码外，也是非主属性，非主属性 A 依赖于属性集 Y，Y 依赖于候选码，A 传递依赖于候选码，其也不是 3NF。

图 4-5　违反 3NF 的传递依赖的 3 种情况 Y 与候选码不相交

3. 3NF 的判断

【例 4-5】　将关系模式 R（STUNUM，STUNAME，STUSEX，COUNUM，COUNAME，SCORE，TEANUM，TEANAME，STUBIR DATE，TITLE）分解为 3NF。

1）R1（COUNUM，TEANUM，TEANAME，COUNAME，TITLE）。

2）R2（STUNUM，STUNAME，STUSEX，STUBIR DATE）。

3）R3（STUNUM，COUNUM，SCORE）。

R2 和 R3 是 2NF 模式，并且没有传递依赖，已是 3NF 模式。但 R1 是 2NF 模式，不是 3NF 模式。R1 中存在函数依赖 COUNUM→TEANUM、TEANUM→TEANAME 和 TEANUM→TITLE，那么就有 ｛COUNUM→TEANUM，TEANUM→TEANAME｝和 ｛COUNUM→TEANUM，TEANUM→TITLE｝两组传递依赖，需要将 R1 分解为 3NF 模式。

将 R1 继续分解成 R11（COUNUM，COUNAME，TEANUM）和 R12（TEANUM，TEANAME，TITLE）后，｛COUNUM→TEANUM，TEANUM→TEANAME｝和 ｛COUNUM→TEANUM，TEANUM→TITLE｝就不会出现在一张关系表中。这样 R11 和 R12 都是 3NF 模式，如表 4-18 和 4-19 所示。

<table>
<tr><th colspan="3">表 4-18　关系 R11</th></tr>
<tr><th>COUNUM</th><th>COUNAME</th><th>TEANUM</th></tr>
<tr><td>C05</td><td>C ++</td><td>T004</td></tr>
<tr><td>C06</td><td>Python</td><td>T002</td></tr>
<tr><td>C02</td><td>数据结构</td><td>T001</td></tr>
<tr><td>C03</td><td>计算机组成原理</td><td>T002</td></tr>
</table>

<table>
<tr><th colspan="3">表 4-19　关系 R12</th></tr>
<tr><th>TEANUM</th><th>TEANAME</th><th>TITLE</th></tr>
<tr><td>T001</td><td>钟楚红</td><td>副教授</td></tr>
<tr><td>T002</td><td>王云利</td><td>助教</td></tr>
<tr><td>T004</td><td>赵佳</td><td>副教授</td></tr>
</table>

局部依赖和传递依赖是模式产生冗余和异常的两个重要原因，由于 3NF 中不存在非主属性对候选码的局部依赖和传递依赖，因此消除了很大一部分存储异常，具有较好的性能。而对于非 3NF 的 1NF 和 2NF 甚至非 1NF 的关系模式，由于性能上的弱点，一般不宜作为数据库模式，通常需要将 1NF 和 2NF 变换成 3NF 范式或更高级的范式，这种变换过程称为"关系的规范化处理"。

4.3.6　BCNF

在 3NF 模式中，并未排除主属性对候选码的传递依赖，因此有必要提出更高一级的范式，那就是 BCNF。

1. BCNF 定义

（1）**定义 4-14**　如果关系模式 R 是 1NF，且每个属性都不传递依赖于 R 的候选码，那么称 R 是 BCNF 的模式。如果数据库模式中每个关系模式都是 BCNF，则称为 BCNF 的数据库模式。

这里两个要点：

1）关系模式 R 是 1NF。

2）每个属性都不传递依赖于 R 的候选码。

两点都满足称 R 是 BCNF 的模式，从另一个角度也可以理解为：关系模式 R 是既没有非主属性间的传递依赖，也没有非主属性和主属性间的传递依赖，同样也没有主属性间的传递依赖。

（2）**定义 4-15**　从超码的角度上理解给出第二种定义，设 F 是关系模式 R 的依赖集，如果对 F 中每个非平凡的依赖 X→Y，都有 X 是 R 的超码，那么称 R 是 BCNF 的范式。

这里给出：

1）F 中每个非平凡的 FD。

2）对应每个 X→Y，都有 X 是 R 的超码。

一个模式中的关系模式如果都属于 BCNF，那么在函数依赖范畴内，其已实现了彻底的分解。关系模式的规范化过程是通过对关系模式的分解来实现的，把低一级的关系模式分解为若干个高一级的关系模式，这种分解不是唯一的。

（3）**定义 4-16**　如果 R 是 BCNF 模式，那么 R 也是 3NF 模式。

这里给出，$3NF \in BCNF$，但是 BCNF 不一定属于 3NF。

一个满足 BCNF 的关系模式有以下特点：

1）所有非主属性对每一个码都是完全函数依赖。

2）所有的主属性对每一个不包含它的码，也是完全函数依赖。

2. 分解成 BCNF 模式集的算法

算法 4-1　对于关系模式 R 的分解 ρ（初始时 ρ = {R}），如果 ρ 中有一个关系模式 R_i 相对于 πR_i（F）不是 BCNF。根据定义 4-15 可知，R_i 中存在一个非平凡 FD X→Y，有 X 不包含超码。此时把 R_i 分解成 XY 和 R_i - Y 两个模式。重复上述过程，一直到关系集 ρ 中每一个模式都是 BCNF。

【例 4-6】　设关系模式 R（B#，BNAME，AUTHOR）的属性分别表示书号、书名和作者名。如果规定：每个书号只有一个书名，但不同书号可以有相同书名；每本书可以由多个作者合写，但每个作者参与编著的书名应该互不相同。根据规定得 FD 如下：

B#→BNAME

（BNAME，AUTHOR）→B#

候选码为（BNAME，AUTHOR）或（B#，AUTHOR）

按算法 4-1，R 分解为：R1（B#，BNAME）和 R2（B#，AUTHOR）。

R1 和 R2 都是 BCNF，但分解把 FD 的（BNAME，AUTHOR）→B# 丢失了。

算法 4-1 能保证把 R 无损分解成 ρ，但不一定能保证 ρ 能保持 FD。

3. 是 3NF 又是 BCNF 的关系

（1）一个是 3NF 又是 BCNF 的关系

1）（学生，课程）、（课程，名次）都是候选码。

2）该关系模式没有任何非主属性对码的传递或部分依赖，（学生，课程，名次）∈3NF。

3）而且除（学生，课程）与（课程，名次）以外没有其他决定因素，所以（学生，课程，名次）∈BCNF。

（2）一个是3NF但不是BCNF的关系 管理（仓库号，设备号，职工号），它所包含的语义是：

1）一个仓库可以有多个职工。

2）一名职工仅在一个仓库工作。

3）在每个仓库一种设备仅由一名职工保管（但每名职工可以保管多种设备）。

根据以上语义有函数依赖：

1）职工号→仓库号。

2）（仓库号，设备号）→职工号。

这里仓库号、设备号和职工号都是候选码，关系管理（仓库号，设备号，职工号）属于3NF；但是由于职工号→仓库号，候选码之间有依赖关系，所以这个关系不属于BCNF。

4.3.7 4NF

1. 多值间的问题

生活中会碰到这样的现象，关系模式已经是BCNF，但在操作上还是会出现问题。给出下面例子。

语义信息：

1）某一门课程由多个教师讲授，他们使用相同的一套参考书。

2）每个教师可以教授多门课程。

3）每种参考书可以供多门课程使用。

将图4-6的内容用表表示，得到教授表4-20，在关系教授表中表示的比较直观和简略，展开后得到表4-21。

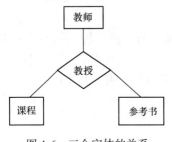

图4-6 三个实体的关系

表4-20 教授表

课程	教师	参考书
大学物理	刘光 李滨	普通物理学 光学原理 物理习题集
高等数学	孙强 钱军	数学分析 微分方程 高等代数

这张表看到有冗余信息存在，但是（课程，教师，参考书）都是主属性，是全码情况，因此该关系是BCNF。如果要在大学物理课里面增加一名教师李丽，需要向表里增加三条数据，如表4-22所示。同样，如果一名老师不再教授大学物理，也需要在数据库的关系表中删除有他的三条记录。原因是这三个属性间存在多值依赖，函数依赖不能描绘现实世界中数据的全部联系时，有些联系就要用其他数据依赖刻画，如多值依赖。下面给出多值依赖的定义。

表 4-21　教授表的展开

课程	教师	参考书
大学物理	刘光	普通物理学
大学物理	刘光	光学原理
大学物理	刘光	物理习题集
大学物理	李滨	普通物理学
大学物理	李滨	光学原理
大学物理	李滨	物理习题集
高等数学	孙强	数学分析
高等数学	孙强	微分方程
高等数学	孙强	高等代数
高等数学	钱军	数学分析
高等数学	钱军	微分方程
高等数学	钱军	高等代数

表 4-22　教授表的内容增删

课程	教师	参考书
大学物理	刘光	普通物理学
…	…	…
大学物理	李丽	普通物理学
大学物理	李丽	光学原理
大学物理	李丽	物理习题集
…	…	…
高等数学	钱军	高等代数

2. 多值依赖的定义

定义 4-17　设 R(U) 是属性集 U 上的一个关系模式。X、Y、Z 是 U 的子集，并且 Z = U – X – Y。关系模式 R(U) 中多值依赖 X→→Y 成立，小写 xyz 表示属性 XYZ 的值，当且仅当对 R(U) 的任一关系 r，给定的一对 {x，z} 值，有一组 y 的值，这组值仅仅决定于 x 值而与 z 值无关。多值依赖记做 MVD（Multivalued Dependence）。

分析表 4-21 可以得到：

表 4-23　关系 S

CourseID	StudentID	Precourse
数据库原理	李红	高等数学
数据库原理	李红	数据结构
数据库原理	李红	高级程序设计语言
数据库原理	刘丽	高等数学
数据库原理	刘丽	数据结构
数据库原理	刘丽	高级程序设计语言

1）一个 {大学物理，光学原理} 对应一组教师上的值 {刘光，李滨}，另一个 {大学物理，普通物理学} 对应一组教师上的值 {刘光，李滨}。

2）尽管这时参考书的值已经改变了，这组值仅仅决定于课程上的值 {大学物理}。

3）因此，教师多值依赖于课程，表示为课程→→教师。

【例 4-7】　关系 S（CourseID，StudentID，Precourse）中有两个表达：选修课的学生和课程的选修课。属性 StudentID 和 Precourse 是多值的，且属性之间没有直接联系。表中属性为多值属性，可以用 6 个元组表示，如表 4-23 所示。

这种表示可以更清晰地转换为多值属性表表示，如表 4-24 所示。

表 4-24　多值属性表

CourseID	StudentID	Precourse
数据库原理	{李红，刘丽}	{高等数学，数据结构，高级程序设计语言}

如果关系 S（CourseID，StudentID，Precourse）中的属性值用 MVD 表示，则可以表示为：

- CourseID→→StudentID。
- CourseID→→Precourse。

【例4-8】 关系模式WES（W，E，S）中，W表示仓库，E表示保管员，S表示商品。假设每个仓库有若干个保管员，有若干种商品。每个保管员保管所在的仓库的所有商品，每种商品被所有保管员保管。列出关系如表4-25所示。

按照给定的语义信息，W每取 {W1，W2} 中的一个值，E都会有属性集和其对应，而不需要知道S取什么值，有W→→E；同样S都会有属性集和其对应，而不需要知道E取什么值，有W→→S。

下面给出一种直观的对应，如图4-7所示。

图4-7中W的某一个值Wi，所有的E值记作 {E}$_{Wi}$（表示在Wi仓库工作的所有保管员），所有的S值记作 {S}$_{Wi}$（表示在Wi仓库中存放的所有商品）。理论上有 {E}$_{Wi}$中的每一个值和 {S}$_{Wi}$中的每一个S值对应。因此表示图中的互相连接的情况为多值连接，即表示为W→→E，W→→S。

表4-25 关系WES

W	E	S
W1	E1	S1
W1	E1	S2
W1	E1	S3
W1	E2	S1
W1	E2	S2
W1	E2	S3
W2	E3	S4
W2	E3	S5
W2	E4	S5
W2	E4	S6

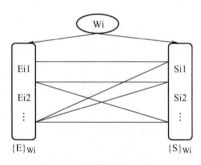

图4-7 多值依赖的表示

3. 多值依赖的性质

多值依赖具有以下性质：

1）多值依赖具有对称性，即若X→→Y，则X→→Z，其中Z = U – X – Y。

2）多值依赖的传递性，即若X→→Y，Y→→Z，则X→→Z – Y。

3）函数依赖可以看成多值依赖的特殊情况，即若X→Y，则X→→Y，这是因为X→Y时，对X的每一个值x，Y有一个确定的值y与之对应，是多个对应的一种情况，所以X→→Y。

4）若X→→Y，X→→Z，则X→→YZ。

5）若X→→Y，X→→Z，则X→→Y∩Z。

6）若X→→Y，X→→Z，则X→→Y – Z、X→→Z – Y。

4. 函数依赖与多值依赖的区别

函数依赖与多值依赖相比，主要有以下两点区别：

1）多值依赖的有效性与属性集的范围有关。若X→→Y在U上成立，则在W（这里XY⊆W⊆U）上一定成立；反之则不然，即X→→Y在W（W⊂U）上成立，在U上并不一定成立。这是因为多值依赖的定义中不仅涉及属性组X和Y，而且涉及U中其余属性Z。

一般认为，在R（U）上若有X→→Y在W（W⊂U）上成立，则称X→→Y为R（U）的嵌入型多值依赖。

但是在关系模式 R(U) 中函数依赖 X→Y 的有效性仅决定于 X、Y 这两个属性集的值。只要在 R(U) 的任何一个关系 r 中，元组在 X 和 Y 上的值满足函数依赖的定义，则函数依赖 X→Y 在任何属性集 W（这里 XY⊆W⊆U）上成立。

2）若函数依赖 X→Y 在 R(U) 上成立，则对于任何 Y'⊂Y 均有 X→Y'成立。而如果多值依赖 X→→Y 在 R(U) 上成立，却不能断言对于任何 Y'⊂Y 有 X→→Y'成立。

5. 4NF 定义

定义 4-18 关系模式 R⟨U,F⟩∈1NF，如果对于 R 的每个非平凡多值依赖 X→→Y（Y 不属于 X），X 都含有码，则称 R⟨U,F⟩∈4NF。

4NF 就是限制关系模式的属性之间不允许有非平凡且非函数依赖的多值依赖。因为根据定义，对于每一个非平凡的多值依赖 X→→Y，X 都含有候选码，于是就有 X→Y，所以 4NF 所允许的非平凡的多值依赖实际上是函数依赖。

非 4NF 关系到 4NF 关系的转换仍然是通过分解，表 4-21 所示的关系不是 4NF，将关系教授（课程，教师，参考书）分解为：

1）教授（课程，教师）。

2）授课用书（课程，参考书）。

这两个关系都满足 4NF 的定义，所以分解结果都是 4NF 关系，如表 4-26 和表 4-27 所示。

表 4-26 教授

课程	教师
大学物理	刘光
大学物理	李滨
高等数学	孙强
高等数学	钱军

表 4-27 授课用书

课程	参考书
大学物理	普通物理学
大学物理	光学原理
大学物理	物理习题集
高等数学	数学分析
高等数学	微分方程
高等数学	高等代数

显然，如果一个关系模式是 4NF，则必为 BCNF。

函数依赖和多值依赖是两种最重要的数据依赖。如果只考虑函数依赖，则属于 BCNF 的关系模式，其规范化程度已最高了。如果考虑多值依赖，则属于 4NF 的关系模式规范化程度是最高的了。如果进一步考虑嵌入多值依赖和连接依赖，还有 5NF。

4.3.8 5NF

1. 嵌入多值依赖

有时在关系模式 R 中，MVD X→→Y 不成立，但在 R 的某个子集 W 中可能成立。

定义 4-19 设关系模式 R(U)，X 和 Y 是属性集 U 的子集，W 是 U 的真子集，并且 XY⊆W。MVD X→→Y 在模式 R 上不成立，但在模式 W 上成立，那么 X→→Y 在 R 上称为嵌入多值依赖（EmbeddedMVD，EMVD），用符号（X→→Y）w 表示。

2. 嵌入多值依赖举例

设关系 Choose（CourseID，StudentID，Precourse，Year），这是选课系统，CourseID 表示课程，StudenIDt 表示学生，Precourse 表示这门课程的选修课程，Year 表示学生选修课程的

131

年份。在关系 Choose 上仅有的非平凡的依赖是（StudentID，Precourse）→Year，关键码是（CourseID，StudentID，Precourse）。因此可将关系 Choose 分解为关系 Choose1（CourseID，StudentID，Precourse）和关系 Choose2（StudentID，Precourse，Year）。这里 StudentID 和 Precourse 都是关系 Choose2 的超码，关系 Choose2 已经是 4NF。

在关系 Choose 中，StudentID 不多值依赖于 CourseID 和 Precourse 也不多值依赖于 CourseID。因为，如果关系 Choose 中有两个元组（C02，S1901，C05，2020）和（C02，S1902，C01，2021），但关系 Choose 中不一定有元组（C02，S1902，C05，2020），而有 S1902 在 2019 年选修的 C05 课程，如表 4-28 所示。

将关系 Choose 分解为关系 Choose1 和关系 Choose2，如表 4-29 和表 4-30 所示。在关系 Choose1（CourseID，StudentID，Precourse）中，CourseID→→StudentID，CourseID→→Precourse，因为每门课程的选修课程对任何学生都是一样的，且不止一门。因而有 CourseID→→StudentID，CourseID→→Precourse 在关系 Choose 上是 EMVD。由于 EMVD 的存在，关系 Choose1（CourseID，StudentID，Precourse）不是 4NF，应该分解成关系 Choose11（CourseID，StudentID）和关系 Choose12（CourseID，Precourse）。这样 R 上非平凡的依赖应该有（StudentID，Precourse）→Year，（CourseID→→Precourse）$_{CourseID\ StudentID\ Precourse}$ 和（CourseID→→StudentID）$_{CourseID\ StudentID\ Precourse}$。关系 Choose 可分解为关系 Choose11、关系 Choose12 和关系 Choose2，并且是无损连接分解，如表 4-31 和表 4-32 所示。

表 4-28　关系 Choose

CourseID	StudentID	Precourse	Year
C02	S1901	C05	2020
C06	S1901	C01	2020
C03	S1902	C05	2019
C04	S1903	C01	2020
C02	S1902	C01	2021

表 4-29　关系 Choose1

CourseID	StudentID	Precourse
C02	S1901	C05
C06	S1901	C01
C03	S1902	C05
C04	S1903	C01
C02	S1902	C01

表 4-30　关系 Choose2

CourseID	Precourse	Year
C02	C05	2020
C06	C01	2020
C03	C05	2019
C04	C01	2020
C02	C01	2021

表 4-31　关系 Choose11

CourseID	StudentID
C02	S1901
C06	S1901
C03	S1902
C04	S1903
C02	S1902

表 4-32　关系 Choose12

CourseID	Precourse
C02	C05
C06	C01
C03	C05
C04	C01
C02	C01

3. 连接依赖和第五范式

定义 4-20　MVD 定义为一个模式无损分解为两个模式。类似地，对于一个模式无损分解成 n 个模式的数据依赖，称为连接依赖，形式定义如下。

定义 4-21　设 U 是关系模式 R 的属性集，$R_1 \cdots R_n$ 是 U 的子集，并满足 $U = R_1 \cup \cdots \cup R_n$，$\rho = \{R_1, \cdots, R_n\}$ 是 R 的一个分解。如果对于 R 的每个关系 r 都有 $m_\rho(r) = r$，那么称连接依赖（Join Dependency，JD）在模式 R 上成立，记为 $*(R_1, \cdots, R_n)$。

定义 4-22　如果 $*(R_1, \cdots, R_n)$ 中某个 R_i 就是 R，那么称这个 JD 是平凡的 JD。

【例 4-9】　设关系模式 R（SPJ）的属性分别表示供应商、零件、项目等含义，表示三者之间的供应联系。如果规定，模式 R 的关系是 3 个二元投影（SP、PJ、JS）的连接，而不是其中任何两个的连接，如图 4-8 所示。那么模式 R 中存在着一个连接依赖 $*(SP, PJ, JS)$。

SPJ	S	P	J
	s1	p1	j2
	s1	p2	j1

SPJ	S	P	J
	s1	p1	j2
	s1	p2	j1
	s2	p1	j1
	s1	p1	j1

- 在插入元组(s2, p1, j1)时，必须再插入元组(s1, p1, j1)否则将违反连接依赖*(SP, PJ, JS)
- 插入元组(s1, p1, j1)时，可以不必插入(s2, p1, j1)

- 元组(s2, p1, j1)可直接删掉
- 元组(s1, p1, j1)被删除时，必须再删除其他3个元组中的一个，才不违反连接依赖*(SP, PJ, JS)

图 4-8　在 SPJ 中更新问题的例子

在模式 R 存在这个连接依赖时，其关系将存在冗余和异常现象。例如，在元组插入或删除时就会出现各种异常，如图 4-9 所示。

定义 4-23　如果关系模式 R 的每个 JD 均由 R 的候选码蕴含，那么称 R 是 5NF 的模式。文献中，5NF 也称为投影连接范式（Project – Join NF，PJNF）。

这里 JD 可由 R 的码蕴含，是指 JD 可由码推导得到。如果 JD $*(R_1, \cdots, R_n)$ 中的某个 R_i 就是 R，那么这个 JD 是平凡的 JD；如果 JD 中的某个 R 包含 R 的码，那么这个 JD 可用 Chase 方法验证（见 4.5.4 节）。

【例 4-10】　关系 R（SPJ）中，$*(SP, PJ, JS)$ 是非平凡的 JD，因此 R 不是 5NF。应该把 R 分解成 SP、PJ、JS 三个模式，这个分解是无损分解，并且每个模式都是 5NF，清除了冗余和异常现象。

连接依赖也是现实世界属性间联系的一种抽象，是语义的体现。但是它不像 FD 和 MVD 的语义那么直观，要判断一个模式是否是 5NF 也比较困难。

对于 JD，已经找到一些推理规则，但尚未找到完备的推理规则集。可以证明，5NF 的

模式也一定是 4NF 的模式。根据 5NF 的定义，可以得出一个模式总是可以无损分解成 5NF 模式集。

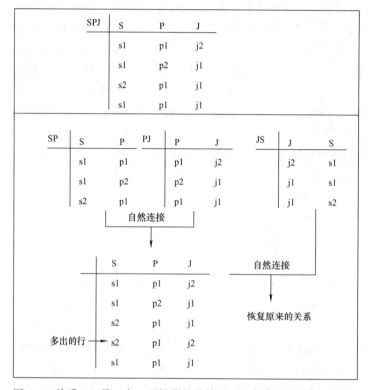

图 4-9　关系 SPJ 是三个二元投影的连接而不是任意其中两个的连接

4.4　数据依赖的公理系统

4.4.1　Armstrong 公理系统

为了求得给定关系模式的码，从一组函数依赖求得蕴含的函数依赖，就需要一套推理规则，这组推理规则是 1974 年首先由 Armstrong 提出来的，因此被称作 Armstrong 公理系统。由于 Armstrong 公理系统的推理规则用到了逻辑蕴含的概念，下面首先给出逻辑蕴含的定义。

定义 4-24　对于满足一组函数依赖 F 的关系模式 R⟨U,F⟩，其任何一个关系 r，若函数依赖 X→Y 都成立（即 r 中任意两元组 t、s，若 t[X] = s[X]，则 t[Y] = s[Y]），称 F 逻辑蕴含 X→Y。

有了逻辑蕴含的定义，再来看 Armstrong 公理系统。

Armstrong 公理系统：设 U 为属性集总体，F 是 U 上的一组函数依赖，于是有关系模式 R⟨U,F⟩。对 R⟨U,F⟩ 来说有以下的推理规则：

1）自反律（Reflexivity）：若 $Y \subseteq X \subseteq U$，则 X→Y 为 F 所蕴含。

2）增广律（Augmentation）：若 X→Y 为 F 所蕴含，且 $Z \subseteq U$，则 XZ→YZ 为 F 所蕴含。

3）传递律（Transitivity）：若 X→Y 及 Y→Z 为 F 所蕴含，则 X→Z 为 F 所蕴含。

由自反律所得到的函数依赖均是平凡的函数依赖，自反律的使用不依赖于 F。

根据 Armstrong 这三条推理规则可以得到下面三条很有用的推理规则。

合并规则：由 X→Y、X→Z，有 X→YZ。

伪传递规则：由 X→Y、WY→Z，有 XW→Z。

分解规则：由 X→Y 及 Z⊆Y，有 X→Z。

根据合并规则和分解规则，很容易得到以下两条引理。

引理 4-1　$X{\to}A_1A_2{\cdots}A_k$ 成立的充分必要条件是 $X{\to}A_i$ 成立（i = 1，2，…，k）。

引理 4-2　设 F 为属性集 U 上的一组函数依赖，X、Y⊆U，X→Y 能由 F 根据 Armstrong 公理导出的充分必要条件是 $Y{\subseteq}X_F^+$。

X_F^+ 是属性集的闭包，那么什么是属性集的闭包？

定义 4-25　设 F 是属性集 U 上的 FD 集，X 是 U 的子集，那么（相对于 F）属性集 X 的闭包用 X^+ 表示，其是一个从 F 集使用 FD 推理规则推出的所有满足 X→A 的属性 A 的集合：$X^+ = \{$属性 A | $F^+{\to}A\}$。

于是，判定 X→Y 是否能由 F 根据 Armstrong 公理导出的问题，就转化为求出 X_F^+，判定 Y 是否为 X_F^+ 的子集的问题。这个问题由算法 4-2 解决了。

算法 4-2　求属性集 X(X⊆U) 关于 U 上的函数依赖集 F 的闭包 X_F^+。

输入：X，F

输出：X_F^+

步骤：

1）令 $X^{(0)} = X$，i = 0。

2）求 B，这里 $B = \{A|(\exists V)(\exists W)(V{\to}W{\in}F{\wedge}V{\subseteq}X^{(i)}{\wedge}A{\in}W)\}$。

3）$X^{(i+1)} = B{\cup}X^{(i)}$。

4）判断 $X^{(i+1)} = X^{(i)}$ 吗？

5）若相等或 $X^{(i)} = U$，则 $X^{(i)}$ 就是 X_F^+，算法终止。

6）若否，则 i = i+1，返回第 2）步。

【例 4-11】　已知关系模式 R⟨U,F⟩，其中 U = {A，B，C，D，E}、F = {AB→C，B→D，C→E，EC→B，AC→B}，求 $(AB)_F^+$。

解：由算法 4-2，设 $X^{(0)} = AB$，计算 $X^{(1)}$。

逐一扫描 F 集合中各个函数依赖，找左部为 A、B 或 AB 的函数依赖。得到两个：AB→C、B→D。于是 $X^{(1)} = AB{\cup}CD = ABCD$。

因为 $X^{(0)}{\neq}X^{(1)}$，所以再找出左部为 ABCD 子集的那些函数依赖，又得到 C→E，AC→B，于是 $X^{(2)} = X^{(1)}{\cup}BE = ABCDE$。

因为 $X^{(2)}$ 已等于全部属性集合，所以 $(AB)_F^+ = ABCDE$。

对于算法 4-2，令 $a_i = |X^{(i)}|$，$\{a_i\}$ 形成一个步长大于 1 的严格递增的序列，序列的上界是 |U|，因此该算法最多 |U| - |X| 次循环就会终止。

应用中，经常需要根据函数依赖（Functional Dependency，FD）确定关系中由哪些属性组成是合理的，确定属性集的闭包就能帮助找到需要的属性。要判断能否从已知的 FD 集 F 推导出 X→Y，可以先求出 F 的闭包 F^+，然后再看 X→Y 是否在 F^+ 中。

Armstrong 公理系统是有效的、完备的，其完备性及有效性说明了"导出"与"蕴含"是两个完全等价的概念。于是 F^+ 也可以说成是由 F 出发借助 Armstrong 公理导出的函数依赖的集合。

4.4.2 函数依赖集等价和最小依赖集

1. 函数依赖集等价

定义 4-26 如果 $G^+ = F^+$ 就说函数依赖集 F 覆盖 G（F 是 G 的覆盖，或 G 是 F 的覆盖），或 F 与 G 等价。

引理 4-3 $G^+ = F^+$ 的充分必要条件是 $F \subseteq G^+$ 和 $G \subseteq F^+$。

证：必要性显然，只证充分性。

1）若 FG^+ 则 $X_F^+ \subseteq X_{G^+}^+$。

2）任取 $X \to Y \in F^+$ 则有 $Y \subseteq X_F^+ \subseteq X_{G^+}^+$，所以 $X \to Y \in (G^+)^+ = G^+$，即 $F^+ \subseteq G^+$。

3）同理可证 $G^+ \subseteq F^+$，所以 $G^+ = F^+$，充分性得证。

2. 最小依赖集

定义 4-27 如果函数依赖集 F 满足下列条件，则称 F 为一个极小函数依赖集，亦称为最小依赖集或最小覆盖。

- F 中任一函数依赖的右部仅含有一个属性。
- F 中不存在这样的函数依赖 $X \to A$，使得 F 与 $F - \{X \to A\}$ 等价。
- F 中不存在这样的函数依赖 $X \to A$，X 有真子集 Z 使得 $F - \{X \to A\} \cup \{Z \to A\}$ 与 F 等价。

定理 4-1 每一个函数依赖集 F 均等价于一个极小函数依赖集 F_m。

证：这是一个构造性的证明，分三步对 F 进行"极小化处理"，找出 F 的一个最小依赖集来。

1）逐一检查 F 中各函数依赖 FD_i。$X \to Y$，若 $Y = A_1 A_2 \cdots A_k$，$k > 2$，则用 $\{X \to A_j \mid j = 1, 2, \cdots k\}$ 来取代 $X \to Y$；$X \to A$，令 $G = F - \{X \to A\}$，若 $A \in X_G^+$，则从 F 中去掉此函数依赖（因为 F 与 G 等价的充要条件是 $A \in X_G^+$）。

2）逐一取出 F 中各函数依赖 FD_i。$X \to A$，设 $X = B_1 B_2 \cdots B_m$，逐一考查 B_i（i = 1, 2, $\cdots$, m），若 $A \in (X - B_i)_F^+$，则以 $X - B_i$ 取代 X（因为 F 与 $F - \{X \to A\} \cup \{Z \to A\}$ 等价的充要条件是 $A \in Z_F^+$，其中 $Z = X - B_i$）。

最后剩下的 F 就一定是极小依赖集，并且与原来的 F 等价。因为对 F 的每一次"改造"都保证了改造前后的两个函数依赖集等价。应当指出，F 的最小依赖集 F_m 不一定是唯一的，它和我们对各函数依赖 FD_i 及 $X \to A$ 中 X 各属性的处置顺序有关。

【例 4-12】 $F = \{A \to B, B \to A, B \to C, A \to C, C \to A\}$

$F_{m1} = \{A \to B, B \to C, C \to A\}$

$F_{m2} = \{A \to B, B \to A, A \to C, C \to A\}$

这里给出了 F 的两个最小依赖集 F_{m1}、F_{m2}。

若改造后的 F 与原来的 F 相同，那么就说明 F 本身就是一个最小依赖集，因此定理 4-1 的证明给出的极小化过程也可以看成是检验 F 是否是极小依赖集的一个算法。

两个关系模式 $R_1 \langle U, F \rangle$、$R_2 \langle U, G \rangle$，如果 F 与 G 等价，那么 R_1 的关系一定是 R_2 的关系。反过来，R_2 的关系也一定是 R_1 的关系。所以在 $R \langle U, F \rangle$ 中用与 F 等价的依赖集 G 来取代 F 是允许的

4.5　模式的分解

4.5.1　模式分解定义

定义 4-28　设有关系模式 R(U)，属性集为 U，R_1、$\cdots$、R_k 都是 U 的子集，并且有 R_1 $\cup R_2 \cup \cdots \cup R_k = U$。关系模式 R_1、$\cdots$、R_k 的集合用 ρ 表示，ρ = {R_1, $\cdots$, R_k}。用 ρ 代替 R 的过程就是关系模式的分解。这里 ρ 称为 R 的一个分解，也称为数据库模式。

一般把上述的 R 称为泛关系模式，R 对应的当前值称为泛关系。数据库模式 ρ 对应的当前值称为数据库实例，它是由数据库模式中的每一个关系模式的当前值组成的，这里用 $\sigma = <r1, \cdots, rk>$ 表示。模式分解如图 4-10 所示。

因此，在计算机中数据并不是存储在泛关系 r 中，而是存储在数据库 σ 中。这样就有两个问题：

1）σ 和 r 是否等价。即是否表示同样的数据，这个问题用"无损分解"特性表示。

2）在模式 R 上有一个 FD 集 F。在 ρ 的每一个模式 R_i 上有一个 FD 集 F_i，那么 {F_1, $\cdots$, F_r}

与 F 是否等价的问题用"保持依赖"特性表示。

4.5.2　无损分解

【例 4-13】　设有关系模式 R(ABC)，分解成 ρ = {AB，AC}。

1）如图 4-11 所示，图 a 是 R 上的一个关系 r，图 b 和图 c 是 r 在模式 AB 和 AC 上的投影得到的关系 r_1 和 r_2。如果做连接操作，得到 $r_1 \bowtie r_2 = r$。即在 r 的列集合上做投影、连接以后仍然能恢复成 r，没有丢失任何信息，就称这种分解为"无损分解"。

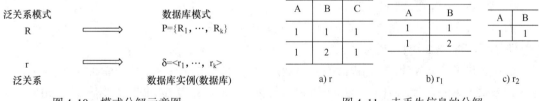

图 4-10　模式分解示意图　　　　　图 4-11　未丢失信息的分解

2）如图 4-12 所示，图 a 是 R 上的一个关系 r，图 b 和图 c 是 r 在模式 AB 和 AC 上的投影得到的关系 r_1 和 r_2，图 d 是 $r_1 \bowtie r_2$。此时 $r_1 \bowtie r_2$ 和 r 不相等。即 r 在投影、连接以后比原来关系 r 的元组多（增加了噪声），实际是丢失了原来的信息。这种分解是不希望产生的，虽然元组多了，但是是信息损失掉了，称这种分解为"损失分解"。

定义 4-29　在泛关系模式 R 分解成数据库模式 ρ = {R_1, $\cdots$, R_k} 时，泛关系 r 在 ρ 的每模式 R_i($1 \leq i \leq n$) 上投影后再连接起来，比原来 r 中多出来的元组，称为"寄生元组"（Spurious Tuple）。

寄生元组是错误信息。

为此给出对关系模式的无损分解和损失分解的形式定义。

A	B	C
1	1	4
1	2	3

A	B
1	1
1	2

A	C
1	4
1	3

A	B	C
1	1	4
1	1	3
1	2	4
1	2	3

a) r   b) r_1 c) r_2 d) $r_1 \bowtie r_2$

图 4-12　丢失信息的分解

无损连接分解定义：

定义 4-30　设 R 是一个关系模式，F 是 R 上的一个 FD 集。R 分解成数据库模式 $\rho = \{R_1, \cdots, R_k\}$。如果对 R 中满足 F 的每一个关系 r，都有

$$r = \pi_{R1}(r) \bowtie \pi_{R2}(r) \bowtie \cdots \bowtie \pi_{Rk}(r)$$

那么称分解 ρ 相对于 F 是"无损连接分解"（Lossless Join Decomposition），简称为"无损分解"，否则称为"损失分解"（Lossy Decomposition）。

这里，无损中的"损"是指信息的丢失，而不是指元组的丢失。分解后增加了元组，实际是一种信息的丢失，也是"损"。如果一个分解不具有"无损"性质，那么泛关系在投影连接以后就可能产生寄生元组。寄生元组表示的是错误的信息。

其中符号 $\pi_{Ri}(r)$ 表示关系 r 在模式 R_i 属性上的投影。r 的投影连接表达式 $\pi_{R1}(r) \bowtie \pi_{R2}(r) \bowtie \cdots \bowtie \pi_{Rk}(r)$ 用符号 $m_\rho(r)$ 表示，即

$$m_\rho(r) = \pi_{R1}(r) \bowtie \pi_{R2}(r) \bowtie \cdots \bowtie \pi_{Rk}(r)$$

这里有一个先决条件，即 r 是 R 的一个关系。也就是在先存在 r（泛关系）的情况下，再去谈论分解，这是关系数据库理论中著名的"泛关系假设"（Universal Relation Assumption）。在有泛关系假设时，r 与 $m_\rho(r)$ 之间的联系如图 4-13 所示。

从图中可看出 $m_\rho(r)$ 有 3 个性质：

1）$r \subseteq m_\rho(r)$。

2）设 $s = m_\rho(r)$，则 $\pi_{Ri}(s) = r_i$。

3）$m_\rho(m_\rho(r)) = m_\rho(r)$，这个性质称为幂等性（Idempotent）。

可自行证明这 3 个性质。

如果谈论模式分解时，先不提泛关系 r 的存在性，而先说存在一个数据库实例 $\sigma = <r_1, \cdots r_k>$，再设 $\pi_{r1}(r) \bowtie \pi_{r2}(r) \bowtie \cdots \bowtie \pi_{rk}(r) = s$，那么 $\pi_{Ri}(s)$ 就未必与 r_i 相等了，如图 4-14 所示。

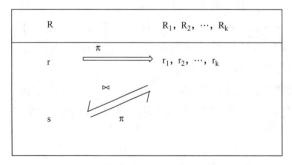

图 4-13　泛关系假设下关系模式分解示意图

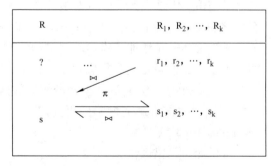

图 4-14　无泛关系假设时的示意图

原因就是这些 r_i 中可能有"悬挂"元组（Dangling Tuple，破坏泛关系存在的元组）。在无泛关系假设时，对两个关系进行自然连接中被丢失的元组称为悬挂元组。

悬挂元组是造成两个关系不存在泛关系的原因。

【例 4- 14】　设关系模式 R（ABC）分解成 ρ = {AB，BC}。如图 4-15 所示，图 a 和图 b 分别是模式 AB 和 BC 上的值 r_1 和 r_2，图 c 是 $r_1 \bowtie r_2$ 的值。这时 π_{BC}（$r_1 \bowtie r_2$）只有一个元组（b_1，c_1），与

A	B
a_1	b_1

a) r_1

B	C
b_1	c_1
b_2	c_2

b) r_2

A	B	C
a_1	b_1	c_1

c) $r_1 \bowtie r_2$

图 4-15　关系 r_1 和 r_2 不存在泛关系

r_2 值不相等，出现了（b_2，c_2）悬挂元组，所以 r_1 和 r_2 不存在泛关系 r。

一般认为，模式分解能消除数据冗余和操作异常现象，在分解了的数据库中可以存储悬挂元组，存储了泛关系中无法存储的信息，这是模式分解的优点。但分解以后，检索操作需要做笛卡儿积或连接操作，这将付出时间代价。在有泛关系假设时，对数据库中的关系进行自然连接时，可能产生寄生元组，即损失了信息；在无泛关系假设时，由于数据库中可能存在悬挂元组，就有可能不存在泛关系。

为了消除冗余和异常现象，需要对模式进行分解。考虑到模式分解的过程也是有缺点的，应加以注意。在设计数据库时，根据实际情况，不用追求最高范式的分解，适可而止。

4.5.3　无损分解的测试

把关系模式 R 分解成 ρ 以后，如何测试分解的 ρ 是否是无损分解？有人提出一个"追踪"（Chase）过程，用于测试一个分解是否是无损分解。

算法 4-3　无损分解的测试。

输入：关系模式 R = $A_1 \cdots A_n$，F 是 R 上成立的函数依赖集，ρ = {R_1，…，R_k} 是 R 的一个分解。

输出：判断 ρ 相对于 F 是否具有无损分解特性。

方法：

1) 构造一张 k 行 n 列的表格，每列对应一个属性 A_j（$1 \leqslant j \leqslant n$），每行对应一个模式 R_i（$1 \leqslant i \leqslant k$）。如果 A_j 在 R_i 中，那么在表格的第 i 行第 j 列处填上符号 a_j，否则填上 b_{ij}。

2) 把表格看成模式 R 的一个关系，反复检查 F 中的每个 FD 在表格中是否成立，若不成立，则修改表格中的值。修改方法如下：

对于 F 中的一个 FD：X→Y，如果表格中有两行在 X 值上相等，在 Y 值上不相等，那么把这两行在 Y 值上也改成相等的值。如果 Y 值中有一个是 a_j，那么另一个也改成 a_j；如果没有 a_j，那么用其中一个 b_{ij} 替换另一个值（尽量把下标 ij 改成较小的数）。一直到表格不能修改为止（这个过程称为 Chase 过程）。

3) 若修改的最后一张表格中有行是全 a，即 $a_1 a_2 \ldots a_n$，那么称 ρ 相对于 F 是无损分解，否则就是损失分解。

【例 4-15】　设关系模式 R（ABCD），R 分解成 ρ = {AB，BC，CD}。如果 R 上成立的函数依赖集是 F_1 = {B→A，C→D}，那么 ρ 相对于 F_1 是否是无损分解？如果 R 上成立的函

数依赖集是 $F_2 = \{A \to B,\ C \to D\}$，$\rho$ 相对于 F_2 是否是无损分解?

解：1）相对于 F_1，Chase 过程的示意图如图 4-16 所示。

	A	B	C	D
AB	a_1	a_2	b_{13}	b_{14}
BC	b_{21}	a_2	a_3	b_{24}
CD	b_{31}	b_{32}	a_3	a_4

a) 初始表格

	A	B	C	D
AB	a_1	a_2	b_{13}	b_{14}
BC	a_1	a_2	a_3	a_4
CD	b_{31}	b_{32}	a_3	a_4

b) 修改后的表格

图 4-16　算法 4-3 的运用示意图（一）

因为 $B \to A$，所以可以把 b_{21} 改成 a_1；因为 $C \to D$，所以可以把 b_{24} 改成 a_4，这时第二行已经都是 a，因此相对于 F_1，R 分解成 ρ 是无损分解。

2）相对于 F_2，Chase 过程的示意图如图 4-17 所示。

	A	B	C	D
AB	a_1	a_2	b_{13}	b_{14}
BC	b_{21}	a_2	a_3	b_{24}
CD	b_{31}	b_{32}	a_3	a_4

a) 初始表格

	A	B	C	D
AB	a_1	a_2	b_{13}	b_{14}
BC	b_{21}	a_2	a_3	a_4
CD	b_{31}	b_{32}	a_3	a_4

b) 修改后的表格

图 4-17　算法 4-3 的运用示意图（二）

因为 $C \to D$，所以可以把 b_{24} 改成 a_4；因为 $A \to B$，不能修改表格。此时表格没有一行是全 a 行，因此相对于 F_2，R 分解成 p 是损失分解。

在 Chase 修改的过程中，如果把 b 改成 a，则表示可以从其他模式和已知的 FD 中使得该模式增加一个属性。如果改成另一个 b_{ij}，表示模式的相应关系中虽然还没有该属性值，但其值应与其他关系中的值相等。

当最后一张表格中存在一行全 a 时，这行表示的模式中可以包含 R 的所有属性，也就回到原来的表格，即 $m_\rho(r) = r$。所以，这个分解是无损分解。

当最后一张表格中不存在一行全 a 时，也就是回不到原来的表格，即 $m_\rho(r) \neq r$。因此，分解是损失分解。

定理 4-2　设 $\rho = \{R_1,\ R_2\}$ 是关系模式 R 的一个分解，F 是 R 上成立的 FD 集，那么分解 ρ 相对于 F 是无损分解的充分必要条件是：$(R_1 \cap R_2) \to (R_1 - R_2)$ 或 $(R_1 \cap R_2) \to (R_2 - R_1)$。

这个定理的证明可以用算法 4-3 的 Chase 过程来实现。

定理 4-3　如果 FD：$X \to Y$ 在模式 R 上成立，且 $X \cap Y = \varnothing$，那么 R 分解成 $p = \{R - Y,\ XY\}$ 是无损分解。

这个定理可用算法 4-3 的 Chase 过程来证明。

4.5.4　保持函数依赖的分解

分解的另一个特性是在分解的过程中能否保持函数依赖集，如果不能保持 FD，那么数据的语义就会出现混乱。

定义 4-31　设 F 是属性集 U 上的 FD 集，Z 是 U 的子集，F 在 Z 上的投影用 $\pi_z(F)$ 表示，定义为：

$$\pi_z(F) = \{X{\rightarrow}Y \mid X{\rightarrow}Y \in F^+，且\ XY \subseteq Z\}$$

定义 4-32　设 $\rho = \{R_1，R_2，\cdots，R_k\}$ 是 R 的一个分解，F 是 R 上的 FD 集，如果有 $\pi_{R1}(F) \cup \cdots \cup \pi_{Rk}(F) = F$，那么称分解 ρ 保持函数依赖集 F。

【例 4-16】　设关系模式 R（T#，TITLE，SALARY）的属性分别表示教师的工号、职称和工资。如果规定每个教师只有一个职称，并且每个职称只有一个工资数目，那么 R 上的 FD 有 T#→TITLE 和 TITLE→SALARY。

如果 R 分解成 $\rho = \{R_1，R_2\}$，其中 $R_i = \{T\#，TTLE\}$，$R_2 = \{T\#，SALARY\}$，可以验证这个分解是无损分解。

R_1 上的 FD 是 $F_1 = \{T\#{\rightarrow}TITLE\}$，$R_2$ 上的 FD 是 $F_2 = \{T\#{\rightarrow}SALARY\}$，但从这两个 FD 推导不出在 R 上成立的 FD TITLE→SALARY，因此分解 ρ 把 TITLE→SALARY 丢失了，即 ρ 不保持 F。如图 4-16 所示，图 a 和图 b 是两个关系 r_1 和 r_2，图 c 是 $r_1 \bowtie r_2$。r_1 和 r_2 分别满足 F_1 和 F_2，但是 $r_1 \bowtie r_2$ 违反了 TITLE→SALARY。

T#	TITLE		T#	SALARY		T#	TITLE	SALARY
T1	教授		T1	3000		T1	教授	3000
T2	教授		T2	4000		T2	教授	4000
T3	讲师		T3	2000		T3	讲师	2000
a) r_1			b) r_2			c) $r_1 \bowtie r_2$		

图 4-18　丢失 FD 的分解

如果某个分解能保持 FD 集，那么在数据输入或更新时，只要每个关系模式本身的 FD 约束被满足，就可以确保整个数据库中数据的语义完整性不受破坏，显然这是一种良好的特性。

4.6　应用

4.6.1　判断范式类别

常见的判别范式的题是给定条件，然后根据条件判别关系模式属于哪类范式。

【例 4-17】　关系模型中的关系模式至少是第几范式？

关系模式一定要满足关系中的数据能被无二意的调用出来，这就要保证每个数据项都要是原子的，不可分割的，也就是我们理解的每一项对应一个数据，即 1NF。

【例 4-18】　设有关系模式 R(A，B，C，D)，其数据依赖集：F = {（A，B）→C，B→C，C→D}，则关系模式 R 的规范化程度最高达到第几范式？

例题中关系 R 的四个属性 A、B、C、D 都是独立的，可以判定其至少是 1NF；依赖集中，（A，B）→C 和 C→D 得出（A，B）可以共同推出 C 和 D，（A，B）是主属性集，而 B→C 得出 C 是部分依赖于主属性集（A，B）的，不满足 2NF 的条件，此关系最高可达 1NF。

【例 4-19】　设有关系模式 R（S，D，M），其函数依赖集：F = {S→D，D→M}，则关系模式 R 的规范化程度最高达到第几范式？

例题中关系 R 的三个属性 S、D、M 都是独立的，可以判定其至少是 1NF；依赖集中，判断给定的 S→D 和 D→M，S 可以推出 D 和 M，所以 S 为单一主属性，D 和 M 为非主属性，不存在部分依赖的情况，可以判断其至少是 2NF；又因为 S→D 和 D→M 是一个传递依赖，不满足 3NF 的消除传递依赖的条件，可以判定此关系模式 R 最高达到 2NF。如果题目的依赖集改为 F = {S→D, S→M}，那么关系 R 可以最高达到 3NF。

4.6.2 判断范式并将不满足 3NF 的关系模式分解

这类题给定的关系通常是 1NF 或 2NF，先根据 1NF 和 2NF 的概念确定关系是第几范式，然后用范式分解的方法，将其分解成几个 3NF 的关系。

【例 4-20】 已知学生关系模式 S（Sno, Sname, SD, Sdname, Course, Grade），其中：Sno 学号、Sname 姓名、SD 系名、Sdname 系主任名、Course 课程、Grade 成绩。

1）写出关系模式 S 的基本函数依赖和主码。

2）原关系模式 S 为几范式？为什么？分解成高一级范式，并说明为什么？

3）将关系模式分解成 3NF，并说明为什么？

解 1）部分是语义分析，关系模式 S 的基本函数依赖如下：

Sno→Sname, SD→Sdname, Sno→SD, (Sno, Course)→Grade

其中（Sno, Course）可以推出其他属性，判定关系模式 S 的主属性为（Sno, Course），即主码。

2）部分是根据我们得到的函数依赖集判定：（Sno, Course）为主码，Sno→Sname 和 Sno→SD 可以得出 Sname 和 SD 部分函数依赖于主码（Sno, Course），得到关系 R 是 1NF。

消除非主属性对码的函数依赖为部分函数依赖，将关系模式分解成 2NF，将关系 R 分解成关系 S1 和 S2，去掉部分函数依赖，将能被 Sno 推出的属性都放到关系 S1 中，只能由（Sno, Course）推出的属性放到 S2 中，结果如下：

S1（Sno, Sname, SD, Sdname）

S2（Sno, Course, Grade）

3）需要判定上述分解关系模式是否是 3NF，不是可进一步分解成 3NF。关系模式 S1 中存在 Sno→SD、SD→Sdname，即非主属性 Sdname 传递依赖于 Sno，所以 S1 不是 3NF。进一步分解，去掉传递依赖，将非主属性拿出来单独放到 S12 中，得到结果如下：

S11（Sno, Sname, SD） S12（SD, Sdname）

分解后的关系模式 S11、S12 满足 3NF。

对关系模式 S2 不存在非主属性对码的传递依赖，故属于 3NF。所以，原模式 S（Sno, Sname, SD, Sdname, Course, Grade）按如下分解满足 3NF。

S11（Sno, Sname, SD）

S12（SD, Sdname）

S2（Sno, Course, Grade）

4.6.3 判断分解后的关系是否具有无损分解和保持 FD 的分解特性

【例 4-21】 设关系模式 R（ABC），ρ = {AB, AC} 是 R 的一个分解。试分析分别在 $F_1 = \{A→B\}$，$F_2 = \{A→C, B→C\}$，$F_3 = \{B→A\}$，$F_4 = \{C→B, B→A\}$ 情况下，ρ 是否具

有无损分解和保持 FD 的分解特性。

解：1）相对于 $F_1 = \{A \rightarrow B\}$，分解 ρ 是无损分解且保持 FD 的分解。

2）相对于 $F_2 = \{A \rightarrow C, B \rightarrow C\}$，分解 ρ 是无损分解，但不保持 FD 集，因为 B→C 丢失了。

3）相对于 $F_3 = \{B \rightarrow A\}$，分解 ρ 是损失分解但保持 FD 集的分解。

4）相对于 $F_4 = \{C \rightarrow B, B \rightarrow A\}$，分解 ρ 是损失分解且不保持 FD 集的分解，丢失了 C→B。

这里也可以看出分解的无损分解与保持 FD 的分解两个特性之间没有必然的联系。

本 章 小 结

本章在函数依赖的范畴内讨论了关系模式的规范化。

不规范的关系模式会造成数据冗余，引起修改异常、插入异常和删除异常。这些问题的产生是由于关系模式在构造时存在了不良的函数依赖，需要规范关系模式。

随后给出了函数依赖的相关概念，包括平凡/非平凡函数依赖、完全/部分函数依赖、传递依赖、码和属性集的闭包等，这些概念是提出范式的基础。

模式的范式是衡量关系模式好与坏的标准，我们从 1NF、2NF、3NF、BCNF、4NF 和 5NF 的顺序来依次介绍。关系模式的属性一定要是原子的，不可再分的，满足这个条件的关系是 1NF；在 1NF 的基础上，如果不存在部分函数依赖，这个关系就是 2NF；在 2NF 的基础上，如果关系模式中不存在非主属性间传递依赖，其属于 3NF；消除主属性间依赖的关系是 BCNF。多值依赖、嵌入多值依赖、4NF 和 5NF 了解即可。

要求掌握 Armstrong 公理系统的推理规则、函数依赖集 F 的闭包和函数的最小依赖集，Armstrong 公理系统的推理规则的证明、Armstrong 公理系统的有效性和完备性需要了解。

范式表达了模式中数据依赖之间应满足的联系。如果关系模式 R 是 3NF，那么 R 上成立的非平凡 FD 都应该左边是超码或右边是非主属性。如果关系模式 R 是 BCNF，那么 R 上成立的非平凡的 FD 都应该左边是超码。范式的级别越高，其数据冗余和操作异常现象就越少。

关系模式的规范化过程实际上是一个"分解"过程：把逻辑上独立的信息放在独立的关系模式中。分解是解决数据冗余的主要方法，也是规范化的一条原则："关系模式有冗余问题就分解它"。

分解成 BCNF 模式集的算法能保持无损分解，但不一定能保持 FD 集。而分解成 3NF 模式集的算法既能保持无损分解，又能保持 FD 集。

掌握好关系模式的设计理论能提高 E-R 模型设计的质量。在数据库的逻辑设计过程中，将 E-R 模型转换为关系模式集，如果转换成的关系模式不是 3NF，需要转换为 3NF，否则设计的数据库一定会有冗余存在，进而产生操作错误。

习 题

一、选择题

1. 关系模式中，满足 2NF 的模式（　　）。

A. 可能是 1NF　　　B. 必定是 1NF　　　C. 必定是 3NF　　　D. 必定是 BCNF

2. 关系模式 R 中的属性全是主属性，则 R 的最高范式必定是 （　　　）。

A. 1NF　　　　　　　B. 2NF　　　　　　　C. 3NF　　　　　　　D. BCNF

3. 消除了部分函数依赖的 1NF 的关系模式，必定是 （　　　）。

A. 1NF　　　　　　　B. 2NF　　　　　　　C. 3NF　　　　　　　D. BCNF

4. 关系模式的候选码可以有 1 个或多个，而主码有 （　　　）。

A. 多个　　　　　　　B. 0 个　　　　　　　C. 1 个　　　　　　　D. 1 个或多个

5. 候选码的属性可以有 （　　　）。

A. 多个　　　　　　　B. 0 个　　　　　　　C. 1 个　　　　　　　D. 1 个或多个

6. 在关系模式中，如果属性 A 和 B 存在 1 对 1 的联系，则说 （　　　）。

A. A→B　　　　　B. B→A　　　　　C. A←→B　　　　　D. 以上都不是

7. 关系数据库规范化是为了解决关系数据库中 （　　　） 的问题而引入的。

A. 提高查询速度　　　　　　　　　B. 插入、删除异常和数据冗余

C. 保证数据的安全性和完整性　　　　　D. 实现并发处理机制

8. 学生表 （id, name, sex, age, depart_id, depart_name），存在的函数依赖是 id→
{name, sex, age, depart_id}；dept_id→dept_name，其满足 （　　　）。

A. 1NF　　　　　　　B. 2NF　　　　　　　C. 3NF　　　　　　　D. BCNF

9. 消除了传递函数依赖的 2NF 的关系模式，必定是 （　　　）。

A. 1NF　　　　　　　B. 2NF　　　　　　　C. 3NF　　　　　　　D. 4NF

10 在关系 DB 中，任何二元关系模式的最高范式必定是 （　　　）。

A. 1NF　　　　　　　B. 2NF　　　　　　　C. 3NF　　　　　　　D. BCNF

二、简答题

1. 什么是函数依赖、部分函数依赖、完全函数依赖和传递依赖？

2. 已知关系 R(A, B, C) 的 FD 集 F = {A→BC，B→C，A→B，AB→C}，试给出 F 的
最小依赖集。

3. 考虑一下两个 FD 集：F = {A→C，AC→D，E→AD，E→H} 和 G = {A→CD，E→
AH} 是否等价，并说明理由。

4. 试给出 Chase 过程。

三、应用题

1. 下面的结论哪些是正确的？哪些是错误的？对错误的请给出一个反例说明。

（1）任何一个二目关系属于 3NF。

（2）任何一个二目关系属于 BCNF。

（3）任何一个二目关系属于 4NF。

（4）当且仅当函数依赖 A→B 在 R 上成立，关系 R(A, B, C) 等于其投影 R_1(A, B)
和 R_2(A, C) 的连接。

（5）若 R. A→R. B，R. B→R. C，则 R. A→R. C。

（6）若 R. A→R. B，R. A→R. C，则 R. A→R. (B, C)。

（7）若 R. B→R. A，R. C→R. A，则 R. (B, C) →R. A。

（8）若 R(B, C) →R. A，则 R. B→R. A，R. C→R. A。

2. 设有如表 4-33 所示的关系 R，问：

（1）它为第几范式？为什么

（2）是否存在删除操作异常？若存在，则说明是在什么情况下发生的？

（3）将它分解为高一级范式，分解后的关系如何解决分解前可能存在的删除操作的异常问题？

3. 如表 4-34 所示，关系 S（课程名，教师名，教师地址）的码为课程名，问：

（1）该关系模式为第几范式？为什么？

（2）是否存在删除操作异常？若存在，则说明是在什么情况下发生的？

（3）将它分解为高一级范式，分解后的关系是如何解决分解前可能存在的删除操作异常问题的？

表 4-33 关系 R		
课程名	教师名	教师地址
C1	马千里	D1
C2	于得水	D1
C3	佘快	D2
C4	于得水	D1

表 4-34 关系 S		
课程名	教师名	教师地址
C1	王小强	D1
C2	李鸿雁	D2
C3	王小强	D1
C4	张言	D1

4. 设关系模式 R(ABCDE)，现有 R 的 7 个关系，如图 4-19 所示。试判断 FD BC→D 和 MVD BC→→D 分别在这些关系中是否成立。

A	B	C	D	E

a) r_1

A	B	C	D	E
a	2	3	4	5
2	a	3	5	5

b) r_2

A	B	C	D	E
a	2	3	4	5
2	a	3	5	5
a	2	3	4	6

c) r_3

A	B	C	D	E
a	2	3	4	5
a	2	3	4	5
a	2	3	6	5

d) r_4

A	B	C	D	E
a	2	3	4	5
2	a	3	7	5
a	2	3	4	6

e) r_5

A	B	C	D	E
a	2	3	4	5
2	a	3	4	5
a	2	3	6	5
a	2	3	6	6

f) r_6

A	B	C	D	E
a	2	3	4	5
2	a	3	4	5
a	2	3	6	5
a	2	3	6	6

g) r_7

图 4-19 R 的 7 个关系

5. 建立一个关于系、学生、班级、学会等诸信息的关系数据库。

① 描述学生的属性有：学号、姓名、出生年月、系名、班号、宿舍区。

② 描述班级的属性有：班号、专业名、系名、人数、入校年份。

③ 描述系的属性有：系名、系号、系办分室地点、人数。

④ 描述学会的属性有：学会名、成立年份、地点、人数。

有关语义如下：一个系有若干专业，每个专业每年只招一个班，每个班有若干学生。一个系的学生住在同一宿舍区。每个学生可参加若干学会，每个学会有若干学生。学生参加某学会有一个入会年份。

（1）请给出关系模式，写出每个关系模式的极小函数依赖集，指出是否存在传递函数依赖，对于函数依赖左部是多属性的情况讨论函数依赖是完全函数依赖，还是部分函数依赖。

（2）指出各关系的候选码、外部码，有没有全码存在？

6. 设关系模式 R(ABCD)，在 R 上有 5 个相应的 FD 集及分解。

① $F = \{B \rightarrow C, D \rightarrow A\}$，$\rho = \{BC, AD\}$。

② $F = \{AB \rightarrow C, C \rightarrow A, C \rightarrow D\}$，$\rho = \{ACD, BC\}$。

③ $F = \{A \rightarrow BC, C \rightarrow AD\}$，$\rho = \{ABC, AD\}$。

④ $F = \{A \rightarrow B, B \rightarrow C, C \rightarrow D\}$，$\rho = \{AB, ACD\}$。

⑤ $F = \{A \rightarrow B, B \rightarrow C, C \rightarrow D\}$，$\rho = \{AB, AD, CD\}$。

试针对上述 5 种情况分别回答下列问题：

（1）确定 R 的关键码。

（2）是否是无损分解。

（3）是否保持 FD 集。

（4）确定 ρ 中每一模式的范式级别。

第5章

数据库安全

1. 了解数据库系统的内涵、数据库安全保护层次
2. 重点掌握数据库安全控制的方法
3. 掌握数据库的备份与恢复技术

5.1 数据库安全概述

数据库已经成为黑客的主要攻击目标，因为它们存储着大量有价值和敏感的信息，这些信息包括金融、知识产权及企业数据等各方面的内容。网络罪犯从入侵在线业务服务器和破坏数据库中大量获利，因此确保数据库的安全成为越来越重要的命题。

数据库的不安全因素如下。

1) 非授权用户对数据库的恶意存取和破坏。措施：用户身份鉴别、存取控制和视图等。

2) 数据库中重要或敏感的数据被泄露。措施：强制存取控制、数据加密存储和加密传输等。

3) 安全环境的脆弱性。措施：加强计算机系统的安全性保证，建立完善的可信标准（安全标准）。

5.1.1 数据库安全的内涵

数据库的安全性是指保护数据库，以防止不合法使用造成的数据泄露、更改或损坏。安全性问题不是数据库系统独有的，所有计算机系统都有该问题，只是在数据库系统中大量数据集中存放，而且为许多最终用户直接共享，从而使安全性问题更为突出。系统安全保护措施是否有效是数据库系统的主要指标之一。从系统与数据的关系上，可将数据库安全（DataBase Security）分为数据库的系统安全和数据安全。

1. 系统安全

(1) 计算机系统的安全性问题

1) 技术安全类。采用具有一定安全性的硬件、软件来实现对计算机系统及其所存数据的安全保护。

2）管理安全类。软硬件意外故障，场地的意外事故，计算机设备和数据介质的物理破坏、丢失等安全问题。

3）政策法律类。政府部门建立的有关计算机犯罪、数据安全保密的法律道德准则和政策法规、法令。

（2）可信计算机系统评测标准简介

1）TCSEC：1985 年美国国防部（U. S. Department of Defense，DoD）正式颁布的《DoD 可信计算机系统评估标准》。

2）CC：1993 年 CTCPEC、FC、TCSEC 和 TSEC 联合行动，解决原标准中概念和技术上的差异，将各自独立的准则合成一组单一的、能被广泛使用的 IT 安全准则，这一行动被称为通用准则（Common Criteria，CC）项目。目前，CC 已经取代 TCSEC，成为评估信息产品安全性的主要标准。

根据计算机系统对标准中各项指标的支持情况，TCSEC（TDI）将系统划分为 7 个等级，即 D、C1、C2、B1、B2、B3、A1。其中，C2 级的数据库管理系统支持自主存取控制（Discretionary Access Control，DAC），B1 级的数据库管理系统支持强制存取控制（Mandatory Access Control，MAC）。

D 级：将一切不符合更高标准的系统均归于 D 级。

C1 级（非常初级的自主安全保护）：能够实现对用户和数据的分离，进行自主存取控制，保护或限制用户权限的传播。

C2 级（安全产品的最低档次）：提供受控的存取保护，将 C1 级的自主存取控制进一步细化，以个人身份注册负责，并实施审计和资源隔离。

B1 级（标记安全保护）：对系统的数据加以标记，对标记的主体和客体实施强制存取控制、审计等安全机制。

B2 级（结构化保护）：建立形式化的安全策略模型并对系统内的所有主体和客体实施自主存取控制和强制存取控制。

B3 级（安全域）：该级的 TCB（Trusted Computing Base，可信计算机）必须满足访问监控器的要求，审计跟踪能力更强，并提供系统恢复过程。

A1 级：验证设计，即提供 B3 级保护的同时给出系统的形式化设计说明和验证，以确信各安全保护真正实现。

数据库系统安全主要利用在系统级控制数据库的存取和使用的机制，包含以下内容。

1）系统的安全设置及管理，包括法律法规、政策制度、实体安全等。

2）数据库的访问控制和权限管理。

3）用户的资源限制，包括访问、使用、存取、维护与管理等。

4）系统运行安全及用户可执行的系统操作。

5）数据库审计有效性。

6）用户对象可用的磁盘空间及数量。

数据库的安全性和计算机系统的安全性，包括操作系统、网络系统的安全性是紧密联系、相互支持的。

2. 数据安全

数据库安全的核心和关键是其数据安全。数据安全是指采取保护措施确保数据的完整性、保密性、可用性、可控性和可审查性。由于数据库存储着大量的重要信息和机密数据，而且在数据库系统中大量数据集中存放，供多用户共享，因此必须加强对数据库访问的控制和数据安全防护，即保护数据不被破坏或泄露，不准非法修改，防止不合法的访问或使用。通常采用口令保护和加密等安全技术。

数据安全是在对象级控制数据库的访问、存取、加密、使用、应急处理和审计等机制，包括用户可存取指定的模式对象及在对象上允许做具体操作类型等。数据安全性是数据的拥有者和使用者都十分关心的问题，其涉及法律、道德及计算机系统等诸多因素。这些因素可以分为两大类：一类是与数据库系统本身无直接关系的外部条件，另一类则是数据库系统本身的防御能力。就外部条件而言，它包括将数据按密级分类、控制接触数据的人员、对数据进行检验等一系列恰当的管理方针与保密措施，也包括对计算机物理破坏、设备的安全保卫与防辐射等手段。就数据库系统本身的防御能力而言，它包括数据库系统本身为数据安全提供的各种措施，这些措施具体如下。

1）系统对管理人员提供授权手段以控制对数据库的访问。

2）允许对用户进行分类并授予不同的访问权限。

3）设置口令等方法，当用户进入系统时进行安全检查。

4）采用视图等方法对数据部分隐蔽和数据加密等。

综上所述，数据库安全是指采取各种安全措施对数据库及其相关文件和数据进行保护。数据库系统的重要指标之一是确保系统安全和数据安全，以各种防范措施防止非授权用户使用数据库。数据库系统中一般采用用户标识和鉴别、存取控制、视图及密码存储等技术进行安全控制。

5.1.2　数据库安全性保护层次

一般数据库安全性保护涉及 5 个层次。

1）用户层：侧重用户权限管理及身份认证等，防范非授权用户以各种方式对数据库及数据的非法访问。

2）物理层：系统最外层最容易受到攻击和破坏，主要侧重保护计算机网络系统、网络链路及其网络结点的实体安全。

3）网络层：所有网络数据库系统都允许通过网络进行远程访问，网络层安全性和物理层安全性一样极为重要。

4）操作系统层：在数据库系统中操作系统与 DBMS 交互并协助控制、管理数据库。操作系统安全漏洞和隐患将成为对数据库进行非授权访问的手段。

5）数据库系统层：数据库存储着重要程度和敏感程度不同的各种数据，并为拥有不同授权的用户所共享，数据库系统必须采取授权限制、访问控制、加密和审计等安全措施。

为了确保数据库安全，必须在所有层次上采取安全性保护措施。若较低层次上安全性存在缺陷，则严格的高层安全性措施也可能被绕过而出现安全问题。

可信 DBMS 体系结构分为两类：TCB 子集 DBMS 体系和可信主体 DBMS 体系。

1. TCB 子集 DBMS 体系结构

执行安全机制的 TCB 子集 DBMS 利用位于 DBMS 外部的可信计算机（常为可信操作系统或可信网络），执行对数据库客体的强制访问控制。该体系将多级数据库客体按安全属性分解为单级断片（属性相同的数据库客体属同一断片），分别进行物理隔离存入操作系统客体中。每个操作系统客体的安全属性就是存储于其中的数据库客体的安全属性。之后，TCB对此隔离的单级客体实施强制存取控制。

该体系的最简单方案是将多级数据库分解为单级元素，安全属性相同的元素存在一个单级操作系统客体中。使用时，先初始化一个运行于用户安全级的DBMS进程，通过操作系统实施的强制访问控制策略，DBMS仅访问不超过该级别的客体；之后，DBMS从同一个关系中将元素连接起来，重构成多级元组，返回用户，如图5-1所示。

2. 可信主体DBMS体系结构

该体系结构与上述结构不同，其自身执行强制访问控制，按逻辑结构分解多级数据库，并存储在几个单级操作系统客体中。而每个单级操作系统客体中可同时存储多种级别的数据库客体（如数据库、关系、视图、元组或元素），并与其中最高级别数据库客体的敏感性级别相同。该体系结构的一种简单方案如图5-2所示，DBMS软件仍在可信操作系统上运行，所有对数据库的访问都须经由可信DBMS。

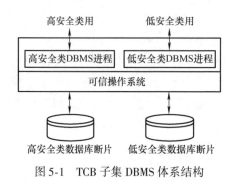

图 5-1　TCB子集DBMS体系结构　　　图 5-2　可信主体DBMS体系结构

5.2　数据库安全性控制方法

DBMS是建立在操作系统之上的，安全的操作系统是数据库安全的前提。操作系统应能保证数据库中的数据必须由DBMS访问，而不允许用户越过DBMS直接通过操作系统访问。数据最后可以通过密码的形式存储到数据库中。这里只讨论与数据库有关的安全性措施，分为用户标识和鉴定、用户存取权限控制、视图机制、数据加密和审计等。

1）用户标识和鉴定：由系统提供一定的方式让用户标识自己的名字或身份。每次用户要求进入系统时，由系统进行核对，通过鉴定后才提供系统的使用权。

2）用户存取权限控制：通过用户权限定义和合法权检查确保只有合法权限的用户访问数据库，所有未被授权的人员无法存取数据。例如，C2级中的自主存取控制、B1级中的强制存取控制等。

3）视图机制：为不同的用户定义视图，通过视图机制把要保密的数据对无权存取的用户隐藏起来，从而自动地对数据提供一定程度的安全保护。

4）数据加密：对存储和传输的数据进行加密处理，从而使得不知道解密算法的人无法获知数据的内容。

5）审计：建立审计日志，把用户对数据库的所有操作自动记录下来存入审计日志中。数据库管理员可以利用审计跟踪的信息，重现导致数据库现有状况的一系列事件，找出非法存取数据的人、时间和内容等。

5.2.1　用户标识和鉴定

身份鉴别是数据库管理系统提供的最外层安全保护措施。每个用户在系统中都有一个用户标识，每个用户标识都由用户名和用户标识号（UID）两部分组成，UID 在系统的整个生命周期内是唯一的，系统内部记录着所有合法用户的标识。系统鉴别是指系统提供一定的方式让用户表明自己的名字或身份。每次用户要求进入系统时，由系统进行核对，通过鉴定后才提供使用数据库管理系统的权限。也就是说，系统用户可以访问数据库，非系统用户禁止访问数据库。

一般来说，作为身份认证的信息可以分为 3 类，即用户知道的信息、用户持有的信息和用户的特征。例如，口令属于用户知道的信息，智能卡属于用户持有的信息，指纹则属于用户的特征。利用这 3 类身份认证信息中的任何一类均可建立用户身份的认证机制。当然，同时利用 2 种或 3 种信息的组合来作为身份认证机制会进一步增强认证机制的有效性和强壮性。

用户身份鉴别方法如下。

1）静态口令鉴别：静态口令一般由用户自己设定，这些口令是静态不变的。静态口令鉴别是目前常用的鉴别方法，相当于设置用户的密码。

优缺点：简单，容易被攻击，安全性较低。

2）动态口令鉴别：口令是动态变化的，每次鉴别时均需使用动态产生的新口令登录数据库管理系统，即采用一次一密的方法。用户在登录系统前就会获取新口令，相当于短信验证码或者动态令牌。

优缺点：增加口令被窃取或破解的难度，安全性相对较高。

3）生物特征鉴别：通过生物特征进行认证的技术，如图像处理和模式识别等技术，相当于指纹识别或者脸部识别等。

优缺点：产生质的飞跃，安全性较高。

4）智能卡鉴别：智能卡是一种不可复制的硬件，内置集成电路的芯片，具有硬件加密功能。实际应用中，智能卡一般采用个人身份识别码（PIN）和智能卡相结合的方式。

优缺点：智能卡有良好的机器读写能力、较大的存储容量及更好的安全防范技术。

5.2.2　用户存取权限控制

数据库安全最重要的一点就是确保只授权给有资格的用户访问数据库的权限，同时令所有未授权的人员无法接近数据，这主要通过数据库系统存取控制机制实现。

存取控制机制主要包括定义用户权限，并将用户权限登记到数据字典中和合法权限检查。这两种机制一起组成数据库管理系统的存取控制子系统。

存取权限由两个要素组成：数据对象和操作类型。定义一个用户的存取权限就是要定义该用户可以在哪些数据对象上进行哪些类型的操作。定义用户存取权限称为授权。权限可以分为系统权限和对象权限两种，系统权限是由数据库管理员授予某些数据库用户能够对数据库系统进行某种特定操作的权利，如创建一个基本表（CREATE TABLE）。只有得到系统权限，才能成为数据库用户。对象权限可以由数据库管理员授予，也可以由基本表、视图等数据对象的创建者授予，使数据库用户具有对某些数据对象进行某些操作的权限，如查询（SELECT）、添加（INSERT）、修改（UPDATE）和删除（DELETE）等操作。

在系统初始化时，系统中至少有一个具有数据库管理员权限的用户，数据库管理员可以通过 GRANT 语句将系统权限或对象权限授予其他用户，并可以通过 REVOKE 语句收回所授予的权限。

角色是多种权限的集合，可以把角色授予用户或其他角色，这样可以避免许多重复性的工作，简化了数据库用户的权限管理工作。

存取控制分为两类：自主存取控制和强制存取控制。这两类存取控制的简单定义如下。

1）在自主存取控制方法中，用户对于不同的数据库对象有不同的存取权限，不同的用户对同一对象也有不同的权限，而且用户还可将其拥有的存取权限转授给其他用户，因此自主存取控制非常灵活。

2）在强制存取控制方法中，每一个数据库对象被标以一定的密级，每一个用户也被授予某一个级别的许可证。对于任意一个对象，只有具有合法许可证的用户才可以存取。因此，强制存取控制相对比较严格。

例如，C2 级的数据库管理系统支持自主存取控制，B1 级的数据库管理系统支持强制存取控制。

在商业环境中，会经常遇到自主访问控制机制，由于它易于扩展和理解，因此大多数系统仅基于自主访问控制机制来实现访问控制，如主流操作系统（Windows NT Server、UNIX 系统）、防火墙等。强制访问控制和自主访问控制有时会结合使用。例如，系统可能首先执行强制访问控制来检查用户是否有权限访问一个文件组（这种保护是强制的，即这些策略不能被用户更改），然后针对该文件组中的各个文件制定相关的访问控制列表（自主访问控制策略）。

1. 自主存取控制

（1）自主存取控制规则　自主存取控制规则如表 5-1 所示。

表 5-1　自主存取控制规则

自主存取控制	用户对不同的数据对象有不同的存取权限
	不同的用户对同一对象也有不同的权限
	用户还可将其拥有的存取权限转授给其他用户

（2）自主存取控制方法　自主存取控制方法主要通过 SQL 的 GRANT 语句和 REVOKE 语句来实现。

在非关系数据库系统中，用户只能对数据进行操作，存取控制的数据库对象也仅限于数据本身；在关系数据库系统中，存取控制的对象不仅有数据本身（基本表中的数据、属性列上的数据），还有数据库模式（模式/库、基本表、视图和索引的创建等），如表 5-2 所示。

表 5-2　关系数据库存取权限

对象类型	对象	操作类型
数据库	模式/库	CREATE DATABASE
	基本表	CREATE TABLE、ALTER TABLE
	视图	CREATE VIEW
	索引	CREATE INDEX
数据	基本表和视图	SELECT、INSERT、UPDATE、DELETE、REFERENCES、ALL PRIVILEGES
	属性列	SELECT、INSERT、UPDATE、REFERENCES、ALL PRIVILEGES

注：在授予用户列 INSERT 权限时，一定要包含主码的 INSERT 权限，否则用户的插入动作会因为主码为空而被拒绝。

SQL 中使用 GRANT（授予权限）和 REVOKE（收回已授予的权限）语句向用户授予或收回对数据的操作权限。

1）GRANT 语句。

GRANT 语句语法格式如下：

```
GRANT <权限>[,<权限>]…
ON <对象类型> <对象名>[,<对象类型> <对象名>]…
TO <用户>[,<用户>]…[WITH GRANT OPTION];
```

例句：

```
GRANT SELECT(权限)ON TABLE SC(表名)TO USER(用户名);
```

语义：将对指定操作对象的指定操作权限授予指定的用户。可以由数据库管理员、数据库对象创建者（属主 owner），也可以是已经获得该权限的用户来授予指定用户操作权限。接受权限的用户可以是一个或多个具体用户，也可以是全体用户（PUBLIC）。WITN GRANT OPTION 就是获得某种权限的用户还可以将权限授予其他用户。如果没有 WITH GRANT OPTION 就代表只能使用该权限，不能传播。

SQL 标准允许具有 WITH GRANT OPTION 的用户把相应权限或其子集传递授予其他用户，但不允许循环授权，即被授权者不能把权限再授回给授权者或其祖先。

【例 5-1】　把查询 Student 表的权限授予用户 U1。

```
GRANT SELECT
ON TABLE Student
TO U1;
```

【例 5-2】　把对 Student 表和 Course 表的全部操作权限授予用户 U2 和 U3。

```
TRANT ALL PRIVILEGES
ON TABLE Student,Course
TO U2,U3;
```

【例 5-3】　把对表 SC 的查询权限授予所有用户。

```
GRANT SELECT
ON TABLE SC
```

153

```
TO PUBLIC;
```

【例 5-4】 把查询 Student 表和修改学生学号的权限授予用户 U4。

```
GRANT UPDATE(Sno),SELECT
ON TABLE Student
TO U4;
```

这里实际上要授予 U4 用户的是对基本表 Student 的 SELECT 权限和对属性列 Sno 的 UP-DATE 权限。

另外，对属性列授权时必须明确指出相应的属性列名。

【例 5-5】 把对表 SC 中的 Sno、Cno 的 Insert 权限授予 U5 用户。

```
GRANT INSERT(Sno,Cno)
ON SC
TO U5;
```

【例 5-6】 把对表 SC 的 insert 权限授予用户 U5，并允许将此权限再授予其他用户。

```
GRANT INSERT
ON TABLE SC
TO U5
WITH GRANT OPTION;
```

2）REVOKE 语句。

```
REVOKE 语句语法格式如下：
REVOKE <权限>[,<权限>]…
ON <对象类型><对象名>[,<对象类型><对象名>]…
FROM<用户>[,<用户>]…[CASCADE|RESTRICT];
```

例句：

```
REVOKE SELECT(权限)ON TABLE SC(表名)FROM USER(用户名);
```

注意：使用该语句的为数据库管理员或其他授权者。

这里默认为 CASCADE，即没有自动执行级联操作，只是收回了该用户的权限，该用户授予其他用户的权限保留。如果使用 RESTRICT，就是收回该用户及该用户授予权限的用户的权限。

综上所述，用户可以"自主"地决定将数据的存取权限授予何人，决定是否也将"授权"的权限授予别人，这样的存取控制就是自主存取控制。

【例 5-7】 收回用户 U4 修改学生信息的权限。

```
REVOKE UPDATE(Sno)
ON TABLE Student
FROM U4;
```

【例 5-8】 收回所有用户对表 SC 的查询权限。

```
REVOKE SELECT
ON TABLE SC
```

```
from public;
```

【例 5-9】　收回用户 U5 对表 SC 的 Insert 权限。

```
REVOKE INSERT
ON TABLE SC
FROM U5 CASCADE;
```

在收回用户 U5 的 Insert 权限时，级联收回该用户授予其他用户的 Insert 权限。

注意：一般默认值为 CASCADE，有的数据库管理系统默认值是 RESTRICT，将自动执行级联操作。如果级联用户还从其他用户处获得对 SC 表的 INSERT 权限，则他们仍具有此权限，系统只收回直接或间接从 U5 处获得的权限。

（3）创建数据库模式的权限　GRANT 和 REVOKE 语句向用户授予或收回对数据的操作权限。对创建数据库模式一类的数据库对象的授权由数据库管理员在创建用户时实现。只有系统的超级用户才可以创建一个新的数据库用户。

创建数据库用户的语法格式如下：

```
CREATE USER [WITH][DBA |RESOURCE |CONNECT];
```

对 CREATE USER 语句的说明如下。

新创建的数据库用户有 3 种权限：CONNECT、RESOURCE 和 DBA。CREATE USER 语句中如果没有指定创建新用户的权限，则默认该用户拥有 CONNECT 权限。

拥有 CONNECT 权限的用户不能创建新用户，不能创建模式，也不能建立基本表，只能登录数据库。由数据库管理员或其他用户授予拥有 CONNECT 权限的用户应有的权限，根据获得的授权情况，其可以对数据库对象进行权限范围内的操作。

拥有 RESOURCE 权限的用户能创建基本表和视图，成为所创建对象的属主，但不能创建模式，不能创建新的用户。数据库对象的属主可以使用 GRANT 语句把该对象上的存取权限授予其他用户。拥有 DBA 权限的用户是系统中的超级用户，可以创建新的用户、模式、常见基本表和视图等；DBA 拥有对所有数据库对象的存取权限，还可以把这些权限授予一般用户。3 种权限范围如表 5-3 所示。

表 5-3　CONNECT、RESOURCE 和 DBA 的权限范围

拥有的权限	可否执行的操作			
	CREATE USER	CREATE DATABASE	CREATE TABLE	登录数据库，执行数据查询和操作
DBA	可以	可以	可以	可以
RESOURCE	不可以	不可以	不可以	不可以
CONNECT	不可以	不可以	不可以	可以，但必须拥有相应权限

需要注意的是，CREATE USER 语句不是 SQL 标准，因此不同的关系数据库管理系统的语法和内容相差甚远。这里介绍该语句的目的是说明对于数据库模式这一类数据对象也有安全控制的需要，也是要授权的。

创建登录用户的一般语法格式如下：

```
CREATE LOGIN LOGIN_NAME WITH PASSWORD = "";
```

数据库用户是数据库级别上的用户，普通用户登录后只能连接到数据库服务器上，不具有访问数据库的权限，只有成为数据库用户后才能访问此数据库。数据库用户一般都来自服务器上已有的登录账户，让登录账户成为数据库用户的操作称为映射，一个登录账户可以映射多个数据库用户。默认情况下，新建的数据库中已有一个用户：dbo。

其删除格式如下：

```
DROP LOGIN LOGIN_NAME;
```

【例 5-10】 创建数据库用户并将其映射到登录账户上。

```
CREATE USER USER_NAME FOR/FROM LOGIN LOGIN_NAME
```

【例 5-11】 删除数据库用户。

```
DROP USER USER_NAME
```

【例 5-12】 创建两个登录账户 jack、kitty，密码都为 123456。

```
CREATE LOGIN jack WITH PASSWORD = "123456"
CREATE LOGIN kitty WITH PASSWORD = "123456"
```

【例 5-13】 创建 EDUC 的数据库用户 jack_educ、kitty_educ，分别映射到上述两个登录账户上。

```
USE EDUC
CREATE USER jack_educ FOR LOGIN JACK
CREATE USER kitty_educ FOR LOGIN KITTY
```

【例 5-14】 建立 spj 的数据库用户 jack_spj，映射到 jack 登录账户上。

```
USE SPJ
CREATE USER jack_spj FOR LOGIN jack
```

【例 5-15】 把对表 SC 的 INSERT 权限授予 E1 用户，并允许其将此权限授予其他用户。

```
GRANT INSERT
ON SC
TO E1
WITH GRANT OPTION;
```

【例 5-16】 E1 用户把 SC 表的 INSERT 权限授予 E2，并允许其将此权限授予其他用户。

```
EXECUTE AS USER = 'E1';
GRANT INSERT
ON SC
TO E2
WITH GRANT OPTION;
```

【例 5-17】 E2 用户把 SC 表的 INSERT 权限授予 E3，不允许其将此权限授予其他用户。

```
REVERT
EXECUTE AS USER = 'E2';
```

```
GRANT INSERT
ON SC
TO E3
```

不同的用户之间还可以彼此切换，以满足对不同用户授予不同权限的需求。

【例 5-18】 输出当前用户。

```
PRINT USER
```

【例 5-19】 转到用户 jack_educ 下。

```
EXECUTE AS USER = 'jack_educ'
PRINT USER
```

【例 5-20】 转到 dbo 下。

```
REVERT PRINT USER
```

REVERT 表示返回上一用户，此时已经是 dbo 用户，后面的 PRINT USER 用来显示当前用户。

注意：一般用户之间无法直接切换，需要转回 dbo 用户后才可切换至其他用户。下面举一些有关用户权限的示例。

【例 5-21】 把对表 SC 的 INSERT 权限授予 E1 用户，并允许其再将此权限授予其他用户。

```
GRANT INSERT
ON SC
TO E1
WITH GRANT OPTION;
```

【例 5-22】 E1 用户把对 SC 表的 INTERST 权限授予 E2，并可以传播。

```
EXECUTE AS USER = 'E1'
GRANT INSERT
ON SC
TO E2
WITH GRANT OPTION;
```

【例 5-23】 E2 用户把对 SC 表的 INSERT 权限授予 E3，不可传播。

```
REVERT
EXECUTE AS USER = 'E2'
GRANT INSERT
ON SC
TO E3;
```

（4）**数据库角色**　数据库角色是被命名的一组与数据库操作相关的权限，角色是权限的集合。可以为一组具有相同权限的用户创建一个角色，使用角色管理数据库权限可以简化授权的过程。

1）角色创建。

```
CREATE  ROLE <角色名 >
```

创建的角色是空的，没有实际内容。

2）角色授权。

```
GRANT <权限>[,<权限>] On <对象类型>对象名 TO <角色> [,<角色>]
```

可以将权限授予一个或几个角色。

3）将一个角色授予其他的角色或用户。

```
GRANT <角色1>[,<角色2>]…
TO <角色3>[,<用户1>]…
[WITH ADMIN OPTION];
```

指定了 WITN ADMIN OPTION 子句，则获得某种权限的角色或用户还可以把这种权限再授予其他角色，角色3拥有角色1和角色2的所有权限。一个角色包含的权限包括直接授予该角色的全部权限加上其他角色授予该角色的全部权限。

4）角色权限的收回。

```
REVOKE <权限>[,<权限>]…
ON <对象类型> <对象名>
FROM <角色>[,<角色>]…
```

用户可以回收角色的权限，从而修改角色拥有的权限。

【例5-24】 创建一个角色R1。

```
CREATE   ROLE   R1;
```

【例5-25】 在例5-24的基础上使用 GRANT 语句，使角色R1拥有 Student 表的 SE-LECT、UPDATE、INSERT 权限。

```
GRANT SELECT,UPDATE,INSERT  ON  TABLE  Student  TO  R1;
```

【例5-26】 将例5-25中的角色授予王平、张明、赵玲，使他们具有角色R1包含的全部权限。

```
GRANT   R1   TO 王平,张明,赵玲;
```

【例5-27】 一次性通过R1回收王平的这3个权限。

```
REVOKE R1 FROM 王平;
```

【例5-28】 授予张明对 Student 表的 DELETE 权限。

```
GRANT DELETE ON TABLE Student TO 张明;
```

【例5-29】 收回赵玲对 Student 表的 INSERT 权限。

```
REVOKE INSERT ON TABLE Student FROM 赵玲;
```

2. 强制存取控制

（1）自主存取控制存在的问题 自主存取控制能够通过授权机制有效地控制对敏感数据的存取，但是由于用户对数据的存取权限是自主的，可以自由授权，因此会导致安全性降低。例如，用户 A 将自己权限内的数据存取权转授给用户 B，本来只是允许用户 B 本人操作这些数据，但是用户 B 复制了这些数据，并在未征得用户 A 的同意情况下传播副本给用户 C，这就可能导致数据不安全。在自主存取控制中，系统只是根据用户对数据库对象的存取权限来进行安全控制，而没有考虑数据库对象本身的安全等。自主存取控制不能阻止副本的非授权传播，因此需要对系统控制下的所有主客体实施强制存取控制策略。

（2）强制存取控制概念及方法　强制存取控制是指系统为保证更高程度的安全性，按照 TDI/TCSEC 标准中的安全策略的要求所采取的强制存取检查手段。它不是用户能直接感知或进行控制的。强制存取控制适用于那些数据有严格而固定密级分类的部门（军事部门或政府等）。强制存取控制规则如表 5-4 所示。

表 5-4　强制存取控制规则

强制存取控制	每一个数据对象被标以一定的密级
	每一个用户也被授予某一个级别的许可证
	对于任意一个对象，只有具有合法许可证的用户才可以存取

在强制存取控制中，数据库管理系统管理的全部实体被分为主体和客体两大类。

1）主体是系统中的活动实体，既包含数据库管理系统管理的实际用户，也包含代表用户的各进程。

2）客体是系统中的被动实体，是受主体操纵的，包括文件、基本表、索引、视图等。数据库管理系统为主体和客体每个实例（值）指派一个敏感标记（label）。label 分为绝密（TS）、机密（S）、可信（C）、公开（P）。主体的敏感度标记称为许可证级别，客体的敏感度标记称为密级。强制存取控制机制就是通过对比主体的敏感度标记和客体的敏感度标记，最终确定主体是否能够存取客体。

当某一用户（或某一主体）以标记 label 注册进入系统时，系统要求他对任何客体的存取要遵循如下规则。

1）仅当主体的许可证级别大于或等于客体的密级时，该主体才能读取相应的客体。

2）仅当主体的许可证级别小于或等于客体的密级时，该主体才能写相应的客体。

规则 1）比较容易理解，这里仅解释规则 2）。按照规则 2），用户可以为写入的对象赋予高于自己的许可证级别的密级，这样一旦数据被写入，该用户自己也不能再读该数据对象。如果违反了规则 2），就有可能把数据的密级从高流向低，造成数据的泄露。例如，某个 TS 密级的主体把一个密级为 TS 的数据恶意地降为密级 P，然后把它写回，这样原来的 TS 密级的数据其他用户也可以读到，造成 TS 密级数据的泄露。

强制存取控制是对数据本身进行密级标记，无论数据如何复制，标记与数据都是一个不可分的整体，只有符合密级标记要求的用户才可以操作数据，从而提供了更高级别的安全性。较高安全性级别提供的安全保护要包含较低级别的所有保护，因此在实现强制存取控制时要首先实现自主存取控制，即自主存取控制与强制存取控制共同构成数据库管理系统的安全机制，如图 5-3 所示。

系统首先进行自主存取控制检查，对通过自主存

图 5-3　数据库管理系统的安全机制

取控制检查的允许存取的数据库对象再由系统自动进行强制存取控制检查，只有通过强制存取控制检查的数据库对象方可存取。

5.2.3 视图机制

视图机制是为不同用户定义不同的视图，把数据对象限制在一定的范围内。也就是说，通过视图机制把要保密的数据对无权存取的用户隐藏起来，从而自动对数据提供一定程度的安全保护。

1. 关系的类型

1）基本表：实际存储数据的逻辑表示。

2）查询表：查询结果对应的表。

3）视图表：是虚表，由基本表或其他视图导出，不对应实际的存储结构。数据库中只存放关于视图的定义，视图就像是一个窗口，通过它可以看到数据库中自己感兴趣的数据及其变化。

2. 视图的作用

1）视图隐藏了底层的表结构，简化了数据访问操作，客户端不再需要知道底层表的结构及其之间的关系。

2）视图提供了一个统一访问数据的接口（可以允许用户通过视图访问数据的安全机制，而不授予用户直接访问底层表的权限），从而加强了安全性，使用户只能看到视图显示的数据。

3）视图还可以被嵌套，一个视图中可以嵌套另一个视图。

3. 创建视图

创建视图的语句如下：

```
CREATE [ OR ALTER ]VIEW[ SCHEMA_NANE . ]VIEW_NANE [(COLUMN [ ,…N ])] 2 [ WITH <
VIEW_ATTRIBUTE > [ ,…N ]]
ASSELECT_STATEMENT
[ WITH CHECK OPTION ]
[ ; ]
<VIEW_ATTRIBUTE > :: =
{
[ ENCRYPTION ]
[ SCHEMABINDING ]
[ VIEW_METADATA ]
}
< SELECT_STATEMENT > :: =
[ WITH <COMMON_TABLE_EXPRESSION > [ ,…N ]]
SELECT <SELECT_CRITERIA >
```

1）schema_name：视图所有者的名称，一般为 dbo（指定视图所有者名称是可选的）。

2）view_name：视图的名称。

3）column：视图中用于列的名称。[（Column1，Column2，…)]：可选项，缺省时，为

子查询结果中的字段名。

4）AS：指定视图要执行的操作。

5）select_statement：定义视图的 SELECT 语句。该语句可以使用多个表和其他视图。

6）ENCRYPTION：对 sys. syscomments 表中包含 CREATE VIEW 语句文本的条目进行加密。加密之后不可修改。使用 WITH ENCRYPTION 可以防止将视图作为 SQL Server 复制的一部分进行发布。

7）SCHEMABINDING：将视图绑定到底层所应用到的表。指定 SCHEMABINDING 时，不能以影响视图定义的方式修改表。必须首先修改或删除视图定义，以删除要修改的表的依赖关系。如果指定了 SCHEMABINDING，则不能按照将影响视图定义的方式修改基表，必须首先修改或删除视图定义本身，才能删除将要修改的表的依赖关系。

8）VIEW_METADATA：当使用 WITH VIEW_METADATA 创建视图时，返回的是视图的元数据；否则返回的元数据是视图所引用表的元数据。

4. 删除视图

```
DROP VIEW VIEW_NAME  CASCADE; /* 联级删除视图* /
```

5. 查询视图

查询视图的方法与查询基本表类似，其具体内部过程为如下：首先查看视图是否存在，如果存在，则从数据字典中取出视图的定义，把定义中的子查询与用户的查询结合起来，换成等价的对基本表的查询，再执行查询基本表。

6. 更新视图

更新视图相当于更新了基本表，但并不是所有的视图都可以更新，有下列情况时不能更新视图。

1）由两个以上基本表导出。

2）视图字段来自字段表达式或常数，不能执行 UPDATE 和 INSERT，但可以执行 DELETE。

3）视图字段来自聚集函数。

4）视图定义中含有 GROUP BY 或 DISTINCT 或嵌套查询，并且内层查询的 FROM 字句中涉及的表也是导出该视图的基本表。

视图机制的主要功能是提供数据独立性，并间接地实现支持存取谓词的用户权限定义。例如，在某大学中假定王平老师只能检索计算机系学生的信息，系主任张明具有检索和增删计算机系学生信息的所有权限，这就要求系统能支持存取谓词的用户权限定义。

在不直接支持存取谓词的系统中，可以先建立计算机系学生的视图 CS_Student，然后在视图上进一步定义存取权限。

【例 5-30】 建立视图 CS_Student。

```
CREATE VIEW CS_Student
AS SELECT *
FROM Student
WHERE Sdept = 'CS';
```

【例 5-31】 王平老师只能检索计算机系学生的信息。

```
GRANT SELECT
ON CS_Student
TO 王平;
```

【例5-32】 系主任张明具有检索和增删改计算机系学生信息的所有权限。

```
GRANT ALL PRIVILEGES
ON CS_Student
TO 张明;
```

7. 视图机制的特点

（1）优点

1）简单性。视图不仅可以简化用户对数据的理解，也可以简化用户的操作。那些被经常使用的查询可以被定义为视图，从而使用户不必为以后的操作每次都指定全部条件。

2）安全性。通过视图用户只能查询和修改他们所能见到的数据，数据库中的其他数据则既看不见也取不到。数据库授权命令可以使每个用户对数据库的检索限制到特定的数据库对象上，但不能授权到数据库特定行和特定列上。通过视图，用户可以被限制在数据库的不同子集上。

3）逻辑数据独立性。视图可以使应用程序和数据库表在一定程度上独立。如果没有视图，应用一定是建立在表上的；有了视图之后，程序可以建立在视图之上，从而使程序与数据库表被视图分割开来。

（2）缺点

1）性能。SQL Server 必须把视图的查询转化成对基本表的查询，如果该视图由一个复杂得多表查询所定义，那么即使是视图的一个简单查询，SQL Server 也把它变成一个复杂的结合体，需要花费一定的时间。

2）修改限制。当用户试图修改视图的某些行时，SQL Server 必须把它转化为对基本表的某些行的修改。对于简单视图来说，这很方便；但是，对于比较复杂的视图，可能是不可修改的。

（3）创建视图的限制

1）SELECT 语句不能包含 FROM 子句中的子查询。

2）SELECT 语句不能引用系统或用户变量。

3）SELECT 语句不能引用预处理语句参数。

4）在存储子程序内，定义不能引用子程序参数或局部变量。

5）在定义中引用的表或视图必须存在。但是，创建了视图后，能够舍弃定义引用的表或视图。要想检查视图定义是否存在这类问题，可使用 CHECK TABLE 语句。

6）在定义中不能引用 TEMPORARY 表、不能创建 TEMPORARY 视图。

7）在视图定义中命名的表必须已存在。

8）不能将触发程序与视图关联在一起。

5.2.4 审计

实际上任何系统的安全性措施都不是绝对可靠的，对于某些高度敏感的保密数据，必须以审计作为预防手段。审计功能是一种监视措施，它跟踪记录有关数据的访问活动。使用审计功能把用户对数据库的所有操作自动记录下来，存放在一个特殊文件中，即审计日志（Audit Log）中。利用这些信息，可以重现导致数据库现有状况的一系列事件，以进一步找出非法存取数据的人、时间和内容等。由于使用审计功能会大大增加系统开销，因此 DBMS 通常将其作为可选特征，并提供相应的操作语句，可灵活地打开或关闭审计功能。

前面介绍的用户身份鉴别、存取控制是数据库安全保护的重要技术，但不是全部。为了使数据库管理系统达到一定的安全级别，还需要在其他方面提供相应的支持。审计功能就是数据库管理系统达到 C2 以上安全级别必不可少的一项指标，如图 5-4 所示。

图 5-4　数据库安全性控制措施

审计通常很浪费时间和空间，所以数据库管理系统往往都将审计设置为可选特征，允许数据库管理员根据具体应用对安全性的要求灵活地打开或关闭审计功能。审计功能主要用于安全性要求较高的部门。

1. 审计事件

审计事件一般有多个类别，如服务器事件（审计数据库服务器发生的事件，包含数据库服务器的启动、停止及数据库服务器配置文件的重新加载）、系统权限（对系统拥有的结构或模式对象进行操作的审计，要求该操作的权限是通过系统权限获得的）、语句事件（对 SQL 语句及 DCL 语句的审计）、模式对象事件（对特定模式对象上进行的 SELECT 或 DML 操作的审计。模式对象包括表、视图、存储过程、函数等，不包括依附于表的索引、约束、触发器、分区表等）。

2. 审计功能

审计功能主要包括：基本功能（提供多种审计查阅方式：基本的、可选的等），提供多套审计规则（审计规则一般在数据库初始化时设定，以方便审计员管理），提供审计分析和报表功能、审计日志管理功能（包括为防止审计员误删审计记录，审计日志必须先转储后删除；对转储的审计记录文件提供完整性和保密性保护等）提供查询审计设置及审计记录信息的专门视图。

3. AUDIT 语句和 NOAUDIT 语句

使用 AUDIT 语句设置审计功能，使用 NOAUDIT 语句取消审计功能。

审计一般可以分为用户级审计和系统级审计。用户级审计是任何用户可设置的审计，主要是用户针对自己创建的数据库表或视图进行审计，记录所有用户对这些表或视图的一切成功和（或）不成功的访问要求及各种类型的 SQL 操作。系统级审计只能由数据库管理员设置，用以检测成功或失败的登录要求、监测授权和收回操作及其他数据库级权限下的操作。

【例 5-33】　对修改 SC 表结构或修改 SC 表数据的操作进行审计。

```
AUDIT ALTER,UPDATE
  ON SC;
```

【例 5-34】　取消对 SC 表的一切审计。

```
NOAUDIT ALTER,UPDATE
  ON SC;
```

审计设置及审计日志一般存储在数据字典中。必须把审计开关打开（把系统参数 AU-DIT_TEAIL 设为 TEUE），才可以在系统表 SYS_AUDITTRAIL 中查看到审计信息。数据库安全审计系统提供了一种事后检查的安全机制。安全审计机制将特定用户或者特定对象相关的操作记录到系统审计日志中，作为后续对操作的查询分析和追踪的依据。通过审计机制，可以约束用户可能的恶意操作。

5.2.5 数据加密

前面几种数据库安全措施都是防止从数据库系统中窃取保密数据，不能防止通过不正常渠道非法访问数据，如偷取存储数据的硬盘或在通信线路上窃取数据。为了防止此类手段，比较好的办法是对数据加密。

数据加密是防止数据库数据在存储和传输中失密的有效手段。加密的基本思想是根据一定的算法将原始数据——明文变换为不可直接识别的格式——密文，从而使得不知道解密算法的人无法获知数据的内容。图 5-5 所示为数据库管理系统可信传输。

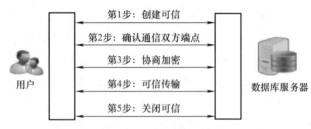

图 5-5　数据库管理系统可信传输

数据加密主要包括存储加密和传输加密。

1. 存储加密

对于存储加密，一般提供透明和非透明两种存储加密方式。透明存储加密是内核级加密保护方式，对用户完全透明；非透明存储加密则通过多个加密函数实现。

透明存储加密是数据在写入磁盘时对数据进行加密，授权用户读取数据时再对其进行解密。由于数据加密对用户透明，因此数据库的应用程序不需要做任何修改，只需在创建表语句中说明需加密的字段即可。当对加密数据进行增、删、改、查操作时，数据库管理系统将自动对数据进行加、解密工作。基于数据库内核的数据存储加密、解密方法性能较好，安全完备性较高。

2. 传输加密

在客户/服务器结构中，数据库用户与服务器之间若采用明文方式传输数据，容易被网络恶意用户截获或篡改，存在安全隐患。因此，为保证两者之间的安全数据交换，数据库管理系统提供了传输加密功能。

常用的传输加密方式有链路加密和端到端加密。其中，链路加密对传输数据在链路层进行加密，其传输信息由报头和报文两部分组成，前者是路由选择信息，而后者是传送的数据信息。这种方式对报文和报头均加密。相对地，端到端加密在发送端和接收端需要密码设备，而中间节点不需要密码设备，因此它所须密码设备数量相对较少。但端到端加密不加密报头，从而容易被非法监听者发现并从中获取敏感信息。

下面介绍一种基于安全套接层协议的数据库管理系统可信传输方案，其采用的是端到端的传输加密方式。在该方案中，通信双方协商建立可信连接，一次会话采用一个密钥，传输数据在发送端加密，接收端解密，有效降低了重放攻击和恶意篡改的风险。此外，出于易用性考虑，该方案的通信加密还对应用程序透明。该方案实现思路如下。

1）确信通信双方端点的可靠性。数据库管理系统采用基于数字证书的服务器和客户端认证方式实现通信双方的可靠性确认。用户和服务器各自持有由知名数字证书认证中心或企业内建 CA 颁发的数字证书，双方在进行通信时均首先向对方提供己方证书，然后使用本地的 CA 信任列表和证书撤销列表对接收到的对方证书进行验证，以确保证书的合法性和有效性，进而保证对方确系通信的目的端。

2）协商加密算法和密钥。确认双方端点的可靠性后，通信双方协商本次会话的加密算法与密钥。在该过程中，通信双方利用公钥基础设施方式保证了服务器和客户端的协商过程通信的安全可靠。

3）可信数据传输。在加密算法和密钥协商完成后，通信双方开始进行业务数据交换。与普通通信路径不同的是，这些业务数据在被发送之前将被用某一组特定的密钥进行加密和信息摘要计算，以密文形式在网络上传输。当业务数据被接收时，需用同一组特定的密钥进行解密和摘要计算。特定的密钥是由先前通信双方磋商决定的，为且仅为双方共享，通常称之为会话密钥。第三方即使窃取传输密文，因无会话密钥也无法识别密文信息。第三方对密文进行的任何篡改，均将会被真实的接收方通过摘要算法识破。另外，会话密钥的生命周期仅限于本次通信，理论上每次通信所采用的会话密钥将不同，因此避免了使用固定密钥而引起的密钥存储类问题。

数据库加密使用已有的密码技术和算法对数据库中存储的数据和传输的数据进行保护。加密后数据的安全性能够进一步提高，即使攻击者获取数据源文件，也很难获取原始数据。但是，数据库加密增加了查询处理的复杂性，查询效率会受到影响。加密数据的密钥的管理和数据加密对应用程序的影响也是数据加密过程中需要考虑的问题。

由于数据库在操作系统中以文件形式管理，因此入侵者可以直接利用操作系统的漏洞窃取数据库文件或者篡改数据库文件内容。另外，数据库管理员可以任意访问所有数据，往往超出了其职责范围，同样造成安全隐患。因此，数据库的保密问题不仅包括在传输过程中采用加密保护和控制非法访问，还包括对存储的敏感数据进行加密保护，使得即使数据不幸泄露或者丢失，也难以造成泄密。同时，数据库加密可以由用户用自己的密钥加密自己的敏感信息，而不需要了解数据内容的数据库管理员无法进行正常解密，从而可以实现个性化的用户隐私保护。

对数据库加密必然会带来数据存储与索引、密钥分配和管理等一系列问题，同时加密也会显著地降低数据库的访问与运行效率。保密性与可用性之间不可避免地存在冲突，需要妥善解决两者之间的矛盾。

数据库中存储密文数据后，如何进行高效查询成为一个重要的问题。查询语句一般不可以直接运用到密文数据库的查询过程中，一般的方法是首先解密加密数据，然后查询解密数据。但由于要对整个数据库或数据表进行解密操作，因此开销巨大。在实际操作中，需要通过有效的查询策略来直接执行密文查询或较小粒度的快速解密。

一般来说，一个好的数据库加密系统应该满足以下几个方面的要求。

1）足够的加密强度，保证长时间且大量数据不被破译。

2）加密后的数据库存储量没有明显增加。

3）加解密速度足够快，影响数据操作响应时间尽量短。

4）加解密对数据库的合法用户操作（如数据的增、删、改等）是透明的。

5）灵活的密钥管理机制，加解密密钥存储安全，使用方便可靠。

3. 数据库加密的实现机制

数据库加密的实现机制主要研究执行加密部件在数据库系统中所处的层次和位置，通过对比各种体系结构的运行效率、可扩展性和安全性，以求得最佳的系统结构。

按照加密部件与数据库系统的不同关系，数据库加密机制可以从大的方面分为库内加密和库外加密。

（1）库内加密 库内加密是在 DBMS 内核层实现加密，加解密过程对用户与应用透明，数据在物理存取之前完成加解密工作。

这种方式的优点是加密功能强，并且加密功能集成为 DBMS 的功能，可以实现加密功能与 DBMS 之间的无缝耦合。对于数据库应用来说，库内加密方式是完全透明的。

库内加密方式的主要缺点如下。

1）对系统性能影响比较大，DBMS 除了完成正常的功能外，还要进行加解密运算，从而加重了数据库服务器的负载。

2）密钥管理风险大，加密密钥与库数据保存在服务器中，其安全性依赖于 DBMS 的访问控制机制。

3）加密功能依赖于数据库厂商的支持，DBMS 一般只提供有限的加密算法与强度，用户自主性受限。

（2）库外加密 在库外加密方式中，加解密过程发生在 DBMS 之外，DBMS 管理的是密文。加解密过程大多在客户端实现，也有的由专门的加密服务器或硬件完成。

与库内加密方式相比，库外加密的明显优点如下。

1）由于加解密过程在客户端或专门的加密服务器实现，因此减少了数据库服务器与 DBMS 的运行负担。

2）可以将加密密钥与所加密的数据分开保存，提高了安全性。

3）由客户端与服务器配合，可以实现端到端的网上密文传输。

库外加密的主要缺点是加密后的数据库功能受到一些限制，如加密后的数据无法正常索引。同时，数据加密后也会破坏原有的关系数据的完整性与一致性，这些都会给数据库应用带来影响。

在目前新兴的外包数据库服务模式中，数据库服务器由非可信的第三方提供，仅用来运行标准的 DBMS，要求加密解密都在客户端完成。因此，库外加密方式受到越来越多研究者的关注。

4. 数据库加密的粒度

一般来说，数据库加密的粒度可以有 4 种，即表、属性、记录和数据元素。不同加密粒度的特点不同，总的来说，加密粒度越小，则灵活性越好且安全性越高，但实现技术也更为复杂，对系统的运行效率影响也越大。

（1）表加密 表加密的对象是整个表，这种加密方法类似于操作系统中文件加密的方法，即每个表与不同的表密钥运算，形成密文后存储。这种方式最为简单，但因为对表中任何记录或数据项的访问都需要将其所在表的所有数据快速解密，所以执行效率很低，浪费了大量的系统资源。在目前的实际应用中，这种方法基本已被放弃。

（2）属性加密　属性加密又称为域加密或字段加密，即以表中的列为单位进行加密。一般而言，属性的个数少于记录的条数，需要的密钥数相对较少。如果只有少数属性需要加密，则属性加密是可选的方法。

（3）记录加密　记录加密是把表中的一条记录作为加密的单位，当数据库中需要加密的记录数比较少时，采用这种方法是比较好的。

（4）数据元素加密　数据元素加密是以记录中每个字段的值为单位进行加密，数据元素是数据库中最小的加密粒度。采用这种加密粒度，系统的安全性与灵活性最高，同时实现技术也最为复杂。不同的数据项使用不同的密钥，相同的明文形成不同的密文，抗攻击能力得到提高。其不利的方面是，该方法需要引入大量的密钥，一般要周密设计自动生成密钥的算法，密钥管理的复杂度大大增加，同时系统效率也受到影响。

在目前条件下，为了得到较高的安全性和灵活性，采用最多的加密粒度是数据元素。为了使数据库中的数据能够充分而灵活地共享，加密后还应当允许用户以不同的粒度进行访问。

5. 加密算法

加密算法是数据加密的核心，一个好的加密算法产生的密文应该频率平衡，随机无重码，周期很长而又不可能产生重复现象，窃密者很难通过对密文频率或者重码等特征的分析获得成功。同时，算法必须适应数据库系统的特性，加解密尤其是解密响应迅速。

常用的加密算法包括对称密钥算法和非对称密钥算法。

对称密钥算法的特点是解密密钥和加密密钥相同，或解密密钥由加密密钥推出。这种算法一般又可分为两类，即序列算法和分组算法。序列算法一次只对明文中的单个位或字节进行运算；分组算法是对明文分组后以组为单位进行运算，常用的有 DES（Data Encryption Standard，数据加密标准）等。

非对称密钥算法也称为公开密钥算法，其特点是解密密钥不同于加密密钥，并且从解密密钥推出加密密钥在计算上是不可行的。其中，加密密钥公开，解密密钥则是由用户秘密保管的私有密钥。常用的公开密钥算法有 RSA 等。

目前还没有公认的专门针对数据库加密的加密算法，因此一般根据数据库特点选择现有的加密算法来进行数据库加密。一方面，对称密钥算法的运算速度比非对称密钥算法快很多，两者相差 2~3 个数量级；另一方面，在公开密钥算法中，每个用户有自己的密钥对。作为数据库加密的密钥如果因人而异，将产生异常庞大的数据存储量。因此，在数据库加密中一般采取对称密钥的分组加密算法。

6. 密钥管理

对数据库进行加密，一般对不同的加密单元采用不同的密钥。以加密粒度为数据元素为例，如果不同的数据元素采用同一个密钥，由于同一属性中数据项的取值在一定范围之内，且往往呈现一定的概率分布，因此攻击者可以不用求原文，而直接通过统计方法即可得到有关的原文信息，这就是统计攻击。

大量的密钥自然会带来密钥管理的问题。根据加密粒度的不同，系统所产生的密钥数量也不同。越是细小的加密粒度，所产生的密钥数量越多，密钥管理也越复杂。良好的密钥管理机制既可以保证数据库信息的安全性，又可以进行快速的密钥交换，以便进行数据解密。

对数据库密钥的管理一般有集中密钥管理和多级密钥管理两种体制，其中集中密钥管理方法是设立密钥管理中心。在建立数据库时，密钥管理中心负责产生密钥并对数据加密，形成一张密钥表。当用户访问数据库时，密钥管理机构核对用户识别其是否符合用户密钥。通过审核后，由密钥管理机构找到或计算出相应的数据密钥。这种密钥管理方式方便用户使用和管理，但由于这些密钥一般由数据库管理人员控制，因此权限过于集中。

目前研究和应用比较多的是多级密钥管理体制，以加密粒度为数据元素的三级密钥管理体制为例，整个系统的密钥由一个主密钥、每个表上的表密钥及各个数据元素密钥组成。表密钥被主密钥加密后以密文形式保存在数据字典中，数据元素密钥由主密钥及数据元素所在行、列通过某种函数自动生成，一般不需要保存。在多级密钥体制中，主密钥是加密子系统的关键，系统的安全性在很大程度上依赖于主密钥的安全性。

7. 数据库加密的局限性

数据库加密技术在保证安全性的同时，也给数据库系统的可用性带来一些影响。

（1）系统运行效率受到影响　数据库加密技术带来的主要问题之一是影响效率。为了减少这种影响，一般对加密的范围做一些约束，如不加密索引字段和关系运算的比较字段等。

（2）难以实现对数据完整性约束的定义　数据库一般定义了关系数据之间的完整性约束，如主/外码约束及值域的定义等。数据一旦加密，DBMS 将难以实现这些约束。

（3）数据的 SQL 及 SQL 函数受到制约　SQL 中的 GROUP BY、ORDER BY 及 HAVING 子句分别完成分组和排序等操作，如果这些子句的操作对象是加密数据，那么解密后的明文数据将失去原语句的分组和排序作用。另外，DBMS 扩展的 SQL 内部函数一般也不能直接作用于密文数据。

（4）密文数据容易成为攻击目标　加密技术把有意义的明文转换为看上去没有实际意义的密文信息，但密文的随机性同时也暴露了消息的重要性，容易引起攻击者的注意和破坏，从而造成一种新的不安全性。加密技术往往需要和其他非加密安全机制相结合，以提高数据库系统的整体安全性。

数据库加密作为一种对敏感数据进行安全保护的有效手段，将得到越来越多的重视。总体来说，目前数据库加密技术还面临许多挑战，其中解决保密性与可用性之间的矛盾是关键。

5.2.6 其他安全性保护

为满足较高安全等级数据库管理系统的安全性保护要求，在自主存取控制和强制存取控制之外，还有推理控制及数据库应用中隐蔽信道和数据隐私保护等技术。

1. 推理控制

推理控制处理的是强制存取控制未解决的问题。例如，利用列的函数依赖关系，用户能从低安全等级信息推导出其无权访问的高安全等级信息，进而导致信息泄露。

数据库推理控制用来避免用户利用其能够访问的数据推知更高密级的数据，即用户利用其被允许的多次查询的结果，结合相关的领域背景知识及数据之间的约束，推导出其不能访问的数据。在推理控制方面，常用的方法有基于函数依赖的推理控制和基于敏感关联的推理控制等。

2. 隐蔽信道

隐蔽蔽道处理的也是强制存取控制未解决的问题。下面的例子就是利用未被强制存取控制的 SQL 执行后反馈的信息进行间接信息传递。

通常,如果 INSERT 语句 UNIQUE 属性列写入重复值,则系统会报错且操作失败。那么针对 UNIQUE 约束列,高安全等级用户(发送者)可先向该列插入(或者不插入)数据,而低安全等级用户(接收者)向该列插入相同数据。如果插入失败,则表明发送者已向该列插入数据,此时两者约定发送者传输信息位为 0;如果插入成功,则表明发送者未向该列插入数据,此时两者约定发送者传输信息位为 1 。通过这种方式,高安全等级用户按事先约定方式主动向低安全等级用户传输信息,使得信息流从高安全等级向低安全等级流动,从而导致高安全等级敏感信息泄露。

3. 数据隐私保护

数据隐私是不愿被他人知道或他人不便知道的个人数据。数据隐私范围很广,涉及数据管理中的数据收集、数据存储、数据处理和数据发布等各个阶段。例如,在数据存储阶段应避免非授权的用户访问个人的隐私数据。通常可以使用数据库安全技术实现这一阶段的隐私保护,如使用自主访问控制、强制访问控制和基于角色的访问控制及数据加密等。

在数据处理阶段,需要考虑数据推理带来的隐私数据泄露,非授权用户可能通过分析多次查询的结果,或者基于完整性约束信息,推导出其他用户的隐私数据。在数据发布阶段,应使包含隐私的数据发布结果满足特定的安全性标准,如发布的关系数据表首先不能包含原有表的候选码,同时还要考虑准标识符的影响。

要想万无一失地保证数据库安全,使之避免遭到任何蓄意的破坏几乎是不可能的。但高度的安全措施将使蓄意的攻击者付出高昂的代价,从而迫使攻击者不得不放弃他们的破坏企图。

5.3 备份与恢复

在生产环境中什么最重要?如果服务器的硬件坏了可以维修或者换新,软件问题可以修复或重新安装,但是如果数据丢失了,其损失将是无法挽回的。所以,如何保证数据不丢失,或者丢失后如何迅速恢复是本节将要学习的内容。

在生产环境中,数据库可能会遭遇各种各样的不测从而导致数据丢失,大概分为硬件故障、软件故障、自然灾害、黑客攻击、误操作(占比最大)。

所以,为了在数据丢失之后能够恢复数据,需要定期备份数据。备份数据的策略要根据不同的应用场景进行定制,其大致有几个参考数值,即能够容忍丢失多少数据、恢复数据需要多长时间、需要恢复哪些数据,可以根据这些数值定制符合特定环境中的数据备份策略。

5.3.1 数据的备份类型

数据的备份类型根据其自身特性主要分为以下几种。

1)完全备份:备份整个数据集(整个数据库)。

2)部分备份:备份部分数据集(如只备份一个表)。部分备份又分为以下两种。

① 增量备份:备份自上一次备份以来(增量或完全)变化的数据,其特点是节约空间,还原麻烦。

② 差异备份:备份自上一次完全备份以来变化的数据,其特点是浪费空间,还原比增量备份简单。

5.3.2　数据库的备份与恢复

1. 数据库的备份

1）在本地磁盘上新建一个备份文件夹，如果不想单独建立文件夹，也可以使用 SQL Server 默认的备份文件夹。本小节在本地 K 盘建立一个数据库备份文件夹，如图5-6 所示。

图5-6　在本地 K 盘建立一个数据库备份文件夹

2）打开 SQL Server 客户端，在需要备份的数据库上右击，在弹出的快捷菜单中选择"任务"→"备份"命令，打开备份数据库窗口，如图5-7 所示。

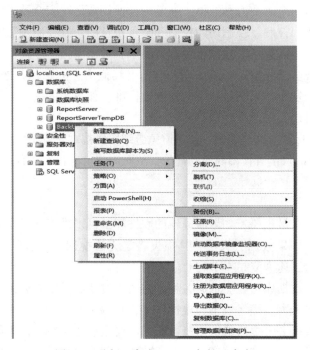

图5-7　选择"任务"→"备份"命令

3）在备份数据库窗口下方删除默认的备份文件，单击"添加"按钮，选择步骤1）中建立的文件夹作为备份文件夹，并为备份文件命名，如图5-8 所示。单击"确定"按钮，打开如图5-9 所示的备份数据库窗口。

4）单击"确定"按钮进行备份，弹出备份成功提示，如图5-10所示。再到步骤1）中建立的文件夹中查看，这时已经存在备份文件，如图5-11 所示。

2. 数据库的恢复

1）如果数据库是多个客户端连接，在还原之前，首先要

图5-8　备份文件的名称

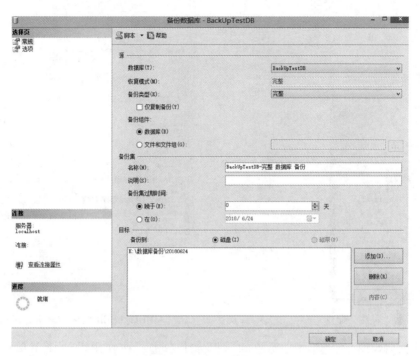

图 5-9　备份数据库窗口

图 5-10　备份成功提示

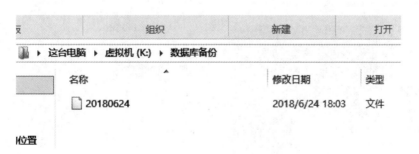

图 5-11　备份文件

把数据库的连接方式设置为单一连接。打开 SQL Server 客户端，在需要还原的数据库上右击，在弹出的快捷菜单中选择"属性"命令，如图 5-12 所示，打开"数据库属性"窗口。

2）如图 5-13 所示，在"数据库属性"窗口右侧的"其他选项"列表框的状态"分组中，将"限制访问"属性的 MULTI_USER 变成 SINGLE_USER，单击"确定"按钮返回。

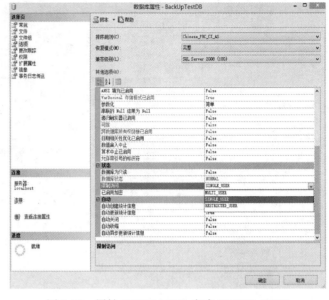

图 5-12　选择"属性"命令　　　　　图 5-13　属性 MULTI_USER 变成 SINGLE_USER

3）如图 5-14 所示，在需要还原的数据库上右击，在弹出的快捷菜单中选择"任务"→"还原"→"文件和文件组"命令，打开"还原文件和文件组"窗口，如图 5-15 所示。

4）在"还原文件和文件组"窗口中，将"还原的源"设置为"源设备"，单击…按钮，在弹出的"指定备份"对话框中，选择数据库备份文件夹中的备份文件，如图 5-16 所示。单击"确定"按钮，返回"还原文件和文件组"窗口。

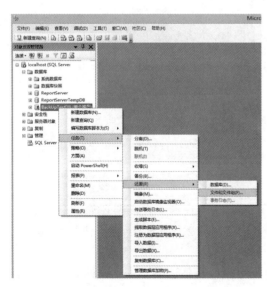

图 5-14　选择"文件和文件组"命令　　　图 5-15　"还原文件和文件组"窗口

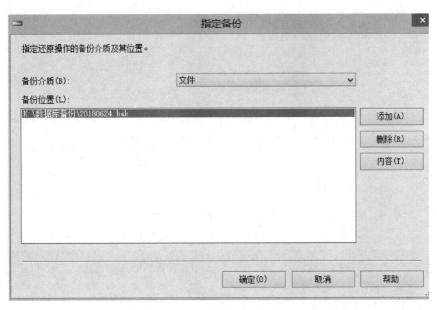

图 5-16　"指定备份"对话框

5）在"还原文件和文件组"窗口下方的"选择用于还原的备份集"中选中刚才选中的备份文件复选框，如图 5-17 所示。

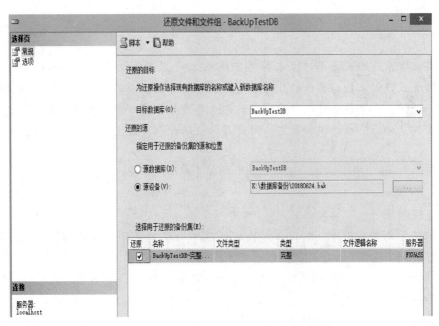

图 5-17　选中备份文件复选框

6）选择"还原文件和文件组"窗口左侧的"选项"，选中"覆盖现有数据库"复选框，单击"确定"按钮进行还原，如图 5-18 所示。还原成功后，弹出数据库还原成功提示，如图 5-19 所示。

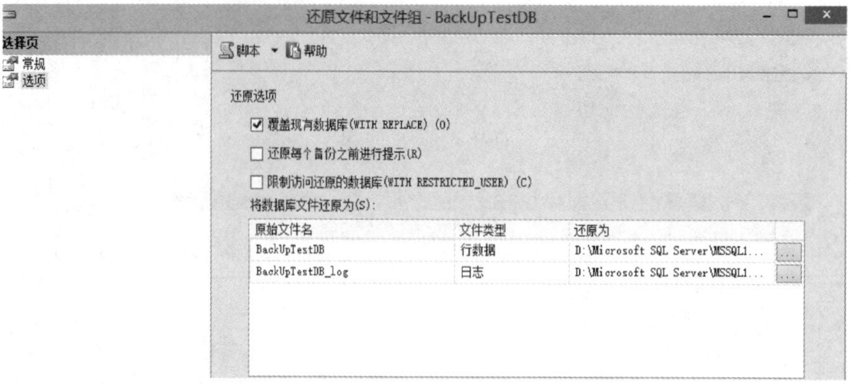

图 5-18 选中"覆盖现有数据库"复选框

图 5-19 数据库还原成功提示

本 章 小 结

数据库管理系统的安全是建立在操作系统之上的，安全的操作系统是数据库安全的前提。操作系统应能保证数据库中的数据必须由 DBMS 访问，而不允许用户越过 DBMS 直接通过操作系统访问。数据最后可以通过密码的形式存储到数据库中。本章主要讨论数据库有关的安全性措施，分为用户标识和鉴定、用户存取权限控制、视图机制、数据加密和审计等。

习 题

一、选择题

1. 【单选】保护数据库，防止未经授权的或不合法的使用造成的数据泄露、更改、破坏，这是指数据的（ ）。

A. 安全性 B. 完整性 C. 并发控制 D. 恢复

2. 【单选】下列 SQL 语句中，能够实现"收回用户 ZHAO 对学生表（STUD）中学号（XH）的修改权限"这一功能的是（ ）。

A. REVOKE UPDATE（XH）ON TABLE FROM ZHAO

B. REVOKE UPDATE（XH）ON TABLE FROM PUBLIC

C. REVOKE UPDATE（XH）ON STUD FROM ZHAO

D. REVOKE UPDATE（XH）ON STUD FROM

3. 【单选】安全性控制的防范对象是（ ），防止其对数据库数据的存取。

A. 不合语义的数据　　　　　　　　B. 非法用户

C. 不正确的数据　　　　　　　　　D. 不符合约束的数据

4.【单选】数据库安全审计系统提供了一种（　　）的安全机制。

A. 事前检查　　　　B. 事发时追踪　　　C. 事后检查　　　　D. 事前预测

5.【单选】把对关系 SPJ 的属性 QTY 的修改权限授予用户李勇的 SQL 语句是（　　）。

A. GRANT QTY ON SPJ TO '李勇'　　　　B. GRANT UPDATE（QTY）ON SPJ TO'李勇'

C. GRANT UPDATE（QTY）ON SPJ TO 李勇

D. GRANT UPDATE ON SPJ（QTY）TO '李勇'

6.【多选】保护数据库安全性的一般方法是（　　）。

A. 设置用户标识　　　　　　　　　B. 存取权限控制

C. 建立机房管理制度　　　　　　　D. 建立完整性约束

7.【多选】安全性控制的一般方法有（　　）。

A. 用户标识鉴定　　　　　　　　　B. 存取控制

C. 审计　　　　　　　　　　　　　D. 数据加密

8.【判断】在数据库的安全性控制中，授权对象的约束范围越大，授权子系统就越灵活。（　　）

A. √　　　　　　　　　B. ×

9.【判断】SQL 标准允许具有 WITH GRANT OPTION 的用户将其权限再授回给授权者或者其祖先。（　　）

A. √　　　　　　　　　B. ×

二、简答题

1. 什么是数据库的安全性？

2. 试述实现数据库安全性控制的常用方法和技术。

3. 什么是数据库中的自主存取控制方法和强制存取控制方法？

4. 为什么强制存取控制提供了更高级别的数据库安全性？

5. 理解并解释强制存取控制机制中主体、客体、敏感度标记的含义。

6. 什么是数据库的审计功能？为什么要提供审计功能？

Chapter

第6章

数据库完整性

 学习目标

1. 灵活运用 SQL 中的完整性约束
2. 重点掌握完整性控制
3. 熟练掌握数据库的五种约束

数据库的完整性（Integrity）是指数据的正确性（Correctness）和相容性（Compat-ability）。数据的正确性是指数据是符合现实世界语义、反映当前实际状况的；数据的相容性是指数据库同一对象在不同关系表中的数据是符合逻辑的。

例如，每个人的身份证号必须唯一的、性别只能是男或女、人的年龄必须是整数、日期只能取 1～31 的整数、人的姓名不能是空值、学生的成绩只能是大于等于 0 的值等。

数据库完整性对于数据库应用系统非常关键，它能约束数据库中的数据更为客观地反映现实世界。其作用主要体现在以下几个方面。

1）数据库完整性约束能够防止合法用户使用数据库时向数据库中添加不合语义的数据。

2）利用基于 DBMS 的完整性控制机制来实现业务规则，易于定义，容易理解，而且可以降低应用程序的复杂性，提高应用程序的运行效率。同时，基于 DBMS 的完整性控制机制是集中管理的，因此比应用程序更容易实现数据库的完整性。

3）合理的数据库完整性设计能够同时兼顾数据库的完整性和系统的效能。例如，当装载大量数据时，只要在装载之前临时使基于 DBMS 的数据库完整性约束失效，此后再使其生效，就能保证既不影响数据装载的效率，又能保证数据库的完整性。

4）在应用软件的功能测试中，完善的数据库完整性有助于尽早发现应用软件的错误。

数据的完整性和安全性是两个既有联系又不尽相同的概念。数据的完整性是为了防止数据库中存在不符合语义的数据，即防止数据库中存在不正确的数据。数据的安全性是保护数据库防止恶意破坏和非法存取。因此，完整性检查和控制的防范对象是不合语义的、不正确的数据，防止它们进入数据库。安全性控制的防范对象是非法用户和非法操作，防止他们对数据库数据的非法存取。但是，完整性和安全性的目的都是对数据库中的数据进行控制。

本章主要讨论数据库完整性的含义、完整性约束及完整性控制。

数据库的完整性表明数据库的存在状态是否合理，它是通过数据库内容的完整性约束来实现的。数据库系统检查数据的状态和状态的转换，判定它们是否合理和是否应予以接受。

对于每个数据库操作，要判定其是否符合完整性约束，只有全部判定无矛盾时才可以执行。数据完整性包括实体完整性、参照完整性、用户定义完整性、域完整性。

6.1　实体完整性

6.1.1　实体完整性的定义

实体完整性要求基本表中的每一行必须是唯一的，它可以通过主码约束、唯一码约束、索引或标识属性来实现。

关系模型的实体完整性在 SQL 中通常可用定义主码 PRIMARY KEY 实现，在创建基本表 CREATE TABLE 时直接进行定义。若数据表的主码由单一属性构成，那么可以采用两种方法定义，一种是定义为列级约束条件，列级约束是列定义的一部分，只作用于此列本身；另一种是定义为表级约束条件，表级约束作为表定义的一部分，可以作用于多个列。若表中主码由多个属性构成则只能采用一种说明方法，即定义为表级约束条件。

【例 6-1】　将学生信息表中的学号属性定义为主码。

```
CREATE TABLE 学生信息表
(学号 VARCHAR(9)PRIMARY KEY,        /* 在列级定义主码* /
姓名 VARCHAR(20)
性别 VARCHAR(2),
年龄 INT,
所在系 VARCHAR(20)
);
```

或者

```
CREATE TABLE 学生信息表
(学号 VARCHAR(9),
姓名 VARCHAR(20),
性别 VARCHAR(2),
年龄 INT,
所在系 VARCHAR(20),
PRIMARY KEY(学号)        /* 在表级定义主码* /
);
```

【例 6-2】　将课程信息表中的课程号属性定义为主码。

```
CREATE TABLE 课程信息表
(课程号 VARCHAR(10)PRIMARY KEY,        /* 在列级定义主码* /
课程名 VARCHAR(20)
学分 FLOAT
);
```

或者

```
CREATE TABLE 课程信息表
```

```
(课程号 VARCHAR(9),
课程名 VARCHAR(20),
学分 FLOAT,
PRIMARY KEY(课程号)          /* 在表级定义主码* /
);
```

【例6-3】 将选课表中的学号、课程号属性组定义为主码。

```
CREATE TABLE 选课表
( 学号 VARCHAR(9),
课程号 VARCHAR(4),
成绩 INT,
PRIMARY KEY(学号,课程号)      /* 只能在表级定义主码* /
);
```

6.1.2 实体完整性检查和违约处理

一旦数据表创建完成，用PRIMARY KEY短语定义了关系的主码后，每当用户程序对基本表插入（INSERT）一条记录或对主码列进行更新（UPDATE、DELETE）操作时，关系数据库管理系统就会根据实体完整性规则自动进行检查。检查包括以下内容。

1）检查主码值是否唯一，如果不唯一则拒绝插入或修改。

2）检查主码的各个属性是否为空，只要有一个为空就拒绝插入或修改。

实体完整性检查保证了实体完整性。

在基本表中对实体完整性检查的方法之一是对全表进行扫描，即在基本表中检查记录中主码值是否唯一，依次比较插入或者修改的主码值和表中每一条记录的主码值是否相同，如图6-1所示。

图6-1 实体完整性检查方式——全表扫描

6.2 参照完整性

6.2.1 参照完整性的定义

数据库中的基本表在设计过程中必须符合规范，才能杜绝数据冗余、插入异常、删除异常等现象。规范的过程是分解表的过程，经过分解，同一事物的代表属性会出现在不同的表中，它们应该保持一致。也就是说，在实际操作中，将一个表的值放入另一个表来表示联系，即外码，其中主码所在的表为被参照表，外码所在的表为参照表。

关系模型的参照完整性在SQL中通常可以用FOREIGN KEY定义外码来实现，在创建基本表 CREATE TABLE 中直接定义哪些列为外码, 用 REFERENCES 短语指明这些外码参照哪些表的主码。参照完整性可以采用列级约束条件和表级约束条件这两种方式来定义。

【例 6-4】 有学生信息表 (学号, 姓名, 性别, 年龄, 所在系, 班长), 其中一个元组为班长, 该元组中的值用班长的学号来表示, 其中学号是主码。现定义学生信息关系中的参照完整性。

通过已知条件不难分析, 属性 "班长" 的取值参照 "学号", 即班长的学号必须是学生信息表 "学号" 列中已有的值。因此, 其参照关系发生在自身表中。

```
CREATE TABLE 学生信息表
(   学号 VARCHAR(9) PRIMARY KEY,       /* 在列级定义主码* /
    姓名 VARCHAR(20)
    性别 VARCHAR(2),
    年龄 INT,
    所在系 VARCHAR(20),
    班长 VARCHAR(9)   FOREIGN KEY(班长)REFRENCES 学生信息表(学号)
    /* 在列级定义参照完整性* /
);
```

或者

```
CREATE TABLE 学生信息表
(   学号 VARCHAR(9) PRIMARY KEY,       /* 在列级定义主码* /
    姓名 VARCHAR(20),
    性别 VARCHAR(2),
    年龄 INT,
    所在系 VARCHAR(20),
    班长 VARCHAR(9),
    FOREIGN KEY(班长)REFRENCES 学生信息表(学号)
    /* 在表级定义参照完整性* /
);
```

【例 6-5】 有供应表 (供应商编号, 项目编号, 数量), 其中 "数量" 属性表示供应商提供的工程零件的数目, 其中 (供应商编号, 项目编号) 是主码。供应商编号和项目编号分别参照引用供应商信息表的主码 "供应商编号" 和项目信息表的主码 "项目编号"。现定义供应关系中的参照完整性。

```
CREATE TABLE 供应表
(   供应商编号   VARCHAR(9) FOREIGN KEY(供应商编号)REFRENCES 供应商信息表(供应商编
    号),                                        /* 在列级定义参照完整性* /
    项目编号 VARCHAR(9)   FOREIGN KEY(项目编号)REFRENCES 项目信息表(项目编号),
    /* 在列级定义参照完整性* /
    数量   INT,
    PRMARY KEY(供应商编号,项目编号)               /* 在表级定义实体完整性* /
);
```

或者

```
CREATE TABLE 供应表
(   供应商编号  VARCHAR(9),
    项目编号 VARCHAR(9),
    数量   INT,
    PRMARY KEY(供应商编号,项目编号),      /* 在表级定义实体完整性* /
    FOREIGN  KEY(供应商编号)REFRENCES 供应商信息表(供应商编号),
    /* 在表级定义参照完整性* /
    FOREIGN  KEY(项目编号)REFRENCES 项目信息表(项目编号)
    /* 在表级定义参照完整性* /
);
```

【例 6-6】 关系选课表中一个元组表示一个学生选修的某门课程的成绩，（学号，课程号）是主码。学号和课程号分别参照引用学生信息表的主码"学号"和课程表的主码"课程号"。定义选课表中的参照完整性。

```
CREATE TABLE 选课表
(   学号 VARCHAR(9),
    课程号 VARCHAR(4),
    成绩 INT,
    PRMARY KEY(学号,课程号),                        /* 在表级定义实体完整性* /
    FOREIGN KEY(学号)REFRENCES 学生信息表(学号),    /* 在表级定义参照完整性* /
    FOREIGN KEY(课程号)REFRENCES 课程表(课程号)      /* 在表级定义参照完整性* /
);
```

注意：在定义参照完整性过程中，要遵循外码的规则，参照关系中的外码与被参照关系中的主码可以是不同的属性名，但是必须取自相同域。

6.2.2　参照完整性检查和违约处理

参照完整性建立了两个表中的相应元组之间的联系，因此对被参照表和参照表进行增、删、改操作时有可能破坏参照完整性，必须进行检查以保证这两个表的相容性。

例如，对例 6-1 学生信息表和例 6-6 选课表进行数据操作时，就会有 4 种可能破坏参照完整性的情况，如表 6-1 所示。

表 6-1　可能破坏参照完整性的情况及违约处理

被参照表（学生信息表）		参照表（选课表）	违约处理
可能破坏参照完整性	←	插入元组	拒绝执行
可能破坏参照完整性	←	修改外码值	拒绝执行
删除元组	→	可能破坏参照完整性	拒绝执行/级联删除/设置为空值
修改主码值	→	可能破坏参照完整性	拒绝执行/级联删除/设置为空值

1）当选课表中插入一个元组时，新插入元组中的"学号"属性值在被参照关系学生信息表中找不到一个学号的值与其相等。

2）当要修改选课表中的一个元组时，修改后的元组中"学号"的值在被参照关系学生信息表中找不到一个学号值与其相等。

3）当从学生信息表中删除一个元组时，此时选课表信息没有更新，会造成学生信息表中该学号的学生信息已经不存在，但是在选课表中还有该学号学生的选课记录。

4）当修改学生信息表中某元组"学号"值时，此时选课表中信息没有更新，会造成学号值变化，学生个体没有变化，但是其在选课表中已选修课程的情况不能与之对应。

当上述不一致情况发生时，系统可采用以下方式予以处理。

1）拒绝（NO ACTION）执行：不允许该操作执行。该方式一般设置为默认方式。

2）级联（CASCADE）操作：当删除或修改被参照表的一个元组导致与参照表不一致时，删除或修改参照表中的所有导致不一致的元组。

例如，删除学生信息表中"学号"值为"S2020"的元组，则从要选课表中级联删除学号为 S2020 的所有元组。

3）设置为空值：当删除或修改被参照表的一个元组造成不一致时，则将参照表中的所有造成不一致的元组的对应属性设置为空值。例如，有两个关系：职工表（工号，姓名，性别，工龄，部门号）、部门表（部门号，部门名，办公地点，部门电话）。其中，职工表的"部门号"是外码，因为部门号是部门表的主码。职工表中的部门号的值一定是存在于部门表中"部门号"属性中的。

假设部门表中某个元组被删除，按照设置为空值的方式，就要把职工表中对应该部门号的所有元组的部门号设置为空值。其可以理解为企业的某个部门被取消，该部门的所有职工处于待定状态，等待重新分配部门。

在该示例中，部门号作为职工表中的外码，通过分析表明其值是可以为空值的，表示职工尚未分配部门，但这不代表所有的外码都可以设为空值。例如，在选课关系中，学号和课程号在选课表中既是主码又是外码，如果根据参照完整性违约处理方式，外码可以设置为空。那么，学号为空后，表明不知哪位学生选修的课程得到了成绩；或者课程号为空后，则表明学生不知选修了哪门课程得到了成绩，这与现实语境是矛盾的。所以不难发现，无论选课表中的学号和课程号哪个取空值，都违反了其作为选课表主码的实体完整性约束规则。因此，在定义参照完整性时，应考虑外码是否适合设置为空值。如果其同时为主码，就不适合将其设置为空值。

在系统对关系的参照完整性检查后，如果违反规则，系统将采用默认的拒绝执行方式；但是如果用户要用其他方式来处理违约操作，就需要进行显式说明。

【例 6-7】 创建职工表，显式说明参照完整性的违约处理，当被参照表中删除该部门后，将职工表"部门号"属性值取空值。

```
CREATE TABLE 职工表
(  工号 VARCHAR(9)  PRMARY KEY,                    /* 在列级定义实体完整性*/
   姓名 VARCHAR(20),
   性别 VARCHAR(4),
   工龄 INT,
   部门号 VARCHAR(6)
   FOREIGN  KEY(部门号)REFRENCES 部门表(部门号)      /* 在表级定义参照完整性*/
   ON DELETE SET NULL
```

```
                    /* 当删除部门表中的元组时,同时将职工表中对应部门号的值设置为空值* /
            );
```

【例6-8】 创建选课表（学号，课程号，成绩），显式说明参照完整性的违约处理为级联操作。

```
CREATE TABLE 选课表
(    学号 VARCHAR(9),
     课程号 VARCHAR(4),
     成绩 INT,
     PRIMARY KEY(学号,课程号)                          /* 在表级定义实体完整性* /
     FOREIGN KEY(学号)REFERENCES 学生信息表(学号)
     /* 在表级定义参照完整性* /
     ON DELETE CASCADE
     /* 当删除学生信息表中的元组时,级联删除选课表中相应的元组* /
     ON UPDATE CASCADE,
     /* 当更新学生信息表中的学号值时,级联更新选课表中相应的元组值* /
     FOREIGN KEY(课程号)REFERENCES 课程表(课程号)      /* 在表级定义参照完整性* /
     ON DELETE NO ACTION
     /* 当删除课程表中的元组造成与选课表不一致时,拒绝执行课程表中的删除操作* /
     ON UPDATE CASCADE
     /* 当更新课程表中的课程号值时,级联更新选课表中相应的元组值* /
);
```

通过以上示例可以看出，对于不同的数据操作可以执行不同的违约方式。在例6-8中，当删除课程表中的某一课程号对应的元组时，如果导致与选课表中的数据产生了不一致，即删除课程表中的某门课程的信息时，在选课表中有学生已经选修了该门课程，那么将不允许执行课程表中对应课程元组的删除操作；当更新课程表中的某门课程的课程号时，如果在选课表中这门课程已被学生选修，那么将执行级联操作，即更新课程表中课程号的同时更新选课表中对应的课程号的信息，从而保证数据的一致性。

从以上问题中不难看出，关系数据库管理系统在保证参照完整性时，不仅要提供其约束条件的定义，还要提供对违反约定的操作，具体执行什么操作，需要根据具体的应用环境来进行定义。

6.3 用户定义完整性

用户定义完整性就是针对某一具体关系数据库的约束条件，它反映的是某一具体应用所涉及的数据必须满足的语义要求。目前的关系数据库管理系统都提供了定义和检验这类完整性的机制，使用了和实体完整性、参照完整性相同的技术和方法来处理它们，而不必由应用程序承担这一功能。

SQL Server支持的用户自定义完整性主要有非空、唯一、设置为空、检查等条件的设置。

1. 属性列的约束条件

在创建基本表 CREATE TABLE 中定义属性的同时，可以根据用户的具体要求定义属性上的约束条件，即属性值限制，包括列值非空（NOT NULL）、列值唯一（UNIQUE）、检查列值是否满足一个条件表达式（CHECK 短语）。

（1）列值空值　非空值定义表示定义的属性列不能取空值，该约束只能定义在列级上。

【例6-9】　创建关系职工表（工号，姓名，性别，工龄，部门号）时，说明工号、姓名、性别、工龄不允许为空值。

```
CREATE TABLE 职工表
(  工号 VARCHAR(9)NOT NULL  PRMARY KEY,
   /* 工号不允许为空。在列级定义实体完整性,实体完整性的定义隐含表示被定义为主码的属
   性列值不允许为空,所以工号可以不定义 NOT NULL 条件*/
   姓名 VARCHAR(20)NOT NULL,                      /* 职工姓名不允许为空*/
   性别 VARCHAR(4)NOT NULL,                       /* 性别不允许为空*/
   工龄 INT  NOT NULL,                            /* 职工工龄不允许为空*/
   部门号 VARCHAR(6)
   FOREIGN  KEY(部门号)REFRENCES 部门表(部门号)    /* 在表级定义参照完整性*/
);
```

【例6-10】　创建关系选课表（学号，课程号，成绩）时，说明学号、课程号、成绩不允许为空值。

```
CREATE TABLE 选课表
(  学号 VARCHAR(9)NOT NULL,                       /* 学号属性不允许为空*/
   课程号 VARCHAR(4)NOT NULL,                      /* 课程号属性不允许为空*/
   成绩 INT NOT NULL,                             /*  成绩属性不允许为空*/
   PRIMARY KEY(Sno,Cno),
   /* 在表级定义实体完整性,同样隐含说明主码学号和课程号不允许为空值,所以在列级不允许
   为空值 NOT NULL 条件可不定义/
   FOREIGN  KEY(学号)REFRENCES 学生信息表(学号),   /* 在表级定义参照完整性*/
   FOREIGN  KEY(课程号)REFRENCES 课程表(课程号)    /* 在表级定义参照完整性*/
);
```

（2）列值唯一

【例6-11】　创建关系部门表（部门号，部门名，办公地点，部门电话）时，说明部门名不可以出现重复，即取值唯一。

```
CREATE TABLE 部门表
(  部门号 NUMERIC(2),
   部门名 VARCHAR(9)UNIQUE   /* 部门名的值不可以重复*/
   办公地点 VARCHAR(10),
   部门电话 VARCHAR(20)
   PRIMARY KEY(部门号)
);
```

【例6-12】　创建关系学生表（学号，姓名，性别，年龄，所在系）时，说明学号、姓名都不允许出现重复值，即取值唯一。

```
CREATE TABLE 学生信息表
(  学号 VARCHAR(9)UNIQUE PRIMARY KEY,
   /* 学号的值不允许重复。在列级定义主码,实体完整性约束条件隐含表示主码值必须是唯一
   的,所以在主码上可以不用定义 UNIQUE 唯一性条件* /
   姓名 VARCHAR(20)UNIQUE,  /* 学生不允许有重名* /
   性别 VARCHAR(2),
   年龄 INT,
   所在系 VARCHAR(20)
);
```

（3）定义指定属性列取值在 CHECK 语句的范围

【例 6-13】 创建关系学生表（学号，姓名，性别，年龄，所在系）时，性别属性只可以取"男"或者"女"。

```
CREATE TABLE 学生信息表
(  学号 VARCHAR(9)PRIMARY KEY,
   姓名 VARCHAR(20),
   性别 VARCHAR(2)CHECK(性别 IN('男','女')),  /* 性别属性只允许取"男"或"女"* /
   年龄 INT,
   所在系 VARCHAR(20)
);
```

【例 6-14】 创建关系职工表（工号，姓名，性别，工龄，部门号）时，工龄的取值应该在 0~60 之间。

```
CREATE TABLE 职工表
(  工号 VARCHAR(9)  PRMARY KEY,
   姓名 VARCHAR(20),
   性别 VARCHAR(4),
   工龄 INT  CHECK(工龄 > =0 AND 工龄 < =60),  /* 职工的工龄取值范围在 0~60 之间* /
   部门号 VARCHAR(6),
   FOREIGN  KEY(部门号)REFRENCES 部门表(部门号)
);
```

2. 元组上的约束条件

元组上约束条件的定义与属性列上约束条件的定义类似，在创建基本表 CREATE TABLE 中定义 CHECK 语句，只是其定义在元组上，即元组级限制。与属性列条件约束相比，元组级的限制可以同时定义不同属性之间的相互约束关系。

【例 6-15】 在关系职工表中，当职工的性别是"男"时，其姓名不能以 Ms. 开头。

```
CREATE TABLE 职工表
(  工号 VARCHAR(9)  PRMARY KEY,
   姓名 VARCHAR(20),
   性别 VARCHAR(4),
   部门号 VARCHAR(6),
```

```
CHECK(性别 = '男'OR 姓名 LIKE Ms.%),
/* 定义了元组中性别和姓名两个属性值之间的约束条件* /
FOREIGN  KEY(部门号)REFRENCES 部门表(部门号)
);
```

当职工性别为"男"时，该元组性别是女性的元组都能通过 CHECK 检查，因为性别为"男"的条件成立；当职工性别为"女"时，那么要检查是否符合姓名以 Ms. 开头的条件，因为只有"姓名 LIKE Ms.%"成立才能表明是女性，而男性应该以 Mr. 开头。在这里"%"为通配符，可参见 3.6.3 节，"%"可代表一个或多个长度的字符串；而另一个通配符"_"则代表任意一个字符。

当在基本表中增加新元组或者更新属性值时，关系数据库管理系统会按照约束条件自动检查这些数据是否符合条件。如果不满足条件，将默认采取拒绝执行的操作。

6.4 域完整性

域完整性可以保证数据库中的数据取值的合理性，是针对某一具体关系数据库的约束条件，它保证基本表中某些列不能输入无效的值。

关系模型的域完整性在创建基本表 CREATE TABLE 时可以直接定义在那些需要进行取值约束的列上。通常情况下，域完整性可以使用 CHECK 语句和 IDENTITY 语句等来定义。

【例 6-16】 创建关系学生表（学号，姓名，性别，年龄，所在系）时，要求学号自动增长。

```
CREATE TABLE 学生信息表
(  学号 INT PRIMARY KEY IDENTITY,   /* 学号值自增的定义* /
   姓名 VARCHAR(20),
   性别 VARCHAR(2),
   年龄 INT,
   所在系 VARCHAR(20)
);
```

【例 6-17】 创建关系学生表（学号，姓名，性别，年龄，所在系）时，要求学号从 2020 开始以 3 的长度自动增长。

```
CREATE TABLE 学生信息表
(  学号 INT PRIMARY KEY IDENTITY(2020,3),   /* 学号以 2020 开始以 3 的长度自增的定义* /
   姓名 VARCHAR(20),
   性别 VARCHAR(2),
   年龄 INT,
   所在系 VARCHAR(20)
);
```

在例 6-16 和例 6-17 中定义的都是自增语句 IDENTITY，自增语句是指该属性列的值可以进行自动增长的更新。其语法格式为 IDENTITY（m，n），默认条件为（1，1），指以 1 开始以 1 个的长度进行自增。如果自定义初始值，如例 6-17 中，设置初始值 m 为 2020，那么也要给定每次自增 n 的值。也就是说，要么 m、n 的值都不设定，即采用默认条件；要么就要同时设定。如果对例 6-16 和例 6-17 都执行以下插入操作，那么得到的结果分别为例 6-16 对应结果如表 6-2 所示，例 6-17 对应结果如表 6-3 所示。

```
INSERT INTO 学生表 VALUES('张三','女',19,'计算机');
INSERT INTO 学生表 VALUES('李四','男',18,'计算机');
INSERT INTO 学生表 VALUES('王五','女',19,'计算机');
```

表 6-2   例 6-16 插入元组执行结果

学号	姓名	性别	年龄	所在系
1	张三	女	19	计算机
2	李四	男	18	计算机
3	王五	女	19	计算机

表 6-3   例 6-17 插入元组执行结果

学号	姓名	性别	年龄	所在系
2020	张三	女	19	计算机
2023	李四	男	18	计算机
2026	王五	女	19	计算机

关系模型的完整性包括实体完整性、参照完整性、用户定义完整性和域完整性。对于违反实体完整性、用户定义完整性和域完整性约束条件的操作一般采用拒绝执行的方式进行处理。而对于违反参照完整性约束条件的操作，并不都是拒绝执行，一般在接受该操作的同时，会执行一些附加操作，以保证数据库的状态仍然是正确的。例如，在删除被参照关系中的元组时，应该将参照关系中所有的外码值与被参照关系中要删除元组主码值相对应的元组一起删除，即级联删除。例如，当删除学生表中某一学生元组信息时，根据现实世界实际语义表述表明该生可能是退学的状态，那么与学生表有参照关系的选课表中该生的选课记录也可以相应地进行删除操作。或者当删除被参照关系的某一元组时，可将参照关系中所有的外码值与被参照关系中要删除元组主码值相对应的属性值设置为空值。例如，当要删除被参照关系部门表中某部门的元组信息时，根据实际语义可以表示为该单位不再设立该部门，那么对应在职工表中部门号与删除的部门号相同的值都可以设置为空值，表明撤销的该部门的原有职工都处于待分配部门的状态。

这些完整性规则都由 DBMS 提供的语句进行描述，经过编译后存放在数据字典中。一旦进入系统，就开始执行这些约束。其主要优点是违约由系统来处理，而不是由用户处理。另外，约束集中在数据字典中，而不是散布在各应用程序之中，易于从整体上理解和修改，效率较高。数据库系统的整个完整性控制都是围绕着完整性约束条件进行的，从这个角度来看，完整性约束条件是完整性控制机制的核心。

6.5   完整性控制

6.5.1   完整性控制的功能

为维护数据库的完整性，数据库管理系统必须能够实现如下功能。

1. 提供定义完整性约束条件的机制

为维护数据库的完整性，关系数据库管理系统必须提供一种机制来检查数据库中的数据，看其是否满足语义规定的条件。这些加在数据之上的语义约束条件称为数据库完整性约束条件，也称为完整性规则，是数据库中的数据必须满足的语义约束条件。它表达了给定的数据模型中数据及其联系所具有的制约和依存规则，用以限定符合数据模型的数据库状态及状态的变化，以保证数据的正确、有效和相容。SQL 标准使用了一系列概念来描述完整性，包括关系模型的实体完整性、参照完整性、用户定义完整性和域完整性。这些完整性一般由 SQL 的数据定义语句来实现，它们作为数据库模式的一部分存入数据字典中。

2. 提供完整性检查的方法

数据库管理系统中检查数据是否满足完整性约束条件的机制称为完整性检查。一般在插入数据或更新数据的语句执行后开始检查，也可以在事务提交时检查，检查这些操作执行后数据库中的数据是否违背了完整性约束条件。

3. 进行违约处理

数据库管理系统若发现用户的操作违背了完整性约束条件，将采取一定的动作，如拒绝执行该操作或级联执行其他操作，进行违约处理，以保证数据的完整性。

一般地，一条完整性规则可以用一个五元组（D，O，A，C，P）来表示，其中：

1）D（Data）表示约束作用的数据对象，可以是列、元组或关系。

2）O（Operation）表示触发完整性检查的数据库操作，即当用户发出什么操作请求时需要检查该完整性规则，是立即检查还是延迟检查。

3）A（Assertion）表示数据对象必须满足的语义约束，这是规则的主体。

4）C（Condition）表示选择 A 作用的数据对象值的谓词。

5）P（Procedure）表示违反完整性规则时触发的过程。

【例 6-18】　在中国公民信息关系"身份证号不能为空"的约束中：

1）D 表示约束作用的对象为"身份证号"属性。

2）O 表示插入或修改中国公民元组。

3）A 表示身份证号不能为空。

4）C 表示 A 可作用于所有记录的身份证号属性。

5）P 表示拒绝执行该操作。

【例 6-19】　在职工关系"高级工程师的工资不能低于 5000 元"的约束中：

1）D 表示约束作用的对象为"工资"属性。

2）O 表示插入或修改职工元组。

3）A 表示工资取值不能小于 5000。

4）C 表示职位 = '高级工程师'（A 仅作用于职位 = '高级工程师'的记录）。

5）P 表示拒绝执行该操作。

早期的数据库管理系统不支持完整性检查，因为完整性检查费时费资源。现在商用的关系数据库管理系统产品都支持完整性控制，即完整性定义和检查控制由关系数据库管理系统实现，不必由应用程序来完成，从而减轻了应用程序员的负担。更重要的是，关系数据库管理系统使得完整性控制成为其核心支持的功能，从而能够为所有用户和应用提供一致的数据库完整性。因为由应用程序来实现完整性控制是有漏洞的，有的应用程序定义的完整性约束条件可能被其他应用程序破坏，所以数据库数据的正确性仍然无法保障。

6.5.2 完整性设计原则

数据库的完整性由各种各样的完整性约束来保证，因此可以说数据库完整性设计就是数据库完整性约束的设计。数据库完整性约束也可以通过 DBMS 或应用程序来实现。在数据库完整性设计的过程中，要遵循以下原则。

1）根据数据库完整性约束的类型确定其实现的系统层次和方式，并提前考虑对系统性能的影响。一般情况下，静态约束应尽量包含在数据库模式中，而动态约束则由应用程序实现。

2）实体完整性约束和参照完整性约束是关系数据库极其重要要的完整性约束，在不影响系统关键性能的前提下需尽量应用。用一定的时间和空间来换取系统的易用性是值得的。

3）要慎用目前主流 DBMS 都支持的触发器功能，一方面由于触发器的性能开销较大；另一方面，触发器的多级触发不好控制，容易发生错误。在必须使用触发器时，最好使用 BEFORE 型语句级触发器。

4）在需求分析阶段就必须制定完整性约束的命名规范，尽量使用有意义的英文单词、缩写词、表名、列名及下划线等组合，使其易于识别和记忆，如 PK_EMPLOYEE、CKC_EM-PREAL_INCOME_EMPLOYEE、CKT_EMPLOYEE。如果使用 CASE 工具，一般有默认的规则，可在此基础上修改使用。

5）要根据业务规则对数据库完整性进行细致的测试，以尽早排除隐含的完整性约束间的冲突和对性能的影响。

6）要有专职的数据库设计小组，自始至终负责数据库的分析、设计、测试、实施及早期维护。数据库设计人员不仅负责基于 DBMS 的数据库完整性约束的设计实现，还要负责对应用软件实现的数据库完整性约束进行审核。

7）应采用合适的 CASE 工具来降低数据库设计各阶段的工作量。好的 CASE 工具能够支持整个数据库的生命周期，这将使数据库设计人员的工作效率得到很大提高，同时也容易与用户沟通。

6.5.3 完整性约束条件分类

完整性约束条件针对数据对象的状态可以分为静态约束和动态约束。静态约束是指数据库每个确定状态时的数据对象所应满足的约束条件，它是反映数据库状态稳定时的约束；动态约束是指数据库从一种状态转变为另一种状态时新、旧值之间所应满足的约束条件，它是反映数据库状态变迁的约束。

完整性约束条件针对的数据对象有 3 类，分别是关系、元组或列。其中，列的约束主要是列的类型、取值范围、精度、排序等的约束条件，元组的约束是元组中各个字段之间联系的约束，关系的约束是若干元组间及关系之间联系的约束。

综合上述，可以将完整性约束条件分为 6 类，分别为静态列级约束、静态元组约束、静态关系约束、动态列级约束、动态元组约束和动态关系约束。下面针对这 6 类完整性约束条件进行说明。

1. 静态列级约束

静态列级约束是对一个列的取值域的规定，也称为值的约束。静态列级约束是最常见、实现最为容易的一类完整性约束，包括以下几方面内容。

1）对数据类型的约束，包括数据的类型、长度、单位、精度等。例如，学生关系中"姓名"属性的定义"姓名 VARCHAR（20）"，学生的姓名数据类型为字符型，最大长度为 20。

2）对数据格式的约束。例如，学生关系中"出生日期"属性的定义"出生日期 DATE-TIME"，出生日期定义为日期类型，其格式为 YYYY－MM－DD。

3）对取值范围或取值集合的约束。例如，选课关系中"成绩"属性的定义"成绩 INT CHECK（成绩 BETWEEN 0 AND 100）"，指定成绩的取值范围在 0～100 之间；职工关系中"工龄"属性的定义"工龄 INT CHECK（工龄 ＞＝0 AND 工龄 ＜＝60）"，指定"工龄"的取值应在 0～60 之间；学生关系中性别属性的定义"性别 VARCHAR CHECK（性别 IN（'男'，'女'））"，性别的取值范围为（男，女）。

4）对空值的约束。空值即未定义或未知的值，它与零值和空格不同，有的列允许空值，有的则不允许。例如，在选课关系中，学号和课程号不允许为空值，但成绩可以为空值。

5）其他约束，如关于列的排序顺序说明等。

2. 静态元组约束

一个元组是由若干个属性值组成的，静态元组约束就是规定元组中各个列之间的约束关系。例如，创建关系教师表（教师号，姓名，年龄，职称，工资），在关系中如果教师职称为教授，那么其工资不低于 5000 元。

```
CREATE TABLE 教师表
（  教师号 VARCHAR(9)  PRMARY KEY,
    姓名 VARCHAR(20),
    年龄 INT,
    职称 VARCHAR(9),
    工资 INT,
    CHECK(职称 = '教授'AND 工资 ＞＝5000)
）;
```

该例中涉及职称和工资两个属性列之间的约束，所以该约束条件无法定义在列级上，只能定义在元组上。

3. 静态关系约束

在一个关系的各个元组之间或者若干关系之间往往存在联系或约束，这种约束就是静态关系约束，也称为结构的约束。常见的静态关系约束有以下 4 种。

1）实体完整性约束，即关系的主码属性唯一且不为空。

2）参照完整性约束，即反映关系之间的联系，也就是说，在参照关系中外码的取值范围必须在被参照关系对应主码值之中，或者为空值。

3）函数依赖约束，说明了同一关系中不同属性之间应满足的约束条件。例如，对于关

189

系最基本的约束条件就是每一个分量必须是不可分的数据项，即 1NF、2NF、3NF、BCNF 这些不同的范式应满足不同的约束条件。大部分函数依赖约束是隐含在关系模式结构中的，特别是对于规范化程度较高的关系模式，都是由关系模式来保持函数依赖。其详细的讲解参见第 4 章内容。

4）统计约束，规定某个属性值与一个关系多个元组的统计值之间必须满足某种约束条件。例如，规定部门经理的奖金不得高于该部门平均奖金的 30%，不得低于刻部门平均奖金的 10%。这里该部门经理平均奖金的值就是一个统计计算值。

4. 动态列级约束

动态列级约束是修改属性列定义或属性值时应满足的约束条件，包括以下两方面内容。

1）修改列定义时的约束。例如，将原有属性列的约束条件为允许重复值修改为值唯一的条件时，如果此时表中已经存在重复值，则系统会拒绝修改操作。

2）修改列值时的约束。修改列值有时需要参照其旧值，并且新旧值之间需要满足某种约束条件。例如，职工的工龄只能增加、职工工资调整不得低于其原来工资等。

5. 动态元组约束

动态元组约束是指修改元组的值时元组中各个字段间需要满足的某种约束条件。例如，职工工资调整时新工资不得低于原工资 + 工龄 × 1.5 等。

6. 动态关系约束

动态关系约束是加在关系变化前后状态上的限制条件，如事务一致性、原子性等约束条件。

6.5.4 完整性的实施

在 SQL Server 中，数据完整性可以通过以下两种方式来实施。

1. 声明式数据完整性

声明式数据完整性是指在定义基本表结构的同时，对于属性所必须遵守的约束条件也一同定义其中，这样 SQL Server 会自动检查经过数据操作的对象是否满足事先定义的约束条件。在数据完整性约束中首选的方式就是声明式定义方式，这种方式具备以下特点。

1）通过针对基本表和属性定义声明的约束，可使声明式数据完整性成为数据定义的一部分。

2）使用约束、默认值和规则实施声明式数据完整性。

2. 程序化数据完整性

通过编写程序代码来完成所需符合的条件及该条件的实施，这种方式的数据完整性称为程序化数据完整性。程序化数据完整性的特点如下。

1）程序化数据完整性可以通过相关的程序语言及工具在客户端或服务器端实施。

2）SQL Server 可以使用存储过程或触发器实施程序化数据完整性。

综上所述，实施数据完整性的方法有 5 种：约束（Constraint）、默认值（Default）、规则（Rule）、存储过程（Stored Procedure）和触发器（Tigger）。

在选用实施数据完整性的方法时，首先考虑采用约束，因为约束在 SQL Server 中执行效率比默认值和规则要高。

利用完整性约束实施数据完整性规则有下列优点。

1）定义或更改表时，不需要程序设计，可以很容易地编写程序并可消除程序性错误。

2）对基本表上定义的完整性约束都存储在数据字典里，因此不管从任何应用程序增加或修改的数据都要遵守与表相关的完整性约束。

3）具有强大的开发能力。当由完整性约束所实施的事务规则改变时，数据库只需要修改已定义的完整性约束，用户端应用程序不需要变化，从应用中进行的数据操作依然会自动遵守新的约束规则。

4）由于完整性约束存储在数据字典中，数据库应用可利用这些信息，在 SQL 语句执行之前或由 DBMS 检查之前就可立即反馈信息。

5）由于完整性约束能够清晰地表达语义要求，因此可以更便捷地完成规则说明的优化。

6）由于完整性约束可以做到暂时性失效，因此当在数据库中装入大量数据时可提高数据载入效率。当数据装入完成时，完整性约束便可以重新恢复，继续完成检查功能，将非法数据筛选出来，以保证数据的正确性。

6.5.5　完整性约束命名子句

为了使完整性约束更加方便，操作简单，易于管理，SQL 提供了完整性约束命名子句 CONSTRAINT。该子句可以在创建基本表 CREATE TABLE 的同时进行定义，用来对完整性约束条件进行命名，从而可以灵活地对完整性约束条件进行增加、修改或删除操作。

1. 完整性约束命名子句

完整性约束命名子句语法格式如下：

```
CONSTRAINT <完整性约束条件名> <完整性约束条件>
```

其中，<完整性约束条件>包括 NOT NULL、UNIQUE、PRIMARY KEY、FOREIGN KEY、CHECK 短语等。

【例 6-20】　建立关系职工表（工号，姓名，年龄，性别），要求工号在 10000~20000 之间，姓名不能取空值，年龄不小于18，性别只能是"男"或"女"。

```
CREATE TABLE 职工表
（ 工号 INT
   CONSTRAINT C1 CHECK(工号 BETWEEN 10000 AND 20000),
   姓名 VARCHAR(20)
   CONSTRAINT C2 NOT NULL,
   年龄 INT
   CONSTRAINT C3 CHECK(年龄 >=18),
   性别 VARCHAR(2)
   CONSTRAINT C4 CHECK(性别 IN(男,女)),
   CONSTRAINT Key PRIMARY KEY(工号)
);
```

在关系职工表上，将所有完整性约束都使用完整性命名子句来定义，其中包括约束条件名 C1 为工号取值范围的完整性命名子句、约束条件名 C2 为姓名不允许为空的完整性命名子句、约束条件名 C3 为年龄最小值的完整性命名子句、约束条件名 C4 为性别取值范围的完整性命名子句，最后一个约束条件名 Key 为关系主码定义的完整性命名子句，其中 C1、C2、C3、C4 为列级约束，Key 为表级约束。

【例6-21】 建立关系教师工资表（教师号，姓名，职务，工资，扣除项，部门号），要求每个教师的应发工资不低于5000元。应发工资是工资与扣除项之和。

```
CREATE TABLE 教师工资表
(   教师号 VARCHAR(9) PRIMARY KEY,
    姓名 VARCHAR(20),
    职务 VARCHAR(10),
    工资 FLOAT,
    扣除项 FLOAT,
    部门号 VARCHAR(4)
    CONSTRAINT 教师工资表 FOREIGN KEY(部门号) REFERENCES 部门表(部门号),
    CONSTRAINT C1 CHECK(工资 + 扣除项 >= 5000)
);
```

2. 修改表中的完整性限制

可以使用修改表语句 ALTER TABLE 修改表中的完整性约束。

【例6-22】 删除例6-20职工表中对姓名非空的限制。

```
ALTER TABLE 职工表
DROP CONSTRAINT C2;
```

【例6-23】 修改职工表中的约束条件，要求工号改为在 100000～200000 之间，职工不允许有重名，年龄由小于18改为小于23。

```
ALTER TABLE 职工表
DROP CONSTRAINT C1;
ALTER TABLE 职工表
ADD CONSTRAINT C1 CHECK(工号 BETWEEN 100000 AND 200000);
ALTER TABLE 职工表
ADD CONSTRAINT C5 姓名 UNIQUE;
ALTER TABLE 职工表
DROP CONSTRAINT C3;
ALTER TABLE 职工表
ADD CONSTRAINT C3 CHECK(Sage <= 23);
```

通过上述示例可以看出，对于完整性命名子句可以灵活地进行增加、删除和修改，不需要删除原有基本表进行重建，也不需要修改基本表结构，只要将原有的完整性约束删除，重新建立一个完整性命名子句即可，这使得完整性约束操作更加便捷。

6.5.6 规则

规则就是数据库对存储在表中的列或用户自定义数据类型中的值的规定和限制。规则是独立于任何数据对象进行存储的，它不同于约束，约束定义在基本表的结构当中，当删除某属性或者基本表时，约束也会随之删除；但是规则是独立的，在对基本表或者表中对象进行修改或者删除时，不会对规则产生任何影响。约束和规则具有相同的作用，都是为了保障数据的完整性，它们可以同时使用，基本表的属性列上可以有若干个约束和一个规则。

规则与检查约束 CHECK 十分相似，都是限定数据的输入范围。CHECK 约束是在用 CREATE TABLE 或 ALTER TABLE 语句定义表结构的同时定义，它与表定义存储在一起，所以在删除基本表时，CHECK 约束被自动删除，并且 CHECK 约束不能直接作用于用户自定义数据类型；而规则需要使用 CREATE RULE 语句定义，它作为一种数据库对象单独存储，所以它可以被多次应用于不同属性列或用户定义的数据类型。在删除表时不会影响规则。

1. 创建规则

CREATE RULE 命令用于在当前数据库中创建规则，其语法格式如下：

```
CREATE RULE RULE_NAME AS CONDITION_EXPRESSION
```

其中，rul_name 是规则的名称；condition_expression 子句是规则的定义，该子句必须以 @ 开头，它可以是用于 WHERE 条件子句中的任何表达式，可包含算术运算符、关系运算符和谓词（如 IN、LIKE、BETWEEN 等）。

【例 6-24】　创建课程成绩规则。

```
CREATE RULE SCORE_RULE
AS @ 成绩 > = 0 AND @ AGE < = 100
```

【例 6-25】　创建学生姓名不允许为空值规则。

```
CREATE RULE NAME_RULE
AS @ 姓名 NOT NULL
```

2. 绑定与松绑规则

规则创建后，如果没有绑定对象，只是存放在数据库中，那么将不会有任何意义。规则只有和数据库中的基本表或者用户自定义数据类型关联起来，才能发挥其约束作用，这种关联方式称为绑定。绑定是将已经定义好的规则应用到基本表的某一列或者用户自定义数据类型。基本表中的属性列上只能绑定一个规则，而一个规则可以绑定多个列或用户自定义数据类型。解除规则与对象之间的绑定称为松绑。

（1）使用存储过程 sp_bindrule 绑定规则　使用存储过程 sp_bindrule 可以将规则绑定到基本表的属性列或一个用户自定义数据类型上，其语法格式如下：

```
SP_BINDRULE [@ RULENAME =] 规则名,
[@ OBJNAME =] 对象名 {, 'FUTUREONLY'}
```

其中，[@ rulename =] 规则名是指定规则名称，[@ objname =] 对象名是指定规则绑定的对象，futureonly 是指该规则只可绑定于用户自定义数据类型。当绑定此规则后，只对以后使用此用户自定义数据类型的列起到限制，而此前已经使用此数据类型的列不受影响。

【例 6-26】　绑定例 6-25 的规则 name_rule 到学生表的"姓名"列。

```
EXEC SP_BINDRULE 'NAME_RULE','学生表. 姓名'
```

规则指定的数据类型必须与所绑定的对象的数据类型一致，且规则不能绑定一个数据类型为 TEXT、IMAGE 或 TIMESTAMP 的列。

当基本表的属性列与规则 A 绑定，同时列的数据类型又与规则 B 绑定时，要以规则 A 为列的规则。这是因为与基本表的属性列绑定的规则优先于与用户自定义数据类型绑定的规则。如果使用新的规则来限定列或者用户自定义数据类型，可以直接用该新规则来绑定列或用户自定义数据类型，而不需要先将其原来绑定的规则解除，系统会自动将旧规则覆盖。

（2）使用存储过程 sp_unbindrule 解除规则的绑定 使用存储过程 sp_unbindrule 解除规则与列或用户自定义数据类型的绑定，其语法格式如下：

```
SP_UNBINDRULE [@ OBJNAME =]对象名 {,'FUTUREONLY'}
```

其中，futureonly 只用于解除与用户自定义数据类型相关的规则。指定此项参数则表示现有的已经使用该用户自定义数据类型规则限定的属性列的值依旧遵循规则要求；如果没有指定此项参数，则表示所有使用此用户自定义数据类型规则的属性列都会解除限定。

【例 6-27】 解除已绑定到学生表的"姓名"属性上的规则 name_rule。

```
EXEC SP_UNBINDRULE '学生表.姓名'
```

3. 删除规则

使用 DROP RULE 命令可以删除当前数据库中的一个或多个规则，其语法格式如下：

```
DROP RULE {RULE_NAME} {规则1,…,规则N}
```

在删除规则前，需要调用 sp_unbindrule 存储过程来解除该规则的绑定。

【例 6-28】 删除 name_rule 规则。

```
DROP RULE NAME_RULE
```

6.5.7 默认

默认值是存储在数据库中的独立的数据对象，其作用对象是数据库中已经存在的基本表中的属性列或者用户自定义数据类型。默认值用来限定列的值或者用户自定义数据类型。假如设定默认，当用户向基本表中添加数据时，如果没有明确给出具体的值，那么 SQL Server 将为那些没有给出确切值的列分配默认值。默认值可以是常量、数学表达式或者内置函数。默认值与 CREATE TABLE 或 ALTER TABLE 命令操作基本表时使用默认约束 DEFAULT 语句相似，但默认对象可以用于基本表中的一个或者多个属性列或用户自定义数据类型，基本表的一个属性列或一个用户自定义数据类型只能定义一个默认约束。

默认值与规则的存储方式、作用对象基本相似，所以默认值也是独立于其作用的对象的。例如基本表，当基本表删除之后，表中定义的约束，如默认约束，都将被删除，但是不会影响默认值。

1. 创建默认

CREATE DEFAULT 命令用于在当前数据库中创建默认对象，其语法格式如下：

```
CREATE DEFAULT DEFAULT_NAME AS CONSTANT_EXPRESSION
```

其中，default_name 是定义默认的名称；constant_expression 子句是默认的定义，该子句可以是数学表达式或函数，也可以包含表的列名或其他数据库对象。

【例 6-29】　创建所在系的默认值 dept_defa。

```
CREATE DEFAULT DEPT_DEFA
   AS '计算机'
```

2. 绑定与松绑默认

默认创建后，同规则一样，如果没有绑定对象，将不具有任何意义，只有和数据库中的基本表或者用户自定义数据类型关联起来，才能发挥其作用。基本表中的属性列上只能绑定一个默认值，而一个默认值可以绑定多个列或用户自定义数据类型。

（1）使用存储过程 sp_bindefault 绑定默认　使用存储过程 sp_bindefault 可以将一个默认绑定到表的一个列或一个用户自定义数据类型上，其语法格式如下：

```
SP_BINDEFAULT [@ DEFNAME = ] 默认名,[@ OBJNAME = ] 对象名{'FUTUREONLY'}
```

其中，[@ defname =] 是已定义过的默认名称，[@ objname =] 是指定默认绑定的对象，futureonly 是指该默认只可绑定于用户自定义数据类型。当绑定此默认值后，只对以后使用此用户自定义数据类型的列产生限制，而此前已经使用此数据类型的列不受影响。

【例 6-30】　绑定默认 dept_defa 到基本表学生表所在系的列。

```
EXEC SP_BINDEFAULT DEPT_DEFA,'学生表. 所在系'
```

当用户向学生表中写入数据时，如果没有给出学生所在系的值，那么系统自动将默认的"计算机"分配到对应所在系中。

（2）使用存储过程 sp_unbindefault 解除默认的绑定　使用存储过程 sp_unbindefault 解除默认与基本表的属性列或用户自定义数据类型的绑定，其语法格式如下：

```
SP_UNBINDEFAULT [@ OBJNAME = ]对象名 [,'FUTUREONLY']
```

其中，futureonly 只用于解除与用户自定义数据类型相关的默认。指定此项参数则表示现有的已经使用该用户自定义数据类型默认限定的属性列的值依旧遵循默认要求；如果没有指定此项参数，则表示所有使用此用户自定义数据类型默认的属性列都会解除限定。

【例 6-31】　解除默认 dept_defa 与基本表学生表中所在系属性列的绑定。

```
EXEC SP_UNBINDEFAULT '学生表. 所在系'
```

注意：如果属性列同时绑定了规则和默认，那么默认应该符合规则的规定。当一个基本表采用 CREATE TABLE 或 ALTER TABLE 命令创建或者修改表时，已经用到默认约束 DEFAULT 对属性列设置的默认约束的定义，那么该属性列不能绑定默认值。

3. 删除默认

使用 DROP DEFAULT 命令能够删除当前数据库中的一个或多个默认，其语法格式如下：

```
DROP DEFAULT(DEFAULT_NAME)[默认 1,…,默认 n]
```

【例 6-32】　删除所在系默认 dept_defa。

```
DROP DEFAULT DEPT_DAFA
```

在删除默认前，需要调用存储过程 sp_unbindefault 来解除该默认的绑定。

6.6 数据库的 5 种约束

约束是 SQL Server 提供的自动保持数据库完整性的一种方法，定义了输入基本表中数据必须遵守的限制条件。在 SQL Server 中有 5 种约束：主码约束（PRIMARY KEY CONSTRAINT）、外码约束（FOREIGN KEY CONSTRAINT）、唯一性约束（UNIQUE CONSTRAINT）、检查约束（CHECK CONSTRAINT）和默认约束（DEFAULT CONSTRAINT）。

1. 主码约束

主码约束是指基本表中的一个或者多个属性列的值在表中是唯一的，即能够唯一标识一条记录。既然能够唯一标识一个元组，那么该值就不能取空值，如果主码为空值，那么将无法辨识该元组。在主码数据类型定义中，数据类型 IMAGE 和 TEXT 的列不能被指定为主码。

组成主码的属性列可以是单个属性，也可以是多个属性，多个属性列组成的主码称为联合主码。在定义单个属性作为主码时既可以定义在列级上，也可以定义在表级上，但是联合主码只能定义在表级上。

主码约束可以使用 CREATE TABLE 命令在创建基本表的同时对属性列进行约束，实现方法可参考 6.1.1 节主码的定义。但是，如果基本表结构已经确定，添加主码约束，可以用 ALTER TABLE 命令定义，其语法格式如下：

```
ALTER TABLE 表名
ADD CONSTRAINT 完整性约束命名子句名 PRIMARY KEY(属性列)
```

其中，属性列为要设置为主码的属性列。当在确定结构的基本表中加入主码约束时，可用完整性约束，命名子句完成。例如，已知基本表教师表的结构：

```
CREATE TABLE 教师表
(   教师号 VARCHAR(9),
    姓名 VARCHAR(20),
    性别 VARCHAR(2),
    年龄 INT,
    部门号 VARCHAR(9),
);
```

在已知教师结构中添加主码约束，定义"教师号"为主码。其具体实现如下：

```
ALTER TABLE 教师表
ADD CONSTRAINT NO_KEY PRIMARY KEY (教师号)
```

2. 外码约束

外码约束定义了基本表之间的联系。当一个基本表中的一个属性列或者多个属性列的取值需要依赖其他表中的主码的值的范围时，这个或者这些属性列即为外码。外码定义后，当与之存在联系的基本表的主码值更新时，对应的外码的值也会随之发生变化。同样，在向外码所在基本表中插入元组时，如果插入元组的外码值在与之联系的主码值中不存在，那么系统将会拒绝插入操作。与主码相同，不能使用一个定义为 TEXT 或 IMAGE 数据类型的列创建外码。

基本表中的外码可以是单一属性列，也可以是多个属性列，所以外码的定义可以在列级上，也可以在表级上。当对基本表进行数据操作时破坏了外码约束的限定，系统默认的处理为拒绝执行。如果要采用其他违约方式，则需要显式说明。外码约束可以使用 CREATE TABLE 命令在创建基本表的同时对属性列进行约束，实现方法可参考 6.2.1 节外码的定义。但是，如果基本表结构已经确定，再添加外码约束，可以用 ALTER TABLE 命令定义，其语法格式如下：

```
ALTER TABLE 表名
ADD CONSTRAINT 完整性约束命名子句名 FOREIGN KEY (外码属性列) REFERENCES 被参照表名
(主码属性列)
```

在上述已知教师结构中添加外码"部门号"，参照部门表中的主码"部门号"。

```
ALTER TABLE 教师表
ADD CONSTRAINT DEPT_FK FOREIGN KEY (部门号) REFERENCES 部门 (部门号)
```

3. 唯一性约束

唯一性约束指定一个或者多个属性列的组合的值具有唯一性，不允许属性列中出现重复值。唯一性约束的属性列可以存在空值，但是空值只能有一个。当唯一性约束限定主码时，因为主码根据实体完整性约束规则本身就具有唯一性，所以主码所在属性列可以不用设置唯一性约束。唯一性约束既可定义在列级，也可定义在表级。

唯一性约束可以使用 CREATE TABLE 命令在创建基本表的同时对属性列进行约束，实现方法可参考 6.3 节例 6-11。

与主码、外码定义一样，当基本表结构已确定时，可以采用 ALTER TABLE 命令定义添加唯一性约束，其语法格式如下：

```
ALTER TABLE 表名
ADD CONSTRAINT 完整性约束命名子句名 UNIQUE (属性列名)
```

同样，在上述已知教师结构中对属性列"姓名"添加唯一性约束。

```
ALTER TABLE 教师表
ADD CONSTRAINT QU_NAME UNIQUE (姓名)
```

4. 检查约束

检查约束是对数据库中数据特征的设置，能够对数据的范围、格式进行限制。它可以对输入列或整个表中的值设置检查条件，保证数据库的数据完整性。检查约束可以对属性列设置一个或多个检查条件。检查约束既可以定义在列级，也可以定义在表级。

检查约束可以使用 CREATE TABLE 命令在创建基本表的同时对属性列进行约束，实现方法可参考 6.3 节例 6-13。当基本表结构已确定时，可以采用 ALTER TABLE 命令定义添加检查约束，其语法格式如下：

```
ALTER TABLE 表名
```

ADD CONSTRAINT 完整性约束命名子句名 CHECK(逻辑表达式)

其中，逻辑表达式是该属性列的约束条件的表达式。如果经过数据操作使得逻辑表达式为真，则可以执行该操作；否则将拒绝执行。

在上述已知教师结构中，要求添加年龄值不小于 23 的约束条件。

```
ALTER TABLE 教师表
ADD CONSTRAINT age_ck CHECK(年龄 > =23)
```

注意：检查约束可以作用于计算列上，但其他约束条件不可以。

5. 默认约束

默认约束是指当基本表中定义了默认约束，在向数据表插入数据时，没有给出确切的列值的，系统会自动将定义好的默认值分配给属性列；如果没有定义默认约束，系统会默认为 NULL。在 SQL Server 中，采用默认约束来定义默认条件比默认值更为常用。默认约束只能定义在列级上。

默认约束可以使用 CREATE TABLE 命令在创建基本表的同时对属性列进行约束。

【例 6-33】 创建学生表（学号，姓名，性别，年龄，所在系），其中学号为主码，性别的默认值为"男"。

```
CREATE TABLE 学生表
(   学号 VARCHAR(9)PRIMARY KEY,
    姓名 VARCHAR(20)
    性别 VARCHAR(2)DEFAULT '男',
    年龄 INT,
    所在系 VARCHAR(20)
);
```

当基本表结构已经确定，需要添加默认约束时，可以采用 ALTER TABLE 命令添加，其语法格式如下：

```
ALTER TABLE 表名
ADD CONSTRAINT 完整性约束命名子句名 DEFAULT(默认值) FOR 属性列名
```

例如，在上述学生表中添加所在系为"计算机"的默认约束条件。

```
ALTER TABLE 学生表
ADD CONSTRAINT DEPT_DF DEFAULT('计算机') FOR 所在系
```

6.7 完整性约束应用

根据本章介绍的内容，实现简单的教务管理数据库的建立。

在教务管理数据库中有如下关系模式。

院系表（院系号，院名，负责人，办公地点），其中院系号是主码，院系名不能为空且不允许重复。

学生表（学号，姓名，性别，年龄，入学年份，籍贯，手机号码，院系号，班长学号，状态），其中学号是主码，院系号和班长学号是外码，姓名不能为空，手机号码默认为空，年龄取值为 14～50 之间, 性别是'男'或者'女', 状态的取值范围为 ('正常', '留级', '休学', '退学')。

教师表 (教师号, 姓名, 性别, 院系号, 职称), 其中教师号是主码, 姓名不允许为空, 院系号是外码, 职称的取值范围为 ('教授', '副教授', '讲师', '助教')。

课程表 (课程号, 课程名, 学分, 授课教师), 其中课程号是主码, 授课教师是外码, 课程名不允许出现重名, 学分取值为 0～5 之间。

选课表 (学号, 课程号, 成绩), 其中学号和课程号是联合主码, 同时也是外码; 成绩取值为 0～100 之间, 默认值为 0。

实现过程如下:

```
USE 教务管理
GO
CREATE TABLE 院系表
(   院系号 VARCHAR(4) PRIMARY KEY,
    院系名 VARCHAR(20) NOT NULL UNIQUE,
    负责人 VARCHAR(10),
    办公地点 VARCHAR(20)
)
GO
CREATE TABLE 学生表
(   学号 VARCHAR(9) PRIMARY KEY,
    姓名 VARCHAR(10) NOT NULL,
    性别 VARCHAR(2) CHECK(性别 IN('男','女')),
    年龄 INT CHECK(年龄 BETWEEN 14 AND 50 ),
    入学年份 DATETIME,
    籍贯 VARCHAR(20),
    手机号码 VARCHAR(20) DEFAULT NULL,
    院系号 VARCHAR(4),
    班长学号 VARCHAR(9),
    状态 VARCHAR(20) CHECK(状态 IN('正常','留级','休学','退学')),
    FOREIGN KEY(班长学号) REFERENCES 学生表(学号),
    FOREIGN KEY(院系号) REFERENCES 院系表(院系号)
)
GO
CREATE TABLE 教师表
(   教师号 VARCHAR(9) PRIMARY KEY,
    姓名 VARCHAR(10) NOT NULL,
    性别 VARCHAR(2),
    院系号 VARCHAR(4) FOREIGN KEY REFERENCES 院系表(院系号),
    职称 VARCHAR(8) CHECK(职称 IN('教授','副教授','讲师','助教'))
)
GO
CREATE TABLE 课程表
```

```
(   课程号 VARCHAR(10)PRIMARY KEY,
    课程名 VARCHAR(30)UNIQUE,
    学分 INT CHECK(学分 BETWEEN 0 AND 5),
    授课教师 VARCHAR(9)FOREIGN KEY REFERENCES 教师表(教师号)
)
GO
CREATE TABLE 选课表
(   学号 VARCHAR(9),
    课程号 VARCHAR(10),
    成绩 int CHECK(成绩 BETWEEN 0 AND 100)DEFAULT 0,
    PRIMARY KEY(学号,课程号),
    FOREIGN KEY(学号)REFERENCES 学生表(学号),
    FOREIGN KEY(课程号)REFERENCES 课程表(课程号)
)
GO
```

本 章 小 结

　　数据库的完整性目的是保证数据库中存储的数据的正确性，使得符合语义的数据存储在数据库中。本章主要讲解了关系数据库管理系统完整性机制，包括完整性约束实现、完整性控制和常用的几类数据完整性，同时介绍了违反数据完整性约束条件的处理方式等。

　　在关系数据库管理系统中，实体完整性和参照完整性最为重要，称为两个不变；其他的完整性约束条件可根据实际应用情况来进行定义。

　　数据完整性约束一经定义，会作为数据模式的一部分存放在数据字典中。当进行数据操作时，系统按照约束条件自动检查数据是否正确，一旦出现违反约束条件的情况，系统会采取默认处理方式，即拒绝执行；如果不采用默认违约处理方式，则需要显式定义。

　　数据库完整性约束的定义一般采用 SQL 数据定义语言来实现，可以定义在列级上，也可以定义在表级上。其中，默认约束和非空约束只能定义在列级，其他约束条件既可定义在列级也可定义在表级。

习 题

一、选择题

1. 数据库的（　　）是指数据的正确性和相容性。

A. 完整性　　　　　　B. 安全性　　　　　　C. 并发控制　　　　　　D. 恢复

2. 数据完整性保护中的约束条件主要是指（　　）。

A. 用户操作权限的约束　　　　　　　　B. 用户口令校对

C. 值的约束和结构的约束　　　　　　　D. 并发控制的约束

3. "年龄在 15～30 岁之间"这种约束属于 DBMS 的（　　）功能。

A. 恢复　　　　　　B. 安全性　　　　　　C. 完整性　　　　　　D. 并发控制

4. 完整性检查和控制的防范对象是（　　），防止它们进入数据库。

A. 不合语义的数据　　　　　　　　B. 非法用户

C. 不正确的数据　　　　　　　　　D. 非法操作

5. 下述 SQL 中的权限，（　　）允许用户定义新关系时，引用其他关系的主码作为外码。

A. INSERT　　　　B. DELETE　　　　C. REFERENCES　　D. SELECT

6. 在一个表中，主码的个数为（　　）个。

A. 1　　　　　　　B. 2　　　　　　　C. 3　　　　　　　D. 不确定

7. （　　）约束不可以为空。

A. 主码　　　　　　B. 外码　　　　　　C. 默认　　　　　　D. UNIQUE 约束

二、填空题

1. 数据库的完整性是指数据的_____和_____。

2. SQL Server 使用声明完整性和_____两种方式实现数据完整性。

3. _____完整性，它要求表中所有元组都应该有一个唯一标识，即主码。

4. _____完整性维护从表中外码与主表中主码的相容关系。

5. 为了保护数据库的实体完整性，当用户程序对主码进行更新使主码值不唯一时，DBMS 就_____。

6. 关系模型中一般将数据完整性分为 4 类：_____、_____、_____和域完整性。

三、简答题

1. 什么是数据库的完整性？DBMS 的完整性子系统的功能是什么？

2. 完整性规则由哪几个部分组成？关系数据库的完整性规则有哪几类？

3. 简述 SQL 中的完整性约束机制。

4. 对于参照完整性规则，在 SQL 中可以用哪些方式实现？删除基本表的元组时，依赖关系可以采取的做法有哪几种？修改基本关系的主码值时，依赖关系可以采取的做法有哪几种？

5. 简述 SQL 中基于属性的检查约束和基于元组的检查约束，对这两种完整性约束进行比较，其各说明什么对象？何时激活？能保证数据库的一致性吗？

6. 在参照完整性中，什么情况下外码属性的值可以为空值？

7. 简述数据库完整性概念与数据库安全性概念的区别和联系。

四、综合题

1. 已知学生 – 课程数据库的关系模式如下：

　　学生（学号，姓名，年龄，性别）

　　课程（课程号，课程名，授课教师）

　　选课（学号，课程号，成绩）

给出下列完整性约束。

（1）在学生关系中插入的学生年龄值在 16 ~ 25 之间。

（2）在选课关系中插入元组时，其学号和课程号的值必须分别在学生关系和课程关系中存在。

（3）在选课关系中成绩值必须在 0～100 之间。

（4）在删除课程关系中的一个元组时，首先要把选课关系中具有相同课程号的元组全部删除。

（5）在学生关系中把某个学号值修改为新值时，必须同时把选课关系中的具有原学号相同值的学号修改为新值。

2. 假设有下面两个关系模式：

职工（职工号，姓名，年龄，职务，工资，部门），其中职工号为主码；

部门（部门号，姓名，经理名，电话），其中部门号为主码。

用 SQL 定义这两个关系模式，要求在模式中完成以下完整性约束条件。

（1）定义实体完整性。

（2）定义参照完整性。

（3）定义职工年龄不得超过 60 岁。

第7章

数据库设计

1. 了解数据库设计概述
2. 掌握概要结构设计
3. 掌握逻辑结构设计
4. 掌握物理结构设计
5. 掌握数据库的实现

7.1 数据库设计概述

1. 数据库设计的概念

数据库设计是指对于一个给定的应用环境，构造（设计）优化的数据库逻辑模式和物理结构，并据此建立数据库及其应用系统，使之能够有效地存储和管理数据，满足各种用户的应用需求，包括信息管理要求和数据操作要求。

2. 数据库设计的步骤

我们把数据库应用系统从开始规划、设计、实现、维护到最后被新的系统取代而停止使用的整个期间称为数据库系统开发生命周期。图 7-1 所示为数据库系统开发的各阶段。

数据系统开发各阶段要完成的主要目标如表 7-1 所示。

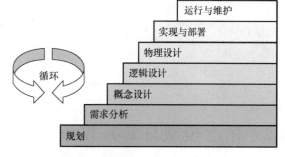

图 7-1　数据库系统开发的各阶段

表 7-1　数据系统开发各阶段主要目标

阶段	主要目标	实现步骤
规划	总结组织的长期规划，特别是数据库系统的规划，为数据库项目设定方向和范围	1）系统调查。 2）可行性分析。 3）确定数据库系统的总体目标

（续）

阶段	主要目标	实现步骤
需求分析	收集数据库所有用户的信息内容和处理要求，并加以规格化和分析	1）分析用户活动，产生业务流程图 2）确定系统范围，产生系统关联图 3）分析用户活动涉及的数据，产生数据流图 4）分析系统数据，产生数据字典
概念设计	把用户的信息要求统一到一个整体逻辑结构中，得到概念模型	1）进行数据抽象，设计局部概念模型 2）将局部模型综合成全局概念模型 3）评审
逻辑设计	将上一步得到的概念模型转换为某个 DBMS 所支持的数据模型，并对其进行优化，得到逻辑模型	1）把概念模型转换成逻辑模型 2）优化数据模型 3）设计用户子模式
物理设计	为逻辑数据模型建立一个完整的能实现的数据库结构，包括存储结构和存取方法	1）存储记录结构设计 2）确定数据存储位置 3）存储方法的设计 4）考虑完整性和安全性 5）程序设计
实现与部署	把原始数据装入数据库，建立一个具体的数据库并编写和调试相应的应用程序，用数据填充表，培训用户，编写用户文档、帮助文本及操作手册，为系统的使用和操作提供支持	1）定义数据库结构 2）组织数据入库 3）编制和调试应用程序 4）数据库运行
运行与维护	收集和记录实际系统运行数据，执行日常维护，评价数据库系统的性能，进一步调整和修改数据库	1）数据库的转储和恢复 2）数据库安全性、完整性控制 3）数据库性能的监督、分析和改进 4）数据库的重组织和重构造

7.2　概念模型与 E-R 模型

7.2.1　概念模型

1. 概念

无论系统最终建立在什么类型的数据库上（如层次数据库、网状数据库或关系数据库），一个出色的概念数据模型都会保持不变，这就是我们所说的模型的"实现自由"，即使根本不使用数据库，数据模型也应保持不变。

将需求分析得到的用户需求抽象为信息结构及概念模型的过程就是数据库的概念结构设

计，简称为数据概念设计。

概念设计就是将需求分析得到的用户需求抽象为信息结构，即概念模型。

（1）概念模型的特点

1）语义表达能力丰富。

2）易于交流和理解。

3）易于修改和扩充。

4）易于向各种数据模型转换。

人们提出了许多概念模型，其中最著名、最实用的是 E-R（Entity-Relationship，实体-联系）模型，它将现实世界的信息结构统一用属性、实体及它们之间的联系来描述。

（2）设计概念结构的 E-R 模型的方法

1）自顶向下：先定义全局概念结构 E-R 模型的框架，再逐步细化。

2）自底向上：先定义各局部应用的概念结构 E-R 模型，然后将它们集成，得到全局概念结构 E-R 模型。

3）逐步扩张：先定义最重要的核心概念 E-R 模型，然后向外扩充，以"滚雪球"的方式逐步生成其他概念结构 E-R 模型。

4）混合策略：采用自顶向下和自底向上相结合的方法，先自顶向下定义全局框架，再以它为骨架集成自底向上方法中设计的各个局部概念结构。

例如，自底向上设计方法的步骤：

1）进行数据抽象，设计局部 E-R 模型，即设计用户视图。

2）集成各局部 E-R 模型，形成全局 E-R 模型，即视图的集成。

2. 实体

实体（Entity）是客观存在并可相互区别的人、位置、事件或概念，这些事物具有组织感兴趣的特征。实体通常为名词。

实体的特征：

1）独立存在。一个实体的存在不依赖于另一个实体。例如，实体"旅客"的存在不取决于其是否与另一实体"班机"相关。有的预期旅客可能还没有与任何航班相关，但"旅客"实体仍然存在于数据库系统中。

2）可区别。在现实中，一个实体区别于另一个实体。各实体是唯一的，可将其区别开来。

3. 实例

实例（Instance）是实体的一个成员。实体与实例如表 7-2 所示。

4. 属性

（1）实体的实例内在的、公共的特性表示为属性　属性（Attribute）是实体具有的某一特性，是实体内在的、截然不同的特征。一个属性用来描述、量化、限定一个实体，为实体分类和指定一个实体。属性示例如表 7-3 所示。

每个属性都必须为某个实体拥有，而且值得注意的是，每个截然不同的属性只由一个实体拥有。

表 7-2　实体与实例

实体	实例
人	里根、亚里士多德
学生	章晓会、李想、张鹏
职务	班长、校长、总裁
技术级别	初级、中级、高级
音乐会	Michael Jackson 的演唱会
植物	樟树、狗尾草
车辆	房车、货车、轿车

表 7-3　属性示例

学生	学号、姓名、班级、家庭住址、电话
顾客	顾客编号、姓名、年龄、电话
轿车	型号、质量、颜色、价格
保险单	保单编号、保险类别、生效日期、到期日期
猫	品种、颜色、猫龄
转让	金额、转让日期
银行账户	账号、余额

（2）属性的特性

1）属性是单值的。对于实体的每个实例，每个属性只有一个值（在任何时间点）。

2）唯一值。实体的各个实例都有一组唯一属性值，也允许实体的其他实例重复部分属性值。

3）可变性。实体的属性的值可能随时间而发生改变。

4）空值。如果实际值未知、不可用或缺失，则属性可包含空值。

（3）属性的表示　属性值可以是数字、字符串、图像、音频等，这些称为数据类型。数据类型是一种属性，用于指定对象可保存的数据的类型。SQL Server 中支持多种数据类型，包括字符类型、数值类型及日期类型等。数据类型相当于一个容器，容器的大小决定了装的东西的多少，将数据分为不同的类型可以节省磁盘空间和资源。

SQL Server 还能自动限制每个数据类型的取值范围。例如，定义了一个类型为 int 的字段，如果插入数据时插入的值的大小在 smallint 或者 tinyint 范围之内，SQL Server 会自动将类型转换为 smallint 或者 tinyint。这样一来，在存储数据时，占用的存储空间只有 int 的 1/2 或 1/4。具体数据类型表示参照 3.4 节内容。

一些属性（如年龄）的值是时常变化的，这些属性称为易失属性；另外一些属性（如订单日期）则几乎不变，这些属性称为非易失属性。要使用非易失属性作为实体的属性。一些属性必须具有值，这些属性称为必需属性或必选属性。

有些属性是可选属性。例如，除了在移动或无线应用产品中，移动电话号码通常不是必需的。如果要建模一个电子邮件应用程序，则对于雇员，电子邮件地址可能为必需属性。

（4）区分实体和属性的准则

1）属性不能再具有需要描述的性质。属性必须是不可分的数据项，不能包含其他属性。

2）属性不能与其他实体具体有联系，即 E-R 图中所表示的联系是实体之间的联系。

凡满足上述两条准则的事物，一般均可作为属性对待。

5. 唯一标识符

除了描述实体的特征外，属性还具有另一种作用，即用于确定唯一的实体实例，这样的属性称为唯一标识符（Unified Identifier，UID）。唯一标识符是实体的一个或一组属性。

6. 实体及其属性的表示

传统实体关系图中，用矩形表示实体，实体名写在矩形内；属性用椭圆表示，属性名写在椭圆内；线段连接实体与属性。

图 7-2a 所示为商品实体及其属性。

另一种用仿实体关系表示的图中，用圆角矩形表示实体，实体名写在圆角矩形内的第一行，实体名一般为名词。如果用英文表示实体，那么其形式应该是大写的单数名词。实体的属性列在实体名的下方，用"﹡"标记必选的属性，用"o"标记可选属性，用"#"标记唯一标识符。应该选择具有实际意义的单词为实体的属性命名。如果用英文表示实体的属性，那么其形式应该是小写的单数名词，如图 7-2b 所示。

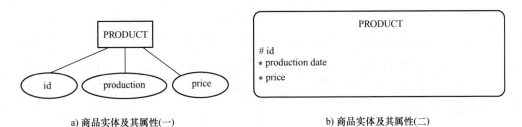

a) 商品实体及其属性(一)　　　　　　　　　　　　b) 商品实体及其属性(二)

图 7-2　商品实体及其属性

7. 关系

（1）关系的特点

1）关系表明实体之间的关联方式。

2）关系总是存在于两个实体之间（或实体与自身也存在关系）。

3）关系总是有两端，且自身可以有属性。

4）关系具有可选性。

5）关系有度（Degree）和基数。

（2）关系的度　关系的度是指参与关系的实体数目。如果实体数目是一，则称为一元关系；如果实体数目是二，则称为二元关系，如果实体数目是三，则称为三元关系。一元关系也称递归关系，因为一元关系是同一实体的互相关联。

（3）关系的基数　关系的基数可以用一对一（表示为 1:1）、一对多（表示为 1:m）和多对多（表示为 m:n）表示。

1）一对一（1:1）关系。如果一个实体的一个实例最多只能与另一个实体的一个实例相关，则称两个实体的关系为 1:1 关系。

2）一对多（1:m）关系。如果一个实体的一个实例可以与另一个实体的多个实例相关，则称两个实体的关系为 1:m 关系。

3）多对多（m:n）关系。如果一个实体的多个实例可以与另一个实体的多个实例相关，则称两个实体的关系为 m:n 关系。

在建模过程的后续阶段中，大多数 m:n 关系会消失。一个设计良好的实体关系图中是不包含多对多关系的。

（4）举例说明

1）一元关系的 3 种映射基数表示。图 7-3a 是一元关系中的 1:1 关系，运动员名次排序，运动员是前面一人、后面一人，运动员之间是一对一的关系；图 7-3b 是一元关系中的 1:n 关系，一个领导带领多名职工，领导本身也是职工中的一员，多名员工被一名领导带领，职工中的领导和职工间的关系是一对多的关系；图 7-3c 是一元关系中的 m:n 关系，零件本身由多个零件组成，多个零件又可以组成一个零件，所以零件间是多对多的关系。

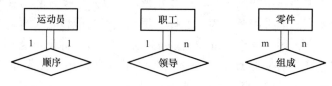

a) 一元关系中的1:1关系　　b) 一元关系中的1:n关系　　c) 一元关系中的m:n关系

图 7-3　一元关系

2）二元关系的 3 种映射基数表示。图 7-4a 是二元关系中的 1:1 关系，一个系只有一个系主任，一个系主任领导一个系；图 7-4b 是二元关系中的 1:n 关系，一个学生只属于一个系，一个系有 n 个学生；图 7-4b 是二元关系中的 m:n 关系，一个学生选修 n 门课程，一门课程有 m 个学生选修。

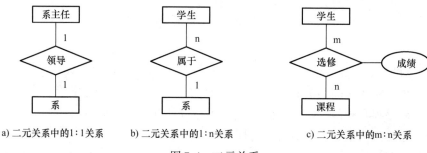

a) 二元关系中的1:1关系　　b) 二元关系中的1:n关系　　c) 二元关系中的m:n关系

图 7-4　二元关系

3）三元关系 m:n:p 关系的表示。图 7-5 是三元关系中的 m:n:p 关系，多个项目涉及多个供应商，多个供应商供应多个零件，三者之间两两相关，它们之间都是多对多的关系。

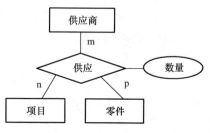

图 7-5　三元关系中的 m:n:p 关系

7.2.2　E-R 模型

概念设计的任务一般可分为 3 个子步骤，即数据抽象、设计局部概念模型、将局部概念模型综合成全局概念模型。采用实体关系模型进行数据库的概念设计。

1. 数据抽象

对需求分析阶段收集到的数据进行分类（Classification）、聚集（Aggregation）（组织），提取实体、实体的属性，标识实体的码，确定实体之间的联系类型（1:1、1:n、m:n），进而设计分 E-R 图。

（1）分类　定义某一类概念作为现实世界中一组对象的类型，这些对象具有某些共同的特性和行为。它抽象了对象值和型之间的 "is member of" 的语义，在 E-R 模型中，实体型就是这种抽象。

例如，信贷员张三是银行员工，他是银行职工中的一员，符合银行职员的共同特征和行为，有工号、职位、薪酬。再如，刘丽是学生中的一员，符合学生的共同特征和行为，有学号、出生年月、班级、所属系等；另外，他要学习，可以选修某些课程。

（2）聚集　定义某一类型的组成成分，它抽象了对象内部类型和成分之间"is part of"的语义，在 E-R 模型中若干属性的聚集组成了实体型，就是这种抽象。

通过分类，可以把同一类别中的对象抽象出来，然后将具有这些共同特征的对象抽象出来成为实体。例如，刘丽、林良、张玉芬等都有学号、出生年月、班级、所属系，都要选修某些课程，我们把具有这些属性的统称为学生。只要他的属性满足这些属性，他就是学生；如果他是学生，他就具有这些属性。

2. 设计分 E-R 图的步骤

（1）选择局部应用　需求分析阶段，用多层数据流图和数据字典描述整个系统。

设计分 E-R 图首先需要根据系统的具体情况，在多层数据流图中选择一个适当层次的数据流图，让这组图中每一部分对应一个局部应用；然后以这一层次的数据流图为出发点，设计分 E-R 图。通常以中层数据流图作为设计分 E-R 图的依据。

由于学籍管理、课程管理等都不太复杂，因此可以从它们入手设计学生管理子系统的分 E-R 图；如果局部应用比较复杂，则可以从更下层的数据流图入手。

（2）逐一设计分 E-R 图　将各局部应用涉及的数据分别从数据字典中抽取出来，参照数据流图，标定各局部应用中的实体、实体的属性、标识实体的码，确定实体之间的联系及其类型（1:1、1:n、m:n）。例如，要创建学生管理系统，可把张三、李四等对象抽象为学生实体，把学号、姓名、专业、年级等抽象为学生实体的属性。其中，学号为标识学生实体的码，因为学号是不重复的，且能区别各学生的属性，知道了学号就可以知道该学生的姓名、专业、年级等。

实体与属性是相对而言的。同一事物，在一种应用环境中作为属性，在另一应用环境中就必须作为实体。例如，学生管理系统中的系，在某种应用环境中只是作为"学生"实体的一个属性，表明一个学生属于哪个系；而在另一种环境中，由于需要考虑一个系的系主任、教师人数、学生人数、办公地点等，这时它就需要作为实体。

区分实体和属性的一般原则如下。

1）属性不能再具有需要描述的性质，即属性必须是不可分的数据项，不能再由另一些属性组成。

2）属性不能与其他实体具有联系，联系只发生在实体之间。现实世界中的事物凡能够作为属性对待的，应尽量作为属性。

【例 7-1】　学生由学号、姓名等属性进一步描述，根据原则 1），学生只能作为实体，不能作为属性。

【例 7-2】　职称通常作为教师实体的属性，但在涉及住房分配时，由于分房与职称有关，即职称与住房实体之间有联系，根据原则 2），这时把职称作为实体来处理会更合适。

3. 设计分 E-R 图的举例

（1）实体属性的确定　选课系统局部应用中主要涉及的实体包括学生、课程、教师、班级。

通过分析，得到学生实体由学号、姓名、学生的联系方式和班级 4 个属性组成，课程实体由课程号、课程名、选课人数、课程简介和开设状态 5 个属性组成，教师实体由教师名号、教师名和教师的联系方式 3 个属性组成，班级实体由班级号、班级名和所属院系 3 个属性组成。

（2）实体之间的联系　因为一个班级可以有多个学生，而一个学生只能属于一个班级，所以班级与学生之间是 1:n 的联系；因为一个选修课程往往只由一名教师开设，而一个教师可以开设多门课程，所以课程与教师之间是 n:1 的联系；因为一个学生可以选修多门课程，而一门课程可以有多名学生选修，所以学生与课程之间是 m:n 的联系。

（3）给出 E-R 图　选课系统 E-R 图如图 7-6 所示。

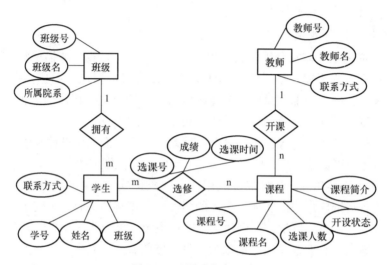

图 7-6　选课系统 E-R 图

（4）调整 E-R 图

1）在一般情况下，教师和学生都有一个教授的关系。但在本局部应用中，由于选课的学生与教课的教师间没有直接关系，因此该关系被去掉了。

2）实体和属性在 E-R 图中也应反复考虑，如选课关系中，除成绩以外还有选课时间和选课号，正常来说 m:n 关系中的关系不需要自己单独设主码，但在选课系统中，学生需要通过选课号来选课，因此加了一个选课的码（选课号）。

7.3　逻辑设计

概念设计的结果是得到一个与 DBMS 无关的概念模型，而逻辑设计的目的是把概念设计阶段得到的概念模型转换成与 DBMS 支持的数据模型相符合的逻辑结构。

7.3.1　E-R 模型到关系模型的转换

用 E-R 图表示概念模型的设计结果，E-R 图由实体、实体的属性和实体之间的联系 3 个要素组成，逻辑结构是一组关系模式的集合。将概念模型转换为关系模型实际上就是将 E-R 模型到关系模型的转换，即将实体、实体的属性和实体之间的联系转化为关系模式。

1．实体和属性转换

（1）实体和属性转换为表和属性　实体转换为关系，即表；实体的属性转换为关系的属性，即表的列；实体的实例转换为关系的实例，即表的行。唯一标识符转换为主码（FK），属性的可选性将继续保持。

图 7-7 是选课系统中的"课程（Course）"实体的逻辑设计。

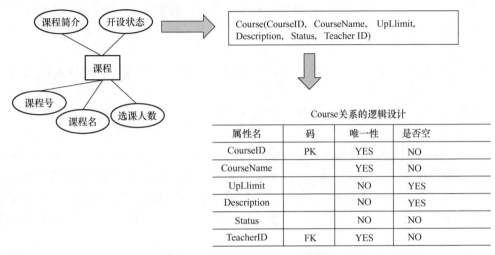

Course关系的逻辑设计

属性名	码	唯一性	是否空
CourseID	PK	YES	NO
CourseName		YES	NO
UpLlimit		NO	YES
Description		NO	YES
Status		NO	NO
TeacherID	FK	YES	NO

图 7-7　"课程"实体的逻辑设计

（2）表和列的命名　不同的 DBMS 对表名和列名的命名都有一定的限制。SQL Server 对数据库名、表名和列名的命名建议如下。

1）数据库名：用 1 个或 3 个以下英文单词组成，单词首字母大写，如：Department-Manage。

2）表名：使用名词性质的单词全拼表示，各单词首字母大写，使用复数形式，如 Books；如果该表用于表明另外两表中字段间的关系，则用单数（表明实体间的关系的表用单数命名），单词中间无 and、of、in 等介词，如 BookAuthor。

① 表中的字段一般使用名词性质的单词全拼表示，采用 1 个或 3 个以下英文单词组成，单词首字母大写，如 UserName。

② 表主码名称为表名 + ID，如 Document 表的主码名为 DocumentID。

③ 外码名称为主表名 + 对应列名，如 Departments-ID，说明如下：在表 Departments 中，其字段有 ID、DepartmentName；在表 UserInfo 中，其字段有 UserId、UserName、DepartmentsID，其中 DepartmentsID 为外码。

④ 表中自动增长的列一律命名为 ID。

（3）确定属性域　属性具有类型，在介绍数据库的概念结构设计时已介绍了属性的类型。在关系模型中，一组具有相同数据类型的值的集合称为域。表 7-4

表 7-4　一些属性和它们的域

属性	域
TeacherID	字符：10 个字符
TeacherName	字符：10 个字符
TeacherContact	字符：20 个字符
ClassID	字符：10 个字符
ClassName	字符：20 个字符
DepartmentName	字符：20 个字符
CourseID	字符：10 个字符
CourseName	字符：10 个字符
UpLlimit	数值：0 ~ 150
Description	文本：255 个字符
Status	字符：6 个字符
StudentID	字符：10 个字符
StudentName	字符：10 个字符
StudentContact	字符：20 个字符
ChooseID	字符：10 个字符
Score	数值：0 ~ 100

给出了一些属性和它们的域。

2. 关系转换

在关系数据库中，实体之间的联系通过表和表之间的引用来实现。表之间的相互引用通过将关系映射为外码来实现。外码是关系表的一个属性，用来与另一个表建立直接关系。外码的值要么为空，要么来自父表的主码。

（1）规则

1）一个实体转换为一个关系模式：实体的属性就是关系的属性，实体的码就是关系的码。

例如图 7-6 中，学生实体可以转换为学生（学号，姓名，联系方式，……），其中学号为关系的主码。

2）一个 1:1 联系的关系模式转换：可以转换为一个独立的关系模式，也可以与任意一端对应的关系模式合并。如果转换为一个独立的关系模式，则与该联系相连的各实体的主码及联系本身的属性均转换为关系的属性，每个实体的主码均是该关系的候选码；如果与某一端对应的关系模式合并，则需要在该关系模式的属性中加入另一个关系模式的码和联系本身的属性。

3）一个 1:n 联系的关系模式转换：可以转换为一个独立的关系模式，也可以与 n 端对应的关系模式合并。如果转换为一个独立的关系模式，则与该联系相连的各实体的码及联系本身的属性均转换为关系的属性，而关系的码为 n 端实体的码。

例如图 7-6 中，"拥有"联系是一个 1:m 联系，将其转换为关系模式的一种方法是使其成为一个独立的关系模式：拥有（学号，班级号），其中学号为"拥有"联系的码；另一种方法是将其学生关系模式合并，这时学生关系模式为：学生（学号，姓名，联系方式，……，班级号）。后一种方法可以减少系统中的关系个数，一般情况下更倾向于采用这种方法。

4）一个 m:n 联系的关系模式转换：转换为一个关系模式，与该联系相连的各实体的码及联系本身的属性均转换为关系的属性，而关系的码为各实体码的组合。

例如图 7-6 中，"选修"联系是一个 m:n 联系，可以将其转换为如下关系模式，其中学号与课程号为关系的组合码：选修（学号，课程号，成绩，选课时）。

5）3 个或 3 个以上实体间的一个多元联系转换为一个关系模式：与该多元联系相连的各实体的码及联系本身的属性均转换为关系的属性，而关系的码为各实体码的组合。

例如图 7-5 中，"供应"联系是一个三元联系，可以将其转换为如下关系模式，其中供应商的主码、项目的主码和零件的主码为关系的组合码，属性为关系的属性，关系为供应（供应商号，项目号，零件编号，数量）。

6）同一实体集的实体间的联系，即自联系，也可按上述 1:1、1:n 和 m:n 3 种情况分别处理。

例如，如果教师实体集内部存在领导与被领导的 1:n 自联系，可以将该联系与教师实体合并，这时主码职工号将多次出现，但作用不同，可用不同的属性名加以区分。例如，在合并后的关系模式中，主码仍为职工号，再增设一个"系主任"属性，存放相应系主任的职工号。

7）具有相同码的关系模式可合并。为了减少系统中的关系个数，如果两个关系模式具有相同的主码，可以考虑将它们合并为一个关系模式。合并方法是将其中一个关系模式的全部属性加入另一个关系模式中，然后去掉其中的同义属性（可能同名也可能不同名），并适当调整属性的次序。

例如，有一个"属于"关系模式：属于（学号，性别），有一个学生关系模式：学生（学号，姓名，出生日期，所在系，年级，班级号，平均成绩），这两个关系模式都以学号为主码，可以将它们合并为一个关系模式，假设合并后的关系模式仍称为学生：学生（学号，姓名，性别，出生日期，所在系，年级，班级号，平均成绩）。

（2）选课子系统中的关系模型

1）教师实体与课程是 1:n 的联系。根据转换规则，得到教师关系：Teacher（TeacherID，TeacherName，TeacherContact）；同时，根据转换规则 3），将 1 端的主码拿到 n 端作为外码，得到课程关系：Course（CourseID，CourseName，UpLlimit，Description，Status，TeacherID）。

2）班级和学生是 1:n 的联系。根据转换规则，得到课程关系：Classes（ClassID，ClassName，DepartmentName）；同时，根据转换规则 3），将 1 端的主码拿到 n 端作为外码，得到学生关系：Student（StudentID，StudentName，StudentContact，ClassID）。

3）学生和课程是 m:n 的联系。根据转换规则，将学生和课程的主码加到选课关系中，同选课的属性选课号和选课时间一起组成选课关系：Choose（ChooseID，StudentID，CourseID，Score，ChooseTime）。

3. 定义完整性约束

（1）确定约束　约束是规则，它确保将正确的限制施加到数据库中各个数据的值上。约束的目的是控制并确保数据内容的有效性和一致性。

可以将约束条件视为数据库规则。所有约束条件定义都存储在数据字典中。约束条件可以防止在某个表与其他表存在相关性时将该表删除。无论何时在表中插入、更新或删除行时，约束条件都会对数据强制执行规则。约束包括实体完整性约束，确定关系中的主码；参照完整性约束，确定关系中的外码；自定义完整性约束，对属性值域的限定。

（2）选课子系统的约束　选课子系统的约束如表 7-5 ~ 表 7-9 所示。

表 7-5　Teacher 关系约束

属性	约束	约束类型
TeacherID	primary key	实体完整性的主码约束
TeacherName	not null	实体完整性的非空约束
TeacherContact	not null	实体完整性的非空约束

表 7-6　Classes 关系约束

属性	约束	约束类型
ClassID	primary key	实体完整性的主码约束
ClassName	not null, unique	实体完整性的非空约束，唯一约束
DepartmentName	not null	实体完整性的非空约束

表 7-7　Course 关系约束

属性	约束	约束类型
CourseID	primary key	实体完整性的主码约束
CourseName	not null	实体完整性的非空约束
UpLlimit	default 60	用户自定义完整性约束
Description	not null	实体完整性的非空约束
Status	default '未审核'	用户自定义完整性约束
TeacherID	foreign key	参照完整性约束

表 7-8　Student 关系约束

属性	约束	约束类型
StudentID	primary key	实体完整性的主码约束
StudentName	not null	实体完整性的非空约束
StudentContact	not null	实体完整性的非空约束
ClassID	foreign key	参照完整性约束

表 7-9　Choose 关系约束

属性	约束	约束类型
ChooseID	primary key	实体完整性的主码约束
StudentID	foreign key	参照完整性约束
CourseID	foreign key	参照完整性约束
Choose Time	not null	实体完整性的非空约束

7.3.2　数据模型的优化

在实施 E-R 图向关系模型转换时，实体变成了表，实例变成了行，属性变成了列，唯一标识符变成了主码，次要的唯一标识符变成了唯一码，关系变成了外码和外码约束条件。

数据库逻辑设计的结果不是唯一的。为了进一步提高数据库应用系统的性能，通常以规范化理论为指导，还应该适当地修改、调整数据模型的结构，这就是数据模型的优化。

数据模型的优化方法如下。

1）确定数据依赖。

2）对各个关系模式之间的数据依赖进行极小化处理，消除冗余的联系。

3）按照数据依赖理论对关系模式逐一进行分析，考查是否存在部分函数依赖、传递函数依赖、多值依赖等，确定各关系模式分别属于第几范式。

4）按照需求分析阶段得到的各种应用对数据处理的要求，分析对于实际的应用环境这些模式是否合适，确定是否要对它们进行合并或分解。

5）对关系模式进行必要的分解。

规范化理论为数据库设计人员判断关系模式优劣提供了理论标准，可用来预测模式可能出现的问题，使数据库设计工作有了严格的理论基础。

7.4　物理设计

对于给定的逻辑数据模型，选取一个最适合应用环境的物理结构的过程，称为数据库物理设计。物理设计的任务是从逻辑设计出发，将数据库系统实现为物理存储上的一些记录、文件和其他一些数据结构。

7.4.1　转换全局逻辑数据模型

将全局逻辑数据模型转换为目标 DBMS 支持的模型时的任务如下

1. 设计基本表

设计基本表的目的是将逻辑数据模型表示为 DBMS 支持的基本表。

逻辑设计的结果是得到二维关系表和数据字典。要开始物理设计，首先使用数据库定义语言实现逻辑数据库设计阶段设计的表。表的所有信息可以从数据字典中获得。

对于表中的每个列，都有如下定义。

1）域包括数据类型、长度和域上的约束。

2）每个列的可选性，即是否允许为空。

3）每个列是否拥有默认值及默认值的具体内容。

选课数据库中，表的设计如图 7-8 ~ 图 7-12 所示。

列名	数据类型	允许 Null 值
TeacherID	char(10)	☐
TeacherName	char(10)	☐
TeacherContact	char(20)	☐
		☐

图 7-8　Teacher 表的设计

列名	数据类型	允许 Null 值
ClassID	char(10)	☐
ClassName	char(20)	☐
DepartmentName	char(20)	☐
		☐

图 7-9　Classes 表的设计

列名	数据类型	允许 Null 值
CourseID	char(10)	☐
CourseName	char(10)	☐
UpLlimit	int	☑
Description	text	☐
Status	char(6)	☑
TeacherID	char(10)	☐
		☐

图 7-10　Course 表的设计

列名	数据类型	允许 Null 值
StudentID	char(11)	☐
StudentName	char(10)	☐
StudentContact	char(20)	☐
ClassID	char(10)	☑
		☐

图 7-11　Student 表的设计

列名	数据类型	允许 Null 值
ChooseID	char(10)	☐
StudentID	char(11)	☐
CourseID	char(10)	☑
Score	tinyint	☑
ChooseTime	datetime	☐
		☐

图 7-12　Choose 表的设计

2. 设计其他业务规则

经常会根据现实世界的业务规则对表进行用户自定义的完整性约束。因此，必须设计域约束及关系完整性约束。该步骤的目标是设计应用到数据上的其他业务规则，这些规则的设计同样要依赖于所选的 DBMS。

在 SQL Server 中，可以使用触发器来加强约束。

7.4.2　选择文件组织方式

选择文件组织方式的目标是确定每个基本表有效的文件组织方式。物理数据库设计的主要目标之一就是以有效方式存储数据。

1. 文件、块和记录

物理存储中的数据被存储为块。数据块延伸指定数量的物理磁盘道。物理文件存储在分配给它的指定数量的磁盘块中。例如，可为用户文件分配 100 个块，而用户文件的分配空间取决于块的大小。图 7-13 给出了文件存储块中的数据记录。

2. 文件组织

文件是记录的排列，记录分布在分配给该文件的存储块中。数据记录在数据库中的驻留形式为文件中排列的记录。文件组织主要有下列 4 种形式。

（1）堆文件　记录可以放在文件的任何位置上。一般地，堆文件以输入顺序为序。记录的存储顺序与关键码没有直接联系。删除操作只是加一个删除标志，新插入记录总是在文件尾。

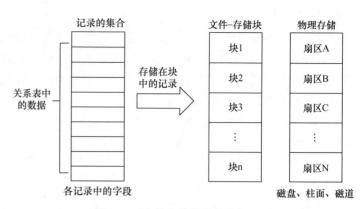

图 7-13　文件存储块中的数据记录

（2）顺序文件　记录按查找码值升序或降序的顺序存储。

（3）散列文件　根据记录的某个属性值并通过散列函数求得的值作为记录的存储地址（块号）。该技术通常与索引技术连用。

（4）聚集文件　一个文件可以存储多个关系的记录。不同关系中有联系的记录存储在同一块内，可以提高查找速度和 I/O 速度。

7.4.3　选择索引

索引是一种数据结构，包含给定关系表中若干列的排序值及这些行的存储地址，目的是加快数据访问。

索引在逻辑形式和物理形式上都独立于其索引的表，这意味着可以在任何时候创建或删除索引，而不会对基表或其他索引产生任何影响。在删除表时，也会删除相应的索引。

创建索引的基本原则如下。

1）列包含的值的范围很大。

2）列包含大量空值。

3）在 WHERE 子句或连接条件中频繁使用一个或多个列。

4）表很大，但是预计大多数查询要检索的行将小于行数的 2% ~ 4%。

5）在表中经常按某列的顺序访问记录的列。

7.4.4　设计用户视图

在多用户的 DBMS 中，视图在定义数据库的结构和加强安全性上扮演了重要的角色。视图是从一个或几个基本表（或视图）导出的表，可以设计派生数据的表。

如果一个列的值可以从其他列得到，则此列就称为派生列或计算列。例如，下述列都是派生列。

1）在某个分公司工作的职员人数。

2）全部职员的月工资总和。

3）某个业户已经租赁的摊位总面积。

如果经常进行派生列的查询或者从性能的角度看，这是一个关键条件，则将该派生列存储起来比在每次需要时计算它更合适。

7.4.5　设计安全性机制

DBMS 通常提供两种类型的数据库安全机制：系统安全和数据安全。

系统安全包括在系统级别上访问和使用数据库，如创建用户、用户名和口令，为用户分配磁盘空间，授予用户可以执行诸如创建表、视图和序列的系统权限。Oracle 有一百多种不同的系统权限。

数据安全也称为对象安全性，包括数据库对象（如表和视图）的访问和使用及用户在这些对象上的可执行操作。

1. 设计系统安全性

创建不同权限的用户，让用户分层访问数据库。通常情况下，用户不应该获得直接访问基本表的权限，而是要通过用户视图来访问基本表。这提供了很大程度上的数据独立性，并避免了用户受数据库结构变化的影响。用户是定义在数据库中的一个名称，它是存取数据库中信息的通道，是数据库的基本访问控制机制。

2. 设计数据安全性

数据安全性的设计包括设计数据库对象的访问和使用及用户在这些对象上的可执行操作。对象权限允许用户访问表、视图、序列、过程或其他对象的数据。下面是 5 个常用的对象权限。

1）SELECT：允许用户从表、序列或视图中恢复数据。
2）UPDATE：允许用户更改表或视图中的数据。
3）DELETE：允许用户从表或视图中删除数据。
4）INSERT：允许用户在表或视图中添加新行。
5）EXECUTE：允许用户执行存储过程、函数或包。

7.5　数据库的实现

7.5.1　创建数据库

1. 使用 T-SQL 创建数据库，如图 7-14 所示。
1）在 SQL Server 管理平台上单击"新建查询"按钮，进入查询界面。
2）输入创建数据库语句"create database ChooseClass;"。
3）单击"执行"按钮。

2. 数据库的存储路径

可以在创建数据库时选择存储路径，如果选择默认存储路径，数据库将保存在 C：\ Program Files \ Microsoft SQL Server \ MSSQL11. MSSQLSERVER \ MSSQL \ DATA 目录中，如图 7-15 所示。

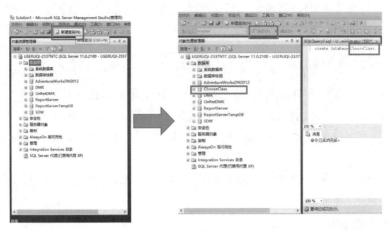

图 7-14　创建数据库

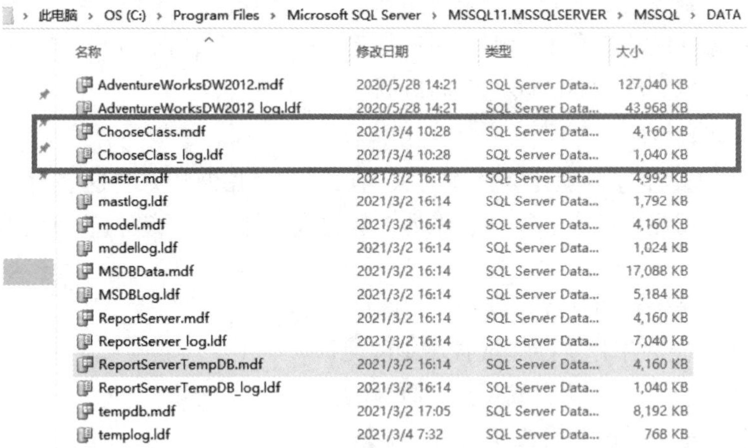

图 7-15　数据库的存储路径

7.5.2　创建数据库表

使用 T-SQL 创建数据库 ChooseClass 的表，即 Choose、Classes、Course、Student 和 Teacher 5 张关系表，如图 7-16 所示。

7.5.3　创建数据库索引

为了查找方便，数据库中会针对不同的查找对象建立索引，可以提高查找速度。本例中针对关系表 Student 建立了 Student_INDEX（唯一、非聚集）索引，针对关系表 Course 建立了 Course_INDEX（唯一、非聚集）索引，针对关系表 Teacher 建立了 Teacher_INDEX（唯一、非聚集）索引，如图 7-17 所示。

7.5.4　创建数据库视图

查询时通常会将常常使用的查询语句生成视图，方便下次调用，同时可以提高系统的安

a) 数据库ChooseClass的表

b) Teacher表和Classes表的创建

c) Course表的创建

d) Student表和Choose表的创建

图 7-16　创建数据库 ChooseClass 的表

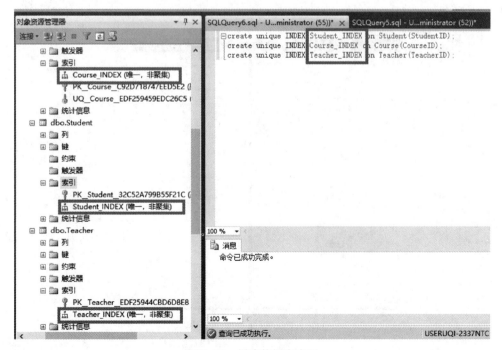

图 7-17　创建数据库索引

全性。本例中创建了 avaliable_course_view 视图，将不同关系中的 CourseID、CourseName、TeacherName 和 TeacherContact 属性值放到一个视图中显示，如图 7-18 所示。

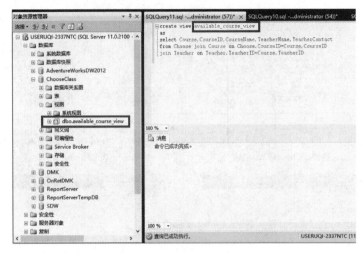

图 7-18　创建数据库视图

7.5.5　创建数据库用户

在数据库安全中创建两个登录名，即 usertest 和 admin，这时在 ChooseClass 数据库下的"安全性"中生成 usertest 和 admin 两个用户，分别将对表 Choose、Classes、Student 的修改权限赋予 admin 用户，将对表 Student、Choose、Course、Classes 的读权限赋予 usertest 用户，如图 7-19 所示。

图 7-19　创建数据库用户

本 章 小 结

本章主要讨论数据库的设计方法及步骤，包括数据库的概念设计、逻辑设计和物理设计，并给出了各阶段的设计方法及步骤。本章以选课系统的数据库设计为例进行介绍，包括选课系统的 E-R 图的设计，实体、属性及关系的提取及命名，将设计的 E-R 图转换为逻辑设计阶段的关系，给出转换的方法、步骤和涉及的约束，最终在 SQL Server 中实现这一过程。

本章的重点是数据库概念设计阶段的 E-R 图和逻辑设计阶段的 E-R 图向关系模型转换的规则。

习　　题

一、选择题

1. 如何构造出一个合适的数据逻辑结构是（　　）主要解决的问题。
A. 物理结构设计　　　　　　　　　　B. 数据字典
C. 逻辑结构设计　　　　　　　　　　D. 关系数据库查询

2. 概念结构设计是整个数据库设计的关键，它通过对用户需求进行综合、归纳与抽象，形成一个独立于具体 DBMS 的（　　）。
A. 数据模型　　　　B. 概念模型　　　　C. 层次模型　　　　D. 网状模型

3. 数据库设计中，确定数据库存储结构，即确定关系、索引、聚簇、日志、备份等数据的存储安排和存储结构，这是数据库设计的（　　）。
A. 需求分析阶段　　　　　　　　　　B. 逻辑设计阶段
C. 概念设计阶段　　　　　　　　　　D. 物理设计阶段

4. 数据库物理设计完成后，进入数据库实施阶段。下述工作中，（　　）一般不属于实施阶段的工作。
A. 建立库结构　　　B. 系统调试　　　C. 加载数据　　　D. 扩充功能

5. 数据库设计可划分为 6 个阶段，每个阶段都有自己的设计内容，"为哪些关系，在哪些属性上建什么样的索引"这一设计内容属于（　　）设计阶段。
A. 概念设计　　　　B. 逻辑设计　　　　C. 物理设计　　　　D. 全局设计

6. 在关系数据库设计中，设计关系模式是数据库设计中（　　）阶段的任务。
A. 逻辑设计　　　　B. 概念设计　　　　C. 物理设计　　　　D. 需求分析

7. 在关系数据库设计中，对关系进行规范化处理，使关系达到一定的范式，如达到 3NF，这是（　　）阶段的任务。
A. 需求分析　　　B. 概念设计　　　C. 物理设计　　　D. 逻辑设计

8. 概念模型是现实世界的第一层抽象，这一类最著名的模型是（　　）。
A. 层次模型　　　B. 关系模型　　　C. 网状模型　　　D. E-R 模型

9. 对实体和实体之间的联系采用同样的数据结构表达的数据模型为（　　）。
A. 网状模型　　　B. 关系模型　　　C. 层次模型　　　D. 非关系模型

10. 在概念模型中客观存在并可相互区别的事物称为（　　　）。

A. 实体　　　　　　 B. 元组　　　　　　 C. 属性　　　　　　 D. 节点

二、简答题

1. 简述数据库设计的特点。

2. 什么是数据库的概念结构？试述其特点和设计策略。

3. 什么是数据库的逻辑结构？试述其设计步骤。

4. 将 E-R 模型转换为逻辑模型需要哪些步骤？

三、设计题

1. 设有商业销售记账数据库，一个顾客（顾客姓名，单位，电话号码）可以买多种商品，一种商品（商品名称，型号，单价）供应多个顾客。试画出对应的 E-R 图并将其转换为关系模式。

2. 某商业集团数据库中有 3 个实体集，一是"商店"实体集，属性有商店编号、商店名、地址等；二是"商品"实体集，属性有商品号、商品名、规格、单价等；三是"职工"实体集，属性有职工编号、姓名、性别、业绩等。

商店与商品间存在销售关系，每个商店可销售多种商品，每种商品也可放在多个商店销售，每个商店每销售一种商品，该商店就有这种商品的有月销售量；商店与职工间存在着聘用关系，每个商店有许多职工，每个职工只能在一个商店工作，商店聘用职工有聘期和月薪。

（1）试画出 E-R 图，并在图上注明属性、关系的类型。

（2）将 E-R 图转换成关系模式集，并指出每个关系模式的主码和外码。

3. 设某商业集团数据库中有 3 个实体集，一是"公司"实体集，属性有公司编号、公司名、地址等；二是"仓库"实体集，属性有仓库编号、仓库名、地址等；三是"职工"实体集，属性有职工编号、姓名、性别等。

公司与仓库间存在隶属关系，每个公司管辖若干仓库，每个仓库只能属于一个公司管辖；仓库与职工间存在聘用关系，每个仓库可聘用多个职工，每个职工只能在一个仓库工作，仓库聘用职工有聘期和工资。

（1）画出 E-R 图，并在图上注明属性、关系的类型。

（2）将 E-R 图转换成关系模式集，并指出每个关系模式的主码和外码。

4. 假定一个部门的数据库包括以下信息。

职工的信息：职工号、姓名、住址和所在部门。

部门的信息：部门所有职工、经理和销售的产品。

产品的信息：产品名、制造商、价格、型号及产品内部编号。

制造商的信息：制造商名称、地址、生产的产品名和价格。

其中，一个部门销售多个产品，而一种产品可在多个部门销售；一个制造商生产多种产品，而一种产品可由多个制造商生产。

（1）试画出该数据库的 E-R 图。

（2）将其转换为等价的关系模型。

第8章

数据库恢复技术

1. 掌握事务的基本概念和事务的 ACID 性质
2. 熟练掌握数据库恢复的实现技术，日志文件
3. 理解数据转储的概念及分类
4. 能够应用具有检查点的恢复技术，理解恢复的基本原理及针对不同故障的恢复策略和方法

8.1 事务的基本概念

事务是用户定义的一个数据库操作序列，这些操作要么全做，要么全不做，是一个不可分割的工作单位。事务和程序是两个概念，一般一个程序中包含多个事务。

8.1.1 定义事务

隐式定义事务方式：如果用户没有显式定义事务，则 DBMS 按默认规定自动划分事务。

显示定义事务方式：事务的开始和结束是由用户显示控制的。在 SQL 中，定义事务有 3 条语句：

```
BEGIN TRANSACTION
COMMIT
ROLLBACK
```

事务通常以 BEGIN TRANSACTION 开始，以 COMMIT 或 ROLLBACK 结束。COMMIT 表示提交，即提交事务的所有操作，将事务中所有对数据库的更新写回磁盘上的物理数据库中，事务正常结束；ROLLBACK 表示回滚，即在事务运行过程中发生了某种故障，事务不能继续执行，系统将事务中对数据库的所有已完成的操作全部撤销，回滚到事务开始时的状态。

现以银行转账为例进行讲解。

市民王先生到银行转账 1000 元给老李，王先生的账户里现有 10000 元，老李的账户恰好也有 10000 元。首先银行将从王先生账户扣除 1000 元，即 10000 元 – 1000 元 = 9000 元，然后给老李的账户加上 1000 元，即 10000 元 + 1000 元 = 11000 元。王先生的账户剩余 9000 元，老李的账户剩余 11000 元。

假设银行柜员从王先生的账户扣完钱以后，忘记给老李的账户加钱了，那么就会出现如下结果：王先生的账户剩余 10000 元 – 1000 元 = 9000 元，老李的账户剩余 10000 元 + 0 元 = 10000 元。

很明显，老李没有收到王先生的钱，而王先生的账户却已经扣完款。这反映了一个比较严重的问题，即当要处理的事情被分成很多个步骤时，这些步骤可能处理成功，可能失败，甚至可能完全忘记处理。

综上所述，如何让多个步骤的处理像一个步骤的处理一样简单（要么全部成功，要么全部失败）就是问题的关键。在该示例中，要么王先生扣完 1000 元以后也给老李加上 1000 元；要么王先生没扣钱，老李也没加钱，最多老李发现钱没到账会要求王先生再转一次。可以给这两个步骤命名为转账。转账包含从一个账户扣钱和给另一个账户加钱两个步骤，两个步骤同时成功或者同时失败。分析如图 8-1 所示。

我们把要处理的事件统称为"事务"。事务是一系列的数据库操作，是数据库应用程序的基本逻辑单元。数据处理技术主要包括数据库恢复技术和并发控制技术，本章主要讲解数据库恢复技术。

【例 8-1】 创建一个数据库，如图 8-2 所示。

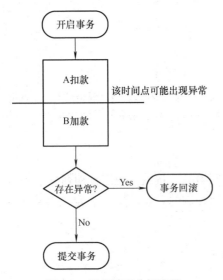

图 8-1　银行转账分析流程

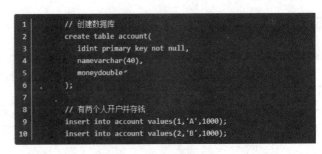

图 8-2　创建数据库

开启转账事务后，如果在 A 扣款而此刻 B 没有加款时出现异常，则整个转账事务回滚。

【例 8-2】 定义事务：A 给 B 转账 1000 元。

```
BEGIN TRANSACTION
UPDATE ACCOUNT SET MONEY = MONEY - 1000 WHER NAME = 'A';
UPDATE ACCOUNT SET MONEY = MONEY + 1000 WHERE NAME = 'B';
IF  ERROR  THEN
        ROLLBACK
ELSE
        COMMIT
```

在数据库管理系统中，默认情况下一条 SQL 就是一个单独事务，事务是自动提交的。只有显式使用 begin transaction 开启一个事务，才能将一个代码块放在事务中执行。保障事务的原子性是数据库管理系统的责任，为此许多数据源采用日志机制。例如，SQL Server 使用一个预写事务日志，在将数据提交到实际数据页面前，先将其写在事务日志上。

8.1.2　事务的 ACID 特性

事务具有 4 个特性：原子性、一致性、隔离性、持久性。

1. 原子性

事务是数据库的逻辑工作单元，事务中包括的诸操作要么全执行，要么全不执行。

一个事务是一个不可分割的工作单位，事务在执行时应该遵守"要么不做，要么全做"（nothing or all）的原则，即不允许事务部分完成。

如果事务因故障没有完成，则该事务已做的操作认为是无效的，在恢复时必须取消该事务对数据库的影响。

保证原子性的思路是先在磁盘上记录要执行写操作的数据项的旧值，若事务没能完成执行，旧值将被恢复，好像事务从未执行。

保证原子性是 DBMS 本身的责任，由事务管理部件处理。

2. 一致性

事务执行的结果必须是使数据库从一个一致性变到另一个一致性状态。因此，当数据库只包含成功事务提交的结果时，就说数据库处于一致性状态。如果数据库系统运行中发生故障，有些事务尚未完成就被迫中断，这些未完成事务对数据库所做的修改有一部分已写入数据库中，这时数据库就处于一种不正确的状态。

3. 隔离性

一个事务的执行不能被其他事务干扰，即一个事务的内部操作及使用的数据对其他并发事务是隔离的，并发执行的各个事务之间不能互相干扰。

4. 持久性

持久性也称永久性，指一个事务一旦提交，它对数据库中数据的改变就是永久性的。接下来的其他操作或故障不应该对其执行结果有任何影响。

事务的 ACID 特性可能遭到破坏的因素如下。

1）多个事务并行运行时，不同事务的操作交叉执行。

2）事务在运行过程中被强行停止。

8.2　数据库恢复概述

随着数据库技术在各个行业和各个领域大量广泛的应用，在对数据库应用的过程中，人为误操作、人为恶意破坏、系统的不稳定、存储介质的损坏等原因都有可能造成重要数据的丢失。一旦数据出现丢失或者损坏，都将给企业和个人带来巨大的损失，这时就需要进行数据库恢复。

数据库恢复实际上就是利用技术手段把不可见或不可正常运行的数据文件恢复成正常运行的过程。

8.2.1 数据库恢复的定义

数据库管理系统必须具有把数据库从某一错误状态恢复到某一已知的正确状态的功能，这就是数据库恢复。恢复子系统是数据库管理系统的一个重要组成部分，而且子系统还相当庞大，常常占整个系统代码的 10% 以上。数据库系统采用的恢复技术是否行之有效，不仅对系统的可靠程度起着决定性作用，而且对系统的运行效率也有很大影响，是衡量系统性能优劣的重要指标。

8.2.2 数据库恢复的 3 种方式

数据库可能因为硬件或软件（或两者同时）的故障变得不可用，不同的故障情况需要不同的恢复操作。我们必须决定最适合业务环境的恢复方法。数据库恢复有 3 种类型，即应急（Crash）恢复、版本（Version）恢复和前滚（Rool Forward）恢复。

1. 应急恢复

应急恢复用于防止数据库处于不一致或不可用状态。数据库执行的事务（也称工作单元）可能被意外中断，若在作为工作单位一部分的所有更改完成和提交之前发生故障，则该数据库就会处于不一致和不可用的状态。这时，需要将该数据库转化为一致和可用的状态。

为此，需要回滚未完成的事务，并完成当发生崩溃时仍在内存中的已提交事务。例如，在 COMMIT 语句之前发生了电源故障，则在下一次重新启动并再次访问该数据库时，需要回滚到执行 COMMIT 语句前的状态。回滚语句的顺序与最初执行时的顺序相反。

2. 版本恢复

版本恢复指的是使用备份操作期间创建的映像来复原数据库的先前版本。这种恢复是通过使用一个以前建立的数据库备份恢复出一个完整的数据库。一个数据库的备份允许用户把数据库恢复至和该数据库在备份时完全一样的状态，而从备份建立后到日志文件中最后记录的所有工作事务单位将全部丢失。

3. 前滚恢复

前滚恢复技术是版本恢复的一个扩展，使用完整的数据库备份和日志相结合，可以使一个数据库或者被选择的表空间恢复到某个特定时间点。如果从备份时刻起到发生故障时的所有日志文件都可以获得，则可以恢复到日志上涵盖到的任意时间点。前滚恢复需要在配置中被明确激活才能生效。

8.2.3 故障的种类

1. 事务内部的故障

事务内部的故障有的是可以通过事务本身发现的，有的是非预期的，不能由事务程序处理。

事务故障意味着事务没有达到预期的终点，因此数据库可能处于不正确状态。恢复程序要在不影响其他事务运行的情况下，强行回滚该事务，即撤销该事务已经做出的任何对数据库的修改，使得该事务好像根本没有启动一样。这类恢复操作称为事务撤销。

2. 系统故障

系统故障是指造成系统停止运转的任何事件，使得系统要重新启动。例如，特定类型的硬件错误、操作系统故障、DBMS 代码错误、系统断电等。这类故障影响正在运行的所有事务，但不破坏数据库。

恢复子系统必须在系统重新启动时让所有非正常终止的事务回滚，强行撤销所有未完成事务。有些已完成事务可能有一部分甚至全部留在缓冲区，尚未写回到磁盘上的物理数据库中，系统故障使得这些事务对数据库的修改部分丢失或者全部丢失，这也会使数据库处于不一致状态，因此应将这些事务已提交的结果重新写入数据库。

3. 介质故障

系统故障称为软故障，介质故障称为硬故障。硬故障指外存故障，如磁盘损坏、磁头碰撞、瞬时强磁场干扰等。这类故障将破坏数据库或部分数据库，并影响正在存取数据的所有事务。

总结各类故障，对数据库的影响有两种可能性：一是数据库本身被破坏；二是数据库没有被破坏，但数据可能不正确，这是由于事务的运行被非正常终止造成的。

8.3　恢复的实现技术

8.3.1　恢复的基本思想

在系统正常运行时建立冗余数据，保证有足够的信息可用于故障恢复。故障发生后采取措施，将数据库内容恢复到某个一致性状态，保证事务的原子性和持久性。

恢复机制涉及两个关键问题：①如何建立冗余数据；②如何利用这些冗余数据实施数据库恢复。

利用冗余数据进行故障恢复需考虑以下因素。

1）存储器性质。

2）事务的更新何时写入数据库。

3）缓冲。

建立冗余数据最常用的技术是数据转储和登录日志文件。通常在一个数据库系统中，这两种方法是一起使用的。

8.3.2　基于日志的恢复技术

1. 日志

日志是在数据库中用事务日志文件记录数据的修改操作，其中的每条日志记录或者记录所执行的逻辑操作，或者记录已修改数据的前像和后像。前像是操作执行前的数据复本；后像是操作执行后的数据复本。日志记录了数据库中所有的更新活动。

（1）日志文件的格式和内容　日志文件是用来记录事务对数据库的更新操作的文件。

日志文件主要有两种格式：以记录为单位的日志文件和以数据块为单位的日志文件。

以记录为单位的日志文件需要登记的内容如下。

1）各个事务的开始标记。

2）各个事务的结束标记。

3）各个事务的所有更新操作。

每个日志记录的内容如下。

1）事务标识（标明是哪个事务）。

2）操作的类型（插入、删除或修改）。

3）操作对象（记录内部标识）。

4）更新前数据的旧值。

5）更新后数据的新值。

例如：

<TI,START>——事务 TI 开始。

<TI,XJ,V1,V2>——事务 TI 对 XJ 的一次更新，其中 V1 是旧值，V2 是新值。对于插入，V1 为空；对于删除，V2 为空。

<TI,COMMIT>——事务 TI 正常提交。

<TI,ABORT>——事务 TI 异常终止。

（2）日志文件的作用　日志文件在数据库恢复中起着非常重要的作用，可以用来进行事务故障恢复和系统故障恢复，并协助后备副本进行介质故障恢复。其具体作用如下。

1）事务故障恢复和系统故障恢复必须用日志文件。

2）在动态转储方式中必须建立日志文件，只有后备副本和日志文件结合起来才能有效地恢复数据库。

3）在静态转储方式中也可以建立日志文件。

（3）登记日志文件原则　为保证数据库是可恢复的，登记日志文件时必须遵循两条原则：

1）登记的次序严格按并发事务执行的时间次序。

2）必须先写日志文件，后写数据库。

（4）REDO 和 UNDO

REDO（Ti）：根据日志记录，按登记日志的次序，将事务 Ti 每次更新的数据对象的新值用 write 操作重新写到数据库（不是重新执行事务 Ti）。

UNDO（Ti）：根据日志记录，按登记日志的相反次序，将事务 Ti 每次更新的数据对象的旧值用 write 操作写回数据库。

REDO 和 UNDO 都是幂等的，执行多次等价于执行一次。

2. 延迟更新技术

延迟更新是将事务对数据库的更新推迟到事务提交之后。

延迟更新技术遵循的规则：每个事务在到达提交点之前不能更新数据库；在一个事务的所有更新操作的日志记录写入稳定存储器之前，该事务不能到达提交点。

（1）基于延迟更新技术的事务故障恢复　事务 Ti 发生故障时，Ti 未到达提交点，因此

Ti 的更新操作都登记在日志中，并未输出到数据库。

当事务 Ti 发生故障时，只需清除日志中事务 Ti 的日志记录，而无须对数据库本身做进一步处理。如果故障不是事务 Ti 本身的逻辑错误，则事务 Ti 可以在稍后重新启动。

（2）基于延迟更新技术的系统故障恢复　正向扫描日志文件，建立两个事务列表。一个是已提交事务列表，包含所有具有日志记录 $<Ti, commit>$ 的事务 Ti；另一个是未提交事务列表，包含所有具有日志记录 $<Tj, start>$ 但不具有日志记录 $<Tj, commit>$ 的事务 Tj。

对已提交事务列表的每个事务 Ti 执行 REDO（Ti）：正向扫描日志文件，对于每个形如 $<Ti, Xj, V1, V2>$ 的日志记录，如果 Ti 在已提交事务列表中，则将 Xj = V2 写到数据库中。

3. 即时更新技术

即时更新技术允许事务在活跃状态时就将更新输出到数据库中。处于活跃状态的事务直接在数据库上实施的更新称为非提交更新。

即时更新技术遵循的规则：在日志记录 $<Ti, Xj, V1, V2>$ 安全地输出到稳定存储器之前，事务 Ti 不能用 Xj = V2 更新数据库；在所有 $<Ti, Xj, V1, V2>$ 类型日志记录安全地输出到稳定存储器之前，不允许事务 Ti 提交。

（1）基于即时更新技术的事务故障恢复　事务 Ti 发生故障时，它可能已经将某些更新输出到数据库，因此必须执行 UNDO（Ti）：反向扫描日志文件直到遇到 $<Ti, start>$，对于每个形如 $<Ti, Xj, V1, V2>$ 的日志记录，将 Xj = V1 写到数据库中。

（2）基于即时更新技术的系统故障恢复　正向扫描日志文件，建立两个事务列表：一个是已提交事务列表，包含所有具有日志记录 $<Ti, commit>$ 的事务 Ti；另一个是未提交事务列表，包含所有具有日志记录 $<Tj, start>$ 但不具有日志记录 $<Tj, commit>$ 的事务 Tj。

对未提交事务列表的每个事务 Ti 执行 UNDO（Ti）：反向扫描日志文件直到遇到未提交事务列表每个事务 Tk 的 $<Tk, commit>$，对于每个形如 $<Ti, Xj, V1, V2>$ 的日志记录，如果 Ti 在未提交事务列表中，则将 Xj = V1 写到数据库中。

对已提交事务列表的每个事务 Ti 执行 REDO（Ti）：正向扫描日志文件，对于每个形如 $<Ti, Xj, V1, V2>$ 的日志记录，如果 Ti 在已提交事务列表中，则将 Xj = V2 写到数据库中。

8.3.3　基于转储的恢复技术

将整个或部分数据库复制到磁带或另一个磁盘上，产生数据库后备副本。后备副本可以脱机保存，供介质故障恢复时使用。

1. 静态转储与动态转储

静态转储是在系统中无运行事务时进行的转储操作，即转储操作开始的时刻，数据库处于一致性状态，而转储期间不允许对数据库进行任何存取、修改活动。显然，静态转储得到的一定是一个数据一致性的副本。

动态转储是指转储期间允许对数据库进行存取或修改。但是，转储结束时后援副本上的数据并不能保证正确有效。为此，必须把转储期间各事务对数据库的修改活动登记下来，建立日志文件，这样后援副本加上日志文件就能把数据库恢复到某一时刻的正确状态。

从转储时是否允许事务运行角度考虑，静态转储是在系统中无运行事务时进行的转储，一定得到一个一致的副本，但降低了数据库的并发性。动态转储允许转储操作与用户事务并发执行，转储期间允许事务对数据库进行存取和更新，不能保证副本中数据的一致性。

2. 海量转储与增量转储

转储还可以分为海量转储和增量转储两种方式。海量转储是指每次转储全部数据库，增量转储则指每次只转储上一次转储后更新过的数据。从恢复角度看，使用海量转储得到的后备副本进行恢复一般来说更方便。

从转储时是转储整个数据库还是部分数据库角度考虑，海量转储制作数据库的完整副本；增量转储只复制上次转储后更新过的数据，形成数据库的增量副本，增量副本不能单独使用。恢复时，增量转储必须使用最后一个完整副本和之后的所有增量副本才能将数据库恢复到一致状态。

综上所述，数据转储方法可以分为 4 类：动态增量转储、动态海量转储、静态增量转储、静态海量转储。

8.4 恢复策略

在数据库运行过程中，可能会出现各种各样的故障，这些故障可分为以下 3 类：事务故障、系统故障和介质故障。应该根据故障类型的不同，采取不同的恢复策略。

8.4.1 事务故障的恢复

事务故障是由非预期的、不正常的程序结束所造成的故障。造成程序非正常结束的原因包括输入数据错误、运算溢出、违反存储保护、并行事务发生死锁等。发生事务故障时，被迫中断的事务可能已对数据库进行了修改。为了消除该事务对数据库的影响，要利用日志文件中所记载的信息，强行回滚该事务，将数据库恢复到修改前的初始状态。

为此，要检查日志文件中由这些事务所引起的发生变化的记录，取消这些没有完成的事务所做的一切改变。

事务故障的恢复是指事务在运行至正常终止前被终止，这时恢复子系统应利用日志文件撤销（UNDO）此事务已对数据库进行的修改。事务故障的恢复由系统自动完成，对用户是透明的。

这类恢复操作称为事务撤销，具体做法如下。

1）反向扫描日志文件（从最后向前扫描日志文件），查找该事务的更新操作。

2）对该事务的更新操作执行逆操作，即将日志记录中"更新前的值"写入数据库。这样，如果记录中是插入操作，则相当于做删除操作（因此时"更新前的值"为空）；若记录中是删除操作，则相当于做插入操作；若记录中是修改操作，则相当于用修改前值代替修改后值。

3）继续反向扫描日志文件，查找该事务的其他更新操作，并做同样处理。

4）如此处理下去，直至读到此事务的开始标记，事务故障恢复即完成。

因此，一个事务是一个工作单位，也是一个恢复单位。一个事务越短，越便于对它进行 UNDO 操作。如果一个应用程序运行时间较长，则应该把该应用程序分成多个事务，用明确的 COMMIT 语句来结束各个事务。

8.4.2　系统故障的恢复

系统故障是指系统在运行过程中，由于某种原因，造成系统停止运转，致使所有正在运行的事务都以非正常方式终止，要求系统重新启动。引起系统故障的原因可能是硬件错误（如 CPU 故障）或 DBMS 代码错误、突然断电等。

这时，内存中数据库缓冲区的内容全部丢失，虽然存储在外部存储设备上的数据库并未破坏，但其内容已不可靠。系统故障发生后，对数据库的影响有以下两种情况。

一种情况是一些未完成事务对数据库的更新已写入数据库，这样在系统重新启动后，要强行撤销所有未完成的事务，清除这些事务对数据库所做的修改。这些未完成事务在日志文件中只有 BEGIN TRANSACTION 标记，而无 COMMIT 标记。

另一种情况是有些已提交的事务对数据库的更新结果还保留在缓冲区中，尚未写到磁盘上的物理数据库中，这也使数据库处于不一致状态，因此应将这些事务已提交的结果重新写入数据库。这类恢复操作称为事务的重做（REDO）。这种已提交事务在日志文件中既有 BEGIN TRANSACTION 标记，也有 COMMIT 标记。

因此，系统故障的恢复要完成两方面的工作，既要撤销所有未完成的事务，还要重做所有已提交的事务，这样才能将数据库真正恢复到一致的状态。系统故障的恢复是由系统在重新启动时自动完成的，不需要用户干预。

其具体做法如下。

1）正向扫描日志文件，查找尚未提交的事务，将其标识记入撤销队列；同时，查找已经提交的事务，将其标识记入重做队列。

2）对撤销队列中的各个事务进行撤销处理，方法同事务故障中介绍的撤销方法。

3）对重做队列中的各个事务进行重做处理。进行重做处理的方法是正向扫描日志文件，按照日志文件中所登记的操作内容，重新执行操作，使数据库恢复到最近某个可用状态。

系统发生故障后，由于无法确定哪些未完成的事务已更新过数据库，哪些事务的提交结果尚未写入数据库，因此系统重新启动后，就要撤销所有的未完成事务，重做所有已经提交的事务。

但是，在故障发生前已经运行完毕的事务有些是正常结束的，有些是异常结束的，无须把它们全部撤销或重做。

通常采用设立检查点（CheckPoint）的方法来判断事务是否正常结束。每隔一段时间，如 5min，系统就产生一个检查点，做如下事情：①把仍保留在日志缓冲区中的内容写到日志文件中；②在日志文件中写一个"检查点记录"；③把数据库缓冲区中的内容写到数据库中，即把更新的内容写到物理数据库中；④把日志文件中检查点记录的地址写到重新启动文件中。

每个检查点记录包含的信息有在检查点时间的所有活动事务一览表、每个事务最近日志记录的地址。

在重新启动时，恢复管理程序先从重新启动文件中获得检查点记录的地址，从日志文件中找到该检查点记录的内容，通过日志往回找，就能决定哪些事务需要撤销，恢复到初始的状态，哪些事务需要重做。因此，利用检查点信息能做到及时、有效、正确地完成恢复工作。

8.4.3 介质故障的恢复

介质故障是指系统在运行过程中，由于辅助存储器介质受到破坏，使存储在外存中的数据部分或全部丢失。

这类故障比事务故障和系统故障发生的可能性要小，但这是最严重的一种故障，破坏性很大，磁盘上的物理数据和日志文件可能被破坏。这需要装入发生介质故障前最新的后备数据库副本，然后利用日志文件重做该副本后所运行的所有事务。发生介质故障后，磁盘上的物理数据和日志文件被损坏，恢复方式是重装数据库，然后重做已完成的事务。

其具体做法如下。

1）装入最新的数据库副本，使数据库恢复到最近一次转储时的可用状态。

2）装入最新的日志文件副本，根据日志文件中的内容重做已完成的事务。首先扫描日志文件，找出故障发生时已提交的事务，将其记入重做队列；然后对重做队列中的各个事务进行重做处理，方法是正向扫描日志文件，对每个重做事务重新执行登记操作，即将日志记录中"更新后的值"写入数据库。这样就可以将数据库恢复至故障前某一时刻的一致状态。

介质故障的恢复需要数据库管理员介入，但数据库管理员只需要重装最近转储的数据库副本和有关的各日志文件副本，然后执行系统提供的恢复命令即可，具体的恢复操作仍由数据库管理系统完成。

8.5 基于检查点的恢复技术

利用日志技术进行数据库恢复有以下两个问题。

1）搜索整个日志将耗费大量的时间。

2）很多需要 REDO 处理的事务实际上已经将它们的更新操作结果写到数据库中，然而恢复子系统又重新执行了这些操作，浪费了大量时间。

为了解决这些问题，又发展了具有检查点的恢复技术。这种技术在日志文件中增加一类新的记录——检查点记录，增加一个重新开始文件，并让恢复子系统在登录日志文件期间动态地维护日志。

8.5.1 检查点

提高系统故障恢复效率的基本方法是使用检查点技术。

检查点记录的内容如下。

1）建立检查点时刻所有正在执行的事务清单。

2）这些事务最近一个日志记录的地址。

假设系统在时刻 Tc 设立最后一个检查点，在时刻 Tf 发生系统故障，可以把事务分为 5 类，如图 8-3 所示。

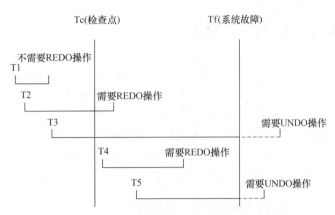

图 8-3　基于检查点恢复的 5 类事务及操作

T1：在检查点之前提交。

T2：在检查点之前开始执行，在检查点之后故障点之前提交。

T3：在检查点之前开始执行，在故障点时还未完成。

T4：在检查点之后开始执行，在故障点之前提交。

T5：在检查点之后开始执行，在故障点时还未完成。

8.5.2　基于检查点的系统故障恢复

动态维护日志文件的方法是周期性地执行如下操作：建立检查点、保存数据库状态。其具体步骤如下。

1）将当期日志缓冲区中的所有日志记录写入磁盘的日志文件中。

2）在日志文件中写入一个检查点记录。

3）将当期数据缓冲区的所有数据记录写入磁盘的数据库中。

4）把检查点记录在日志文件中的地址写入一个重新开始的文件。

使用检查点方法可以改善恢复效率。当事务 T 在一个检查点之前提交时，T 对数据库的所有修改都一定写入数据库，写入时间是在该检查点建立之前或者建立之时。这样进行恢复处理时，没有必要对事务 T 进行 REDO 操作。

当系统故障发生时，首先要重新启动系统。系统重启后，恢复子系统自动执行以下步骤。

1）找到最后一个检查点记录在日志文件中的地址，取出最后一个检查点记录＜checkpoint，L＞。

2）初始化两个事务列表 UNDO－LIST（需要执行 UNDO 操作的事务集合）和 REDO－LIST（需要执行 REDO 操作的事务集合）：将 L 中的所有事务都放入 UNDO－LIST，而 REDO－LIST 为空。

3）建立两个事务列表 UNDO－LIST 和 REDO－LIST：从最近的检查点开始，正向扫描日志文件直到结束，遇到＜Ti, start＞就把 Ti 加入 UNDO－LIST，遇到＜Ti, commit＞就把 Ti 从 UNDO－LIST 移到 REDO－LIST。

4）对 UNDO－LIST 中的每个事务 Ti 执行 UNDO（Ti）：反向扫描日志文件直到遇到未提交事务列表每个事务 Tk 的＜Tk, commit＞，对于每个形如＜Ti, Xj, V1, V2＞的日志记录，如果 Ti 在未提交事务列表中，则将 Xj＝V1 写到数据库中。

5）对 REDO－LIST 中的每个事务 Ti 执行 REDO（Ti）：正向扫描日志文件，对于每个形如＜Ti,Xj, V1, V2＞的日志记录，如果 Ti 在已提交事务列表中，则将 Xj＝V2 写到数据库中。

8.6 数据库镜像

随着磁盘容量越来越大，价格越来越便宜，为避免磁盘介质出现故障影响数据库的可用性，许多数据库管理系统提供了数据镜像功能用于数据库恢复。根据数据库管理员的要求，自动把整个数据库或其中的关键数据复制到另一个磁盘上。每当主数据库更新时，DBMS 会自动把更新后的数据复制过去，即 DBMS 自动保证镜像数据与主数据的一致性。

由于数据库镜像是通过复制数据实现的，频繁地复制数据自然会降低系统运行效率，因此在实际应用中用户往往只选择对关键数据和日志文件进行镜像，而不是对整个数据库进行镜像。

8.6.1 数据库镜像的基本概念

1. 基本术语和角色

数据库镜像会为目标数据库创建一个副本数据库，这两个数据库分别运行在不同的 SQL Server 实例上，作为伙伴建立一个会话（Session）。通过该会话，两个数据库互相进行通信和协作，扮演互补的角色：主体角色和镜像角色，以实现镜像效果。在任何给定的时刻，都是一个伙伴扮演主体角色，而另一个伙伴扮演镜像角色。

1）主体数据库（Principal Database）：扮演主体角色的数据库。
2）镜像数据库（Mirror Database）：扮演镜像角色的数据库。
3）主体服务器：运行主体数据库的 SQL Server 实例。
4）镜像服务器：运行镜像数据库的 SQL Server 实例。

2. 数据库镜像会话

数据库镜像会话如图 8-4 所示。

图 8-4 说明了作为伙伴参与两个镜像会话的两个服务器实例，一个会话用于名为 DB_1 的数据库做镜像，另一个会话用于名为 DB_2 的数据库做镜像。

每个数据库镜像的会话都只针对一个用户数据库，而且是独立的。例如，一个应用程序需要同时访问一个 SQL 服务器实例上的两个数据库，管理员需要配置两个镜像会话。如果其中一个数据库发生故障，它的镜像会将数据库转移到镜像服务器上，而另一个工作正常的数据库则继续在主体服务器上运行。这时对 SQL Server 来说，两

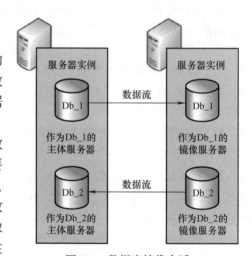

图 8-4　数据库镜像会话

个数据库都能被使用；但是对应用程序来说，连接哪个服务器都不能正常工作。由于镜像数据库相互独立，因此这些数据库不能作为一个组来进行故障转移。

3. 镜像数据库的作用

镜像数据库作为主体数据库的一个副本，在主体数据库发生故障、不可访问时能迅速恢复数据库访问，即提供了灾难恢复的功能。

8.6.2 镜像技术的限制

1）主体数据库的恢复模式必须为完整恢复模式。

2）主体数据库不能执行一些操作，如还原数据库备份。

3）镜像数据库由于一直处于"恢复"状态，因此不能被访问，可通过建立数据库快照来访问。

4）只有用户数据库才能配置数据库镜像，所有的系统数据库都不能被镜像，对于系统数据库需通过备份的方式来保障安全。

5）由于镜像数据库相互独立，因此这些数据库不能作为一个组来进行故障转移。

8.6.3 安装数据库镜像

1. 备份还原数据库

将需要进行数据库镜像的数据库先进行数据库完整备份，然后进行日志备份，将备份的数据库文件和日志文件复制到镜像服务器磁盘中。

1）在镜像服务器中还原备份的数据库，还原的数据名为 Adventure-Works2008R2，恢复状态选择RESTORE WITH NORECOVERY，如图 8-5 所示。

2）还原日志文件，恢复状态选择RESTORE WITH NORECOVERY，如图8-6 所示。

2. 配置数据库镜像

1）以域用户登录 CLU13 服务器，打开 SQL Server，右击 Adventure-Works2008R2，在弹出的快捷菜单中选择"任务"→"镜像"命令，在打开的窗口中单击"配置安全性"按钮，如图8-7 所示。

2）选择是否要配置见证服务器，选中"是"单选按钮，单击"下一步"按钮，如图8-8 所示；也可以选中"否"单选按钮，在配置完镜像后还可以添加见证服务器。

3）选择要配置的服务器，这里选择默认设置，单击"下一步"按钮，如图8-9 所示。

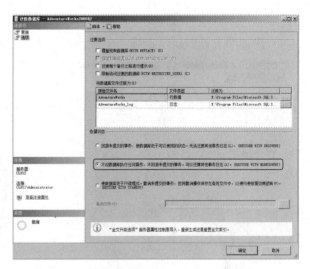

图 8-5 镜像服务器中还原备份的数据库

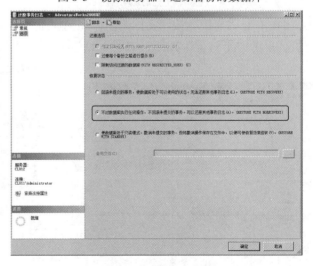

图 8-6 还原日志文件

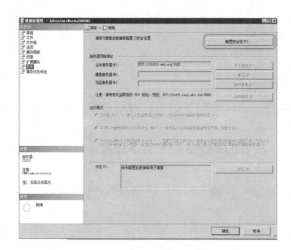 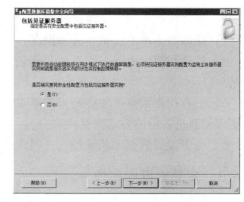

图 8-7　配置数据库镜像　　　　　　　　　　　图 8-8　添加见证服务器

4）主体服务器默认已连接，单击"下一步"按钮，如图 8-10 所示。

图 8-9　选择要配置的服务器　　　　　　　　　图 8-10　主体服务器默认已连接

5）单击"连接"按钮，因为主体和镜像服务器都加入了域，所以以 Windows 身份连接即可，单击"下一步"按钮，如图 8-11 所示。

 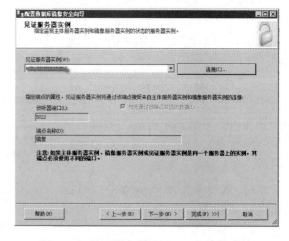

图 8-11　镜像服务器以 Windows 身份连接　　　图 8-12　见证服务器以 Windows 身份连接

6）见证服务器同上，也以 Windows 身份连接，单击"下一步"按钮，如图 8-12 所示。

7）创建服务账户，由于这里是测试添加域管理员用户，因此最后会在登录名中自动创建用户，单击"下一步"按钮，如图 8-13 所示。

8）单击"完成"按钮，完成镜像服务器连接，如图 8-14 所示。

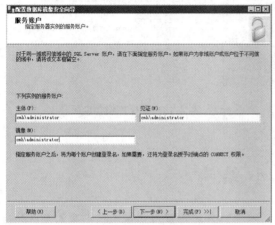

图 8-13　创建服务账户

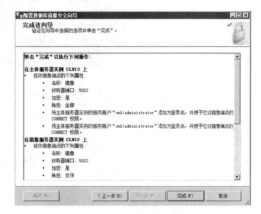

图 8-14　完成镜像服务器连接

9）单击"开始镜像"按钮开始镜像，如图 8-15 所示。

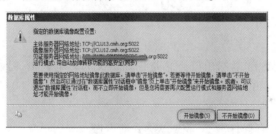

图 8-15　开始镜像

10）带故障转移的数据库镜像配置完成，如图 8-16 所示。

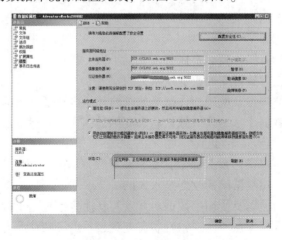

图 8-16　带故障转移的数据库镜像配置

11）打开数据库镜像监视器，如图 8-17 和图 8-18 所示。

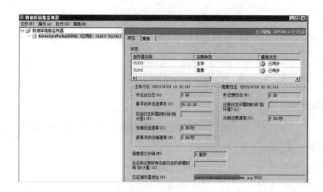

图 8-17　数据库镜像监视器（一）　　　　图 8-18　数据库镜像监视器（二）

注意：数据库服务的启动用户必须是域用户。

本 章 小 结

本章首先讲述了事务的相关概念及性质，其次重点讲述了常用的恢复技术及策略以及提高恢复效率的方法。

习　题

一、选择题

1. （　　　）是 DBMS 的基本单位，它是用户定义的一组逻辑一致的程序序列。

A. 程序　　　　　　　B. 命令　　　　　　C. 事务　　　　　　D. 文件

2. 事务的原子性是指（　　　）。

A. 事务中包括的所有操作要么都做，要么都不做

B. 事务一旦提交，对数据库的改变是永久的

C. 一个事务内部的操作及使用的数据对并发的其他事务是隔离的

D. 事务必须是使数据库从一个一致性状态变到另一个一致性状态

3. 事务的一致性是指（　　　）。

A. 事务中包括的所有操作要么都做，要么都不做

B. 事务一旦提交，对数据库的改变是永久的

C. 一个事务内部的操作及使用的数据对并发的其他事务是隔离的

D. 事务必须是使数据库从一个一致性状态变到另一个一致性状态

4. 事务的隔离性是指（　　　）。

A. 事务中包括的所有操作要么都做，要么都不做

B. 事务一旦提交，对数据库的改变是永久的

C. 一个事务内部的操作及使用的数据对并发的其他事务是隔离的

D. 事务必须是使数据库从一个一致性状态变到另一个一致性状态

5. 事务的持续性是指（　　　）。

A. 事务中包括的所有操作要么都做，要么都不做

B. 事务一旦提交，对数据库的改变是永久的

C. 一个事务内部的操作及使用的数据对并发的其他事务是隔离的

D. 事务必须是使数据库从一个一致性状态变到另一个一致性状态

6. 若数据库中只包含成功事务提交的结果，则此数据库就称为处于（　　）状态。

A. 安全　　　　　　　B. 一致　　　　　　　C. 不安全　　　　　　　D. 不一致

7. 若系统在运行过程中，由于某种原因造成系统停止运行，致使事务在执行过程中以非控制方式终止，这时内存中的信息丢失，而存储在外存上的数据未受影响，这种情况称为（　　）。

A. 事务故障　　　　B. 系统故障　　　　C. 介质故障　　　　D. 运行故障

8. 若系统在运行过程中，由于某种硬件故障使存储在外存上的数据部分损失或全部损失，这种情况称为（　　）。

A. 事务故障　　　　　B. 系统故障　　　　C. 介质故障　　　　D. 运行故障

9. （　　）用来记录对数据库中数据进行的每一次更新操作。

A. 后援副本　　　　B. 日志文件　　　　C. 数据库　　　　D. 缓冲区

10. 用于数据库恢复的重要文件是（　　）。

A. 数据库文件　　　　B. 索引文件　　　　C. 日志文件　　　　D. 备注文件

11. 数据库恢复的基础是利用转储的冗余数据。这些转储的冗余数据包括（　　）。

A. 数据字典、应用程序、审计档案、数据库后备副本

B. 数据字典、应用程序、日志文件、审计档案

C. 日志文件、数据库后备副本

D. 数据字典、应用程序、数据库后备副本

二、填空题

1. _____是 DBMS 的基本单位，它是用户定义的一组逻辑一致的程序序列。

2. 若事务在运行过程中，由于某种原因使事务未运行到正常终止点之前就被撤销，这种情况就称为_____。

3. 数据库恢复是将数据库从_____状态恢复到_____状态的过程。

4. 数据库系统在运行过程中可能会发生故障。故障主要有_____、_____、和介质故障。

5. 数据库系统是利用存储在外存上其他地方的_____来重建被破坏的数据库。它主要有两种：_____和_____。

三、简答题

1. 为什么事务非正常结束时会影响数据库数据的正确性？请列举一例说明之。

2. 数据库中为什么要有恢复子系统？它的功能是什么？

3. 数据库运行中可能产生的故障有哪几类？哪些故障影响事务的正常执行？哪些故障破坏数据库数据？

4. 数据库恢复的基本技术有哪些？

5. 数据库转储的意义是什么？试比较各种数据转储方法。

6. 登记日志文件时，为什么必须先写日志文件，后写数据库？

7. 针对不同的故障，试给出恢复的策略和方法。

8. 具有检查点的恢复技术有什么优点？试举一个具体示例加以说明。

9. 什么是数据库镜像？它有什么用途？

Chapter

第9章

并发控制

 学习目标

1. 了解数据库的事务处理
2. 了解封锁
3. 掌握封锁协议
4. 掌握并发调度的可串行性
5. 掌握 SQL 中的事务操作

9.1 数据库的事务处理

数据库是一个共享资源，可以供多个用户共同使用。允许多个用户同时使用的数据库称为多用户数据库系统，这样的数据库系统在我们生活中很常见。例如银行账户系统数据库，一个账户在同一时间允许多个事务操作；飞机订票系统数据库，不同人在不同地方使用不同方式完成订票，这都是多事务的执行方式。

1. 多事务执行方式

（1）串行执行方式　在每个时刻只有一个事务运行，其他事务必须等到该事务结束以后方能运行。其优点是简单，容易实现；缺点是不能充分利用系统资源，不能共享资源。

（2）单处理机系统中的交叉并发方式　能够减少处理机的空闲等待时间，从而提高系统的效率。

（3）多处理机系统中的并发执行方式　每个处理机可以运行一个事务，多个处理机可以同时运行多个事务，实现多个事务真正的并行运行。

多事务执行方式是最理想的并发方式，但是它的实现受制于硬件环境，是更复杂的并发方式。其特点是允许多个用户同时使用数据库系统，在同一时刻并发运行的事务数可达数百个，甚至更多，但同时也可能带来一些问题，现以银行账户为例进行说明。

如图 9-1 所示，账户 A 中余额 500 元，用户甲从数据库中读账户 A 余额 500 元，用户乙从数据库中读账户 A 余额 500 元，甲用账户 A 付了一次款，金额为 168 元，账户余额为 500 元 – 168 元 = 332 元。与此同时，用户乙对账户 A 充值，金额为 300 元，账户余额为 500 元 + 300 元 = 800 元。用户甲将账户余额 332 元回写到数据库，用户乙将账户余额 800 元回写到数据库。那么现在的问题，账户 A 中余额到底是 332 元还是 800 元？

这个情况是由并发执行产生的，下面介绍并发执行可能带来的问题。

2. 并发执行可能带来的问题

（1）丢失修改 丢失修改是指一个用户已经完成的更新操作可能被另一个用户的更新操作所覆盖。

对这句话的解释如下：两个事务 T1 和 T2，当事务 T1 与事务 T2 从数据库中读入同一数据并修改，事务 T1 提交数据后，事务 T2 的提交结果破坏了事务 T1 提交的结果，导致事务 T1 的修改被丢失。

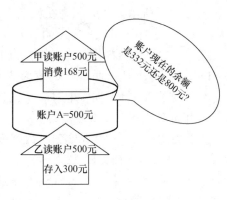

图 9-1 账户余额

表 9-1 中，t0 时刻为初始状态，数据库中 A 的值是 100；t1 时刻，事务 T1 读 A = 100；t2 时刻，事务 T2 读 A = 100；t3 时刻，事务 T1 更新 A 的值为 A – 30，A = 70；t4 时刻，T2 事务更新 A 的值为 A × 2，A = 200；t5 时刻，事务 T1 将 A 的更新值 A – 30 写进数据库；t6 时刻，A 的值为 70，同时事务 T2 将它的更新值 A = 200 回写到数据库；t7 时刻，数据库中 A 值为 200。

在此例中，事务 T1 对数据库中 A 值的修改被事务 T2 的操作覆盖了。其正确的结果是 A = 140，而这里的结果是 A = 200，A 值是错误的。

表 9-1 在 t7 时刻丢失了事务 T1 的更新

时刻	事务 T1	数据库中 A 的值	事务 T2
t0		100	
t1	读 A		
t2			读 A
t3	A：= A – 30		
t4			A：= A × 2
t5	回写 A		
t6		70	回写 A
t7		200	

（2）读脏数据 脏数据是指已提交且随后被撤销的数据。读脏数据是指事务 T1 修改某一数据，并将其回写磁盘。如表 9-2 所示，事务 T2 读取同一数据后，T1 由于某种原因被撤销，这时 T1 已修改过的数据恢复原值，T2 读到的数据就与数据库中的数据不一致，则 T2 读到的数据就为"脏"数据，即不正确的数据。

t0 时刻为初始状态，数据库中 A 的值是 100；t1 时刻，事务 T1 读 A = 100；t2 时

表 9-2 事务 T2 在 t4 时刻读取了未提交的 A 值（70）

时刻	事务 T1	数据库中 A 的值	事务 T2
t0		100	
t1	读 A		
t2	A：= A – 30		
t3	回写 A		
t4		70	读 A
t5	* ROLLBACK *		
t6		100	

刻，事务 T1 更新 A 的值为 A – 30，A = 70；t3 时刻，事务 T1 将 A 的更新值 A – 30，即 A = 70 写进数据库；t4 时刻 A 的值为 70，同时事务 T2 读取数据库中 A 的值，A = 70；t5 时刻，事务 T1 将数据库中对 A 值的操作撤回，A 值恢复为 A = 100，此时，事务 T2 读取的 A 值仍为 70。

在此例中，事务 T1 对数据库中 A 值的修改被撤回，但撤回前 T2 已经读取了撤回前的 A 值，正确的 A 值是 100，而 T2 读取的 A 值是 70，T2 读取的 A 值是错误的。

如表 9-3 所示，t0 时刻为初始状态，数据库中 A 的值是 100；t1 时刻，事务 T1 读 A = 100；t2 时刻，事务 T1 更新 A 的值为 A－30，A = 70；t3 时刻，事务 T1 将 A 的更新值 A－30，即 A = 70 写进数据库；t4 时刻 A 的值为 70，同时事务 T2 读取数据库中 A 值，A = 70；t5 时刻，事务 T2 赋值操作 A 的值为 A×2；t6 时刻，事务 T2 更新 A；t7 时刻 A 值为 140；t8 时刻，事务 T1 将数据库中对 A 值的操作撤回，A 值恢复为 A = 100，此时事务 T1、T2 对 A 的操作都被撤销，A 恢复初始值 A = 100。

在此例中，事务 T1 和 T2 对数据库中 A 值的修改都已被撤回。

（3）不可重复读　不可重复读是指事务 T1 读取数据后，事务 T2 执行更新操作，使 T1 无法再现前一次读取结果。具体地说，不可重复读包括 3 种情况。

1）事务 T1 读取某一数据后，事务 T2 对其做了修改，当事务 T1 再次读该数据时，得到与前一次不同的值。

2）事务 T1 按一定条件从数据库中读取了某些数据记录后，事务 T2 删除了其中部分记录，当 T1 再次按相同条件读取数据时，发现某些记录已消失。

3）事务 T1 按一定条件从数据库中读取某些数据记录后，事务 T2 插入了一些记录，当 T1 再次按相同条件读取数据时，发现多了一些记录。

表 9-3　事务 T2 在 t4 时刻读了未提交的 A 值，并在 t8 时刻丢失了自己的更新

时刻	事务 T1	数据库中 A 的值	事务 T2
t0		100	
t1	读 A		
t2	A：= A－30		
t3	回写 A		
t4		70	读 A
t5			A：= A * 2
t6			回写 A
t7		140	
t8	* ROLLBACK *		
t9		100	

如表 9-4 所示，t0 时刻为初始状态，数据库中 A 的值是 100；t1 时刻，事务 T1 读 A = 100；t2 时刻，事务 T2 读 A = 100；t3 时刻，事务 T2 更新 A 的值 A×2；t4 时刻，事务 T2 将 A×2 的值 200 回写到数据库；t5 时刻，A = 200。

在此例中，如果事务 T1 再次读取数据库中 A 的值，两次读取的值会不一样，即第一次读 A = 100，第二次读 A = 200。

表 9-4　事务 T1 两次读取 A 的值，却得到了不同的结果

时刻	事务 T1	数据库中 A 的值	事务 T2
t0		100	
t1	读 A		
t2			读 A
t3			A：= A * 2
t4			回写 A
t5		200	

9.2　封锁

1. 封锁技术

（1）针对的问题　丢失修改、读脏数据、不可重复读的主要原因是并发操作破坏了事务的隔离性。并发控制就是要用正确的方式调度并发操作，使一个用户事务的执行不受其他事务的干扰，从而避免造成数据的不一致性。并发控制的主要技术是封锁（Locking）。

（2）封锁定义　封锁是事务 T 在对某个数据对象，如表、记录等操作之前，先向系统发出请求，对其加锁。加锁后事务 T 就对该数据对象有了一定的控制，在事务 T 释放它的锁之前，其他事务不能更新此数据对象。

封锁是实现并发控制的一个非常重要的技术，其有两种类型：

排他锁（Exclusive Locks，X 锁）和共享锁（Share Locks，S 锁）。

（3）封锁协议　在运用 X 锁和 S 锁两种基本封锁对数据对象加锁时，还需要约定一些规则，如应何时申请 X 锁或 S 锁、持锁时间、何时释放等，这些规则称为封锁协议（Locking Protocol）。

2. 排他锁

（1）排他锁的定义　若事务 T 对数据对象 A 加上 X 锁，则只允许 T 读取和修改 A，其他任何事务都不能再对 A 加任何类型的锁，直到 T 释放 A 上的锁。

（2）定义的解释　一个事务对数据加上 X 锁后，对数据进行了修改，如果过早地解锁，有可能使其他事务读了未提交数据，X 锁的解除操作应该合并到事务的结束（COMMIT 或 ROLLBACK）操作中。

（3）对排他锁进行的操作　对排他锁进行的操作包括加排他锁和释放排他锁，加排他锁的操作是 Xlock R，释放排他锁的操作是 Unlock R。

如表 9-5 所示，t0 时刻为初始状态，数据库中 A 的值是 100；t1 时刻，事务 T1 对 A 加排他锁；t2 时刻，事务 T2 申请对 A 加排他锁，由于 A 被事务 T1 加了排他锁，不能再被其他事务进行读写操作，因此事务 T2 读 A 的值的请求失败，改为等待状态；t3 时刻，事务 T1 对 A 进行 A－30 操作，同时事务 T2 仍为等待状态；t5 时刻，事务 t1 更新了 A 的值，此时 A＝70；t6 时刻，更新数据库中 A 的值为 70；t7 时刻，事务 T1 提交操作结果，同时释放对 A 加的排他锁，而 t2～t7 时刻事务 T2 一直处于等待状态；t8 时刻，数据库中 A 为自由状态，事务 T2 再次申请对 A 加排他锁，申请成功；t9 时刻，事务 T2 对 A 进行 A×2 操作；t10 时刻，事务 T2 更新 A 的值，A＝140；t11 时刻，数据库中 A 的值改为 140，同时事务 T2 提交操作结果并释放对 A 加的排他锁。

表 9-5　排他锁操作

时刻	事务 T1	数据库中 A 的值	事务 T2
t0		100	
t1	XLOCK　A		
t2			XLOCK　A（失败）等待
t3	A：＝A－30		等待
t4			等待
t5	W（A）		等待
t6		70	等待
t7	COMMIT（包括解锁）		等待
t8			XLOCK　A（重做）
t9			A：＝A＊2
t10			W（A）
t11		140	COMMIT（包括解锁）

在此例中，事务 T1 对数据库中 A 值的操作都是在对 A 加排他锁的情况下进行的，相当于事务 T1 在对 A 操作时，对资源 A 是独占的；同样，事务 T2 对数据库中 A 值的操作也是在对 A 加排他锁的情况下进行的。由于排他锁的存在，因此数据 A 的结果没有错误。

3. 共享锁

（1）共享锁的定义　共享锁又称为读锁，若事务 T 对数据对象 A 加上 S 锁，则其他事务只能再对 A 加 S 锁，而不能加 X 锁，直到 A 上的所有 S 锁都解除。

（2）定义的解释　由于 S 锁只允许读数据，因此解除 S 锁的操作不必非要合并到事务的结束操作中去，可以随时根据需要释放 S 锁。

（3）对共享锁进行的操作　对共享锁进行的操作包括加共享锁、升级为写、释放共享锁。

1）加共享锁的操作是 SLock R，表示事务对数据 R 申请加 S 锁。若成功，则可以读数据 R，但不可以写数据 R；若不成功，那么该事务将进入等待队列，一直到获准 S 锁，事务才能继续做下去。

2）升级为写的操作 W（R），表示事务要把对数据 R 的 S 锁升级为 X 锁。若成功，则更新数据 R；否则该事务进入等待队列。

3）释放共享锁的操作 Unock R，表示事务要解除对数据 R 的 S 锁。

可以看出，获准 S 锁的事务只能读数据，不能更新数据，若要更新数据，则要先把 S 锁升级为 X 锁。另外，由于 S 锁只允许读数据，因此解除 S 锁的操作不必非要合并到事务的结束操作中去，可以随时根据需要解除 S 锁。

如表 9-6 所示，t0 时刻为初始状态，数据库中 A 的值是 100；t1 时刻，事务 T1 对 A 加 S 锁；t2 时刻，事务 T2 对 A 加 S 锁；t3 时刻，事务 T1 对 A 进行 A−30 操作；t4 时刻，事务 T2 对 A 进行 A×2 操作；t5 时刻，事务 T1 更新 A 的值失败；t6 时刻，事务 T1 处于等待状态，同时事务 T2 更新 A 的值失败；t7 和 t8 时刻，事务 T1 和 T2 均处于等待资源的状态。

表 9-6　共享锁操作

时刻	事务 T1	数据库中 A 的值	事务 T2
t0		100	
t1	SLOCK A		
t2			SLOCK A
t3	A：= A−30		
t4			A：= A * 2
t5	W（A）（失败）		
t6	等待		W（A）（失败）
t7	等待		等待
t8	等待		等待

从此例中可以看到，虽然其解除了丢失更新问题，但引起了另一个问题——死锁。

4. 封锁的相容矩阵

如表 9-7 所示，事务 T1 先对数据做出某种封锁或不加封锁，事务 T2 再对同一数据请求某种封锁或不需封锁，Y 或 N 分别表示它们之间是相容的还是不相容的。如果两个封锁是不相容的，那么后提出封锁的事务要等待。

5. 封锁粒度

封锁的资源对象有大小之分，把封锁对象的大小称为封锁粒度。

封锁的对象可以是逻辑单元，也可以是物理单元。其中，逻辑单元包括数据库的属性值、属性值集合、元组、关系、索引项、整个索引、整个数据库；物理单元包括页（数据页或索引页）、块。

封锁粒度与系统并发度和并发控制开销密切相关。粒度越大，系统中能被封锁的对象就越少，并发度就越小，同时系统的开销也就越小；相反，粒度越小，并发度越高，系统开销越大。

表 9-7　封锁类型的相容矩阵

		T1		
		X	S	—
T2	X	N	N	Y
	S	N	Y	Y
	—	Y	Y	—

注：1. N = NO，不相容的请求；Y = YES，相容的请求。
　　2. X、S、— ：分别表示 X 锁、S 锁、无锁。

9.3　封锁协议

1. 三级封锁协议

对封锁方式规定不同的规则，就形成了各种不同的封锁协议。对并发操作的不正确调度可能会带来丢失修改、不可重复读和读脏数据等不一致性问题，三级封锁协议分别在不同程度上解决了这一问题，为并发操作的正确调度提供了一定的保证，如表 9-8 所示。不同级别的封锁协议达到的系统一致性级别是不同的。

一级封锁协议指事务 T 在修改数据 R 之前必须先对其加 X 锁，直到事务结束才释放。事务结束包括正常结束（COMMIT）和非正常结束（ROLLBACK）。一级封锁协议中只读数据的事务可以不加锁，其优点是防止丢失修改，缺点是不加锁的事务可能读脏数据，也可能不可重复读。

二级封锁协议指一级封锁协议加上事务 T 在读取数据 R 之前必须先对其加 S 锁，读完后即可释放 S 锁。二级封锁协议的优点是防止丢失修改和读脏数据，缺点是对加锁的事务可能不可重复读。

三级封锁协议指一级封锁协议加上事务 T 在读取数据 R 之前必须先对其加 S 锁，直到事务结束才释放。三级封锁协议除防止丢失修改和读脏数据外，还进一步防止了不可重复读。

表9-8　三级封锁协议

级别	内容		优点	缺点
一级封锁协议	事务在修改数据之前，必须先对该数据加 X 锁，直到事务结束时才释放	只读数据的事务可以不加锁	防止丢失修改	不加锁的事务可能读脏数据，也可能不可重复读
二级封锁协议		其他事务在读数据之前必须先加 S 锁	读完数据后即可释放 S 锁	防止丢失修改、读脏数据	对加 S 锁的事务可能不可重复读
三级封锁协议			直到事务结束才释放 S 锁	防止丢失修改、读脏数据、不可重复读	—

表9-9 是一级封锁协议示例，事务 T1 对资源 A 加 X 锁，读取 A = 16，这时事务 T2 申请对资源 A 加 X 锁，但不成功，等待资源 A；事务 T1 执行 A = A - 1 操作，将结果回写数据库，此时 A = 15，提交结果，并释放资源 A；事务 T2 等到了资源 A 被释放，对资源 A 加 X 锁，事务 T2 读 A = 15，并将结果回写到数据库，提交操作，并释放资源 A。

这里，事务 T1 在执行过程中一直对资源 A 加 X 锁，直到结束操作，防止了丢失修改。对只读数据的事务可以不加锁，不加锁可能会读脏数据，也可能发生不可重复读的情况。

表9-10 中，事务 T1 对资源 C 加 X 锁，读取 C = 100，执行 C = C - 1 操作，将结果回写数据库，数据库中 C 的值是 99。这时事务 T2 申请对资源 C 加共享锁，但不成功，等待资源 C。事务 T1 取消 C = C - 1 操作，并释放资源 C。这时事务 T2 等到了资源 C 被释放，对资源 C 加 S 锁，事务 T2 读 C = 100，并将结果回写到数据库，提交操作，并释放资源 C。

<table>
<tr><td colspan="2" style="text-align:center">表9-9　一级封锁协议</td></tr>
<tr><td>事务 T1</td><td>事务 T2</td></tr>
<tr><td>Xlock A</td><td></td></tr>
<tr><td>读 A = 16</td><td>Xlock A</td></tr>
<tr><td></td><td>等待</td></tr>
<tr><td>A = A - 1</td><td>等待</td></tr>
<tr><td>W（A）</td><td>等待</td></tr>
<tr><td>commit</td><td>等待</td></tr>
<tr><td>Unlock A</td><td></td></tr>
<tr><td></td><td>获得 Xlock A</td></tr>
<tr><td></td><td>读 A = 15</td></tr>
<tr><td></td><td>W（A）</td></tr>
<tr><td></td><td>commit</td></tr>
<tr><td></td><td>Unlock A</td></tr>
</table>

<table>
<tr><td colspan="2" style="text-align:center">表9-10　二级封锁协议</td></tr>
<tr><td>事务 T1</td><td>事务 T2</td></tr>
<tr><td>Xlock C</td><td></td></tr>
<tr><td>读 C = 100</td><td></td></tr>
<tr><td>C = C - 1</td><td></td></tr>
<tr><td>W（C）</td><td></td></tr>
<tr><td></td><td>Slock C</td></tr>
<tr><td>Rollback</td><td>等待</td></tr>
<tr><td>Unlock C</td><td>等待</td></tr>
<tr><td></td><td>等待</td></tr>
<tr><td></td><td>获得 Slock C</td></tr>
<tr><td></td><td>读 C = 100</td></tr>
<tr><td></td><td>commit</td></tr>
<tr><td></td><td>Unlock C</td></tr>
</table>

这里，事务 T1 在执行过程中一直对资源 C 加 X 锁，直到结束操作，防止了丢失修改。事务 T2 在读数据时强调一定加 S 锁后才能读资源，因此读数据要加 S 锁，避免了读脏数据。从表 9-10 中可以看到，事务 T1 做了回滚操作，T2 没有读它的错误数据，如果读完数据即马上释放 S 锁，可能会不可重复读。

表 9-11 中，事务 T1 对资源 A 加 S 锁，读取 A = 50；对资源 B 加 S 锁，读取 B = 100，执行求和操作 A + C = 150。这时事务 T2 申请对资源 B 加 X 锁，但资源 B 被事务 T1 占用，事务 T2 申请不成功，等待资源 B。事务 T1 再次读取 A = 50，读取 B = 100，执行求和操作 A + C = 150，提交结果，并释放资源 A 和 B。这时事务 T2 等到了资源 B 被释放，对资源 B 加 X 锁，事务 T2 读 B = 100，执行 B = B × 2 的操作并将结果回写到数据库，提交操作，并释放资源 B。

这里，事务 T1 在执行过程中一直对资源 A 和 B 加 S 锁，直到结束操作。因为一直都有 S 锁，所以 A、B 的值不会被其他事务修改，两次读取的数值相同，防止了丢失修改，避免了读脏数据和不可重复读。

2. 两段封锁协议

1）扩展阶段：在对任何一个数据进行读写操作之前，事务必须获得对该数据的封锁。

2）收缩阶段：在释放一个封锁之后，事务不再获得任何其他封锁。

如果所有的事务都遵守两段封锁协议，则所有可能的并发调度都是可串行化的。

遵守两段封锁协议的事务有可能发生死锁。

【例 9-1】 如表 9-12 所示，事务的执行顺序是 SlockA、SlockB、XlockC、UnlockB、UnlockA、UnlockC。

表 9-11 三级封锁协议

事务 T1	事务 T2
Slock A	
读 A = 50	
Slock B	
读 B = 100	
求和 = 150	
	Xlock B
	等待
	等待
读 A = 50	等待
读 B = 100	等待
求和 = 150	等待
commit	等待
Unlock A	等待
Unlock B	等待
	获得 Xlock B
	读 B = 100
	B = B × 2
	W（B）
	commit
	Unlock B

表 9-12 遵守两段封锁协议

收缩阶段			扩展阶段		
Slock A	Slock B	Xlock C	UnlockB	UnlockA	UnlockC

【例 9-2】 T2 不遵守两段封锁协议，即

Slock A   UnlockA   Slock B   Xlock C   UnlockC   UnlockB

事务的执行顺序是 SlockA、UnlockA、SlockB、XlockC、UnlockC、UnlockB，没有扩展和收缩两个阶段，即事务没有遵守两段封锁协议。

3. 两段封锁协议与三级封锁协议的关系

两段封锁协议的目的是保证并发调度的正确性，即如果所有操作数据库的事务都满足两段封锁协议，那么这些事务的任何并发调度策略都是可串行的；三级封锁协议的目的是在不

同程序上保证数据的一致性。

三级封锁协议是在一级封锁协议的基础上，要求读取之前加上 S 锁，事务结束后释放。事务如果遵守两段封锁协议，则一定也遵守三级封锁协议。

4. 封锁带来的问题

（1）活锁　如图 9-2 所示，如果事务 T1 封锁了数据 R，事务 T2 又请求封锁 R，则事务 T2 等待。事务 T3 也请求封锁 R，当事务 T1 释放了 R 上的封锁之后，系统首先批准事务 T3 的请求，事务 T2 仍然等待。事务 T4 又请求封锁 R，当事务 T3 释放了 R 上的封锁之后，系统又批准了事务 T4 的请求……事务 T2 有可能永远等待，这就是活锁的情形。避免活锁的简单方法是采用先来先服务的策略。

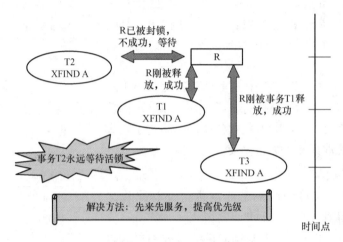

图 9-2　活锁

（2）饿死　如图 9-3 所示，每个事务都申请对某数据项 R 加 S 锁，且每个事务在授权加锁后的一小段时间内释放封锁。此时若另有一个事务 T2' 欲在该数据项上加 X 锁，则将永远不会有封锁的机会，这种现象称为饿死。

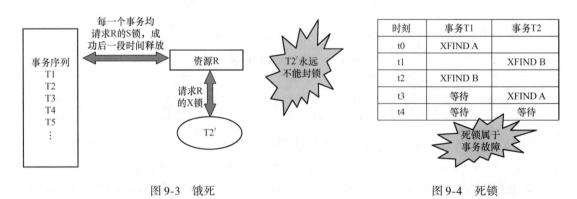

图 9-3　饿死　　　　　　　　　　　　　　　图 9-4　死锁

其解决方法是改变授权方式，当事务 Tn 申请对数据项 R 加 S 锁时，授权加锁的条件如下。

1）不存在在数据项 R 上持有 X 锁的其他事务。

2）不存在等待对数据项 R 加锁且先于 Tn 申请加锁的事务。

（3）死锁　如果一组进程中的每一个进程都在等待仅由该组进程中的其他进程才能引发的事件，那么该组进程是死锁的，如图 9-4 所示。

其解决方法是只能抽取某个事务作为牺牲品，将其撤销，做回退操作，解除它的所有操作，恢复到该事务的初始状态。其释放的资源就可以分配给其他事务，使其他事务有可能继续运行下去，这样就有可能消除死锁现象。

9.4　并发操作的调度

1. 事务的调度

事务的执行次序称为调度。如果多个事务依次执行，则称为事务的串行调度（Serial Schedule）。如果利用分时的方法同时处理多个事务，则称为事务的并发调度（Concurrent Schedule）。

如果有 n 个事务串行调度，可能有 n! 种不同的有效调度。事务串行调度的结果都是正确的。如果 n 个事务并发调度，可能的并发调度的数目远远大于 n!。其中有的并发调度是正确的，有的是不正确的。如果能将事务的并发调度转为事务的串行调度，这样的事务并发调度执行的结果就是正确的。

2. 可串行化定义

为了保证并发操作的正确性，DBMS 的并发控制机制必须提供一定的手段来保证事务的并发调度是可串行的。

可串行化的调度指多个事务的并发执行是正确的，当且仅当其结果与按某一次序串行地执行它们时的结果相同。

可串行化是并发事务正确性的准则。按这个准则规定，一个给定的并发调度，当且仅当它是可串行化的，才认为是正确调度。也可以这样理解，当事务并发调度是可串行化的，它执行结果一定正确，但当事务并发调度不是可串行化的，它执行结果不一定正确。

3. 并发事务的调度

【例 9-3】　事务 T1 和事务 T2 分别包括的操作如下。

事务 T1：读 B，A = B + 1，写回 A。

事务 T2：读 A，B = A + 1，写回 B。

这里涉及 A、B 两个资源，其对应的操作可以有下面几种。

表 9-13 显示的是两种不同的调度策略，虽然结果不同，但它们都是可串行调度，都是正确的调度。第一组调度策略，先执行事务 T1，然后执行事务 T2；第二组调度策略，先执行事务 T2，然后执行事务 T1。

当执行第一组调度策略时，事务 T1 首先对资源 B 加 S 锁，读取 B = 2，并赋值给 Y，释放资源 B，对 A 加 X 锁，赋值 A = Y + 1 = 3，将 A 的值回写数据库，释放资源 A；接着事务 T2 对资源 A 加共享锁，读取 A = 3，并赋值给 X，释放资源 A，对 B 加排他锁，对 B 赋值 B = X + 1 = 4，将 B 的值回写数据库，释放资源 B。得到结果 A = 3、B = 4。

当执行第二组调度策略时，事务 T2 首先对资源 A 加共享锁，读取 A = 2，并赋值给 X，释放资源 A，对资源 B 加排他锁，对 B 赋值 B = X + 1 = 3，将 B 的值回写数据库，释放资源 B；接着事务 T1 对资源 B 加共享锁，读取 B = 3，并赋值给 Y，释放资源 B，对资源 A 加排他锁，对 A 赋值 A = Y + 1 = 4，将 A 的值回写数据库，释放资源 A。得到结果 A = 4、B = 3。

表 9-13　并发事务的调度（1）

事务 T1	事务 T2	事务 T1	事务 T2
Slock B			Slock A
Y = R（B）= 2			X = R（A）= 2
Unlock B			Unlock A
Xlock A			Xlock B
A = Y + 1 = 3			B = X + 1 = 3
W（A）			W（B）
Unlock A			Unlock B
	Slock A	Slock B	
	X = R（A）= 3	Y = R（B）= 3	
	Unlock A	Unlock B	
	Xlock B	Xlock A	
	B = X + 1 = 4	A = Y + 1 = 4	
	W（B）	W（A）	
	Unlock B	Unlock A	

在表 9-14 中，将 T1 和 T2 的操作次序做了调整，第一组调度策略是不可串行的，第二组是可串行的。

当执行第一组调度策略时，事务 T1 首先对资源 B 加共享锁，读取 B = 2，并赋值给 Y，释放资源 B，事务 T2 对资源 A 加共享锁，读取 A = 2，并赋值给 X，释放资源 A；事务 T1 对资源 A 加排他锁，对 A 赋值 A = Y + 1 = 3，将 A 值回写数据库；事务 T2 对 B 加排他锁，对 B 赋值 B = X + 1 = 3，将 B 值回写数据库；接着事务 T1 释放资源 A，事务 T2 释放资源 B。得到结果 A = 3、B = 3。

当执行第二组调度策略时，事务 T1 首先对资源 B 加共享锁，读取 B = 2，并赋值给 Y，释放资源 B，并对 A 加排他锁；此时事务 T2 请求对资源 A 加共享锁，但这时事务 T1 对 A 加了排他锁，因此事务 T2 的请求处于资源等待状态，等待资源 A 被释放；事务 T1 对 A 赋值 A = Y + 1 = 3，将 A 值回写数据库，并释放资源 A；这时事务 T2 对资源 A 加共享锁请求成功，读取 A = 3，并赋值给 X，释放资源 A，对 B 加排他锁，并对 B 赋值 B = X + 1 = 4，将 B 值回写数据库，释放资源 B。得到结果 A = 3、B = 4。

表 9-14　并发事务的调度（2）

事务 T1	事务 T2	事务 T1	事务 T2
Slock B		Slock B	
Y = R（B）=2		Y = R（B）=2	
Unlock B	Slock A	Unlock B	
	X =（A）=2	Xlock A	
			Slock A
	Unlock A	A = Y + 1 = 3	等待
Xlock A		W（A）	等待
A = Y + 1 = 3		Unlock A	等待
W（A）			X = R（A）=3
	Xlock B		Unlock A
	B = X + 1 = 3		Xlock B
	W（B）		B = X + 1 = 4
Unlock A			W（B）
	Unlock B		Unlock B

从理论上讲，在某一事务执行时禁止其他事务执行的调度策略一定是可串行化的调度，但这种方法实际上是不可取的，这使用户不能充分共享数据库资源。

目前 DBMS 普遍采用封锁方法实现并发操作调度的可串行化，从而保证调度的正确性。两段封锁协议就是保证并发调度可串行化的封锁协议。

9.5　SQL 中的事务操作

9.5.1　事务开始与结束

数据库连接，使用 BEGIN TRANSACTION 启动事务，使用 COMMIT 结束事务。

【例 9-4】　使用事务修改 T_STUINFO 表中的数据，使用 BEGIN TRANSACTION 启动事务 UPDATE_STUINFO，使用 COMMIT TRANSACTION 提交事务。其中 BEGIN TRANSACTION 和 COMMIT TRANSACTION 是启动事务和提交事务的关键字，UPDATE_STUINFO 是事务的名称。

执行代码如下：

```
USE STUDB
SELECT *  FROM T_STUINFO WHERE STUNUM = 'S1902'
BEGIN TRANSACTION UPDATE_STUINFO
```

```
UPDATE T_STUINFO SET STUNAME = '李良'
WHERE STUNUM = 'S1902'
COMMIT TRANSACTION UPDATE_STUINFO
SELECT *  FROM T_STUINFO WHERE STUNUM = 'S1902
'
```

执行结果如图 9-5 所示。

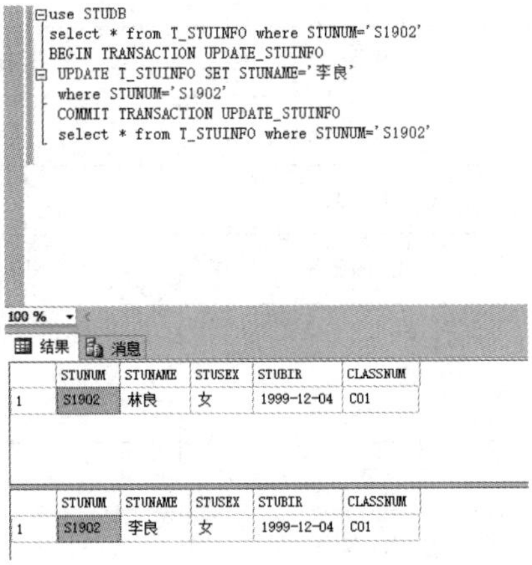

9.5.2 事务提交与回滚

事务执行完成，使用 COMMIT TRANSACTION 结束事务，释放事务所占的内存资源。

如果在事务执行过程中需要将某些操作取消，使数据回到某一时刻的状态，应采用回滚操作 ROLLBACK TRANSACTION。

图 9-5　执行结果

1. 语法格式

```
ROLLBACK [TRAN |TRANSACTION]
[TRASACTION _NAME |@ TRAN _NAME _VARIABLE |SAVEPOINT _ NAME |@ SAVEPOINT_
VARIABLE][;]
```

2. 说明

1）trasaction_name 是为 BEGIN TRANSACTION 上的事务分配的名称，即事务名称，需要符合标识符命名规则。

2）@ tran_name_variable、@ savepoint_variable 是用户自定义的包含有效事务名称的变量名，它必须是 char、varchar、nchar、nvarchar 数据类型声明变量。

3）savepoint_name 是 SAVE TRANSACTION 的保存点名称，即事务回滚时需要指定的位置名称，需要符合标识符命名规则。

【例 9-5】　在 T_STUINFO 表中添加一条学号是 S19021 记录，修改其班级编号，保存该点的位置。删除该条记录后，撤销该删除操作，回滚到保存点。

执行代码如下：

```
USE STUDB
BEGIN TRANSACTION;/* 开始事务* /
INSERT INTO T_STUINFO VALUES('S19021','刘丽丽','女','2001 -5 -15','C011/');
/* 插入一条记录* /
UPDATE T_STUINFO SET CLASSNUM = 'C011' where STUNUM = 'S19021';
/* 修改该条记录信息* /
SAVE TRANSACTION UPDATEPOIN;/* 设置保存点* /
DELETE FROM T_STUINFO WHERE STUNUM = 'S19021';/* 删除该条记录* /
ROLLBACK TRANSACTION   UPDATEPOIN;/* 回滚到保存点* /
SELECT *  FROM T_STUINFO;查看 T_STUINFO 信息
COMMIT TRANSACTION;提交事务
```

执行结果如图 9-6 所示。

记录插入数据库后进行了修改，修改后又删除了该记录，回滚取消删除操作。4 条记录受操作影响，学号为 S19021 的学生的记录存在表 T_STUINFO 中。

在使用 SQL Server 进行操作时，并不需要写 BEGIN TRANSACTION UPDATE_STUINFO 和 COMMIT TRANSACTION UPDATE_STUINFO，只做修改，但结果是一样的。其原因是 SQL Server 默认的事务处理方式是自动提交事务，当执行语句后其对数据库所做的修改将会被自动提交，如果发生错误会自动回滚并返回错误信息。

图 9-6　执行结果

9.5.3　事务隔离

事务的并发操作会造成 3 个问题：读脏数据、不可重复读、幻读。其中，幻读是一个事务在前后两次查询同一个范围的时候，后一次查询看到了前一次查询未看到的行。

其对应的隔离级别有 4 个：

1）Read – Uncommitted（未提交读）：不能解决读脏数据、不可重复读、幻读问题。

2）Read – Committed（提交读）：解决读脏数据，不能解决不可重复读，幻读问题。

3）Repeatable – Read（可重复读）：解决读脏数据、不可重复读，不能解决幻读问题。

4）Serializable（可串行读）：解决读脏数据、不可重复读、幻读问题。

1. Read – Uncommitted

Read – Uncommitted 是最低的隔离级别，读未提交，即能够读取到没有被提交的数据。所以该级别的隔离机制无法解决读脏数据、不可重复读、幻读问题，因此很少使用。如果在 SQL Server 中设置此级别，相当于将锁设置为 NOLOCK。

```
BEGIN TRANSACTION;
UPDATE T_STUINFO SET STUNAME = '齐丽丽' WHERE STUNUM = 'S19021';
SET TRANSACTION ISOLATION LEVEL Read Uncommitted;
/* 设置未提交读隔离级别*/
COMMIT TRANSACTION;
SELECT *  FROM T_STUINFO;
```

2. Read-Committed

Read-Committed 是 SQL Server 中的默认隔离级别，读已提交，即能够读到那些已经提交的数据。因此，其能够防止读脏数据，但是无法限制不可重复读和幻读。

```
BEGIN TRANSACTION;
```

```
SELECT *  FROM T_STUINFO;
ROLLBACK TRANSACTION;
SET TRANSACTION ISOLATION LEVEL Read Committed;/* 设置提交读隔离级别* /
UPDATE T_STUINFO SET STUNAME = '齐丽丽' WHERE STUNUM = 'S19021';
```

3. Repeatable‑Read

Repeatable‑Read增加了事务的隔离级别，读取一条数据后，该事务不结束，其他事务就不可以修改这条记录，这样就解决了读脏数据、不可重复读的问题，但是幻读的问题仍无法解决。

```
BEGIN TRANSACTION;
SELECT *  FROM T_STUINFO;
ROLLBACK TRANSACTION;
SET TRANSACTION ISOLATION LEVEL Repeatable‑Read;/* 设置可重复读隔离级别* /
INSERT INTO
UPDATE T_STUINFO T_STUINFO VALUES('S19021','刘丽丽','女','2001‑5‑15','C01');
```

4. Serializable

Serializable是最高的事务隔离级别，不管多少事务，只有逐个运行完一个事务的所有子事务之后才可以执行另外一个事务中的所有子事务，这样就解决了读脏数据、不可重复读和幻读的问题。

```
BEGIN TRANSACTION;
SELECT *  FROM T_STUINFO;
ROLLBACK TRANSACTION;
SET TRANSACTION ISOLATION LEVEL SERIALIZABLE;/* 设置串行读隔离级别* /
DELETE FROM T_STUINFO WHERE STUNUM = 'S19021';
```

本 章 小 结

提供数据共享是数据库的重要特征，但共享数据的同时会因为并发操作带来数据库数据丢失修改、读脏数据及不可重复读等问题。

要有效地解决这些问题，就要给数据加锁，即根据封锁技术正确加X锁和S锁。在遵守三级封锁协议的同时会产生活锁、饿死和死锁现象。活锁的解决办法是先来先服务。饿死的解决办法是改变授权方式，当事务Tn申请对数据项R加S锁时，授权加锁的条件是不存在在数据项R上持有X锁的其他事务；不存在等待对数据项R加锁且先于Tn申请加锁的事务。死锁的解决办法是抽取某个事务作为牺牲品，释放资源给其他事务。

习 题

一、选择题

1. 若事务 T 对数据 R 已经加了 X 锁，则其他事务对数据 R（　　）。

A. 可以加 S 锁，不可以加 X 锁

B. 不可以加 S 锁，可以加 X 锁

C. 可以加 S 锁，也可以加 X 锁

D. 不可以加任何锁

2. 下列不属于并发操作带来的问题的是（　　）。

A. 丢失修改　　　　　B. 不可重复读　　　　C. 死锁　　　　　　　D. 读脏数据

3. DBMS 普遍采用（　　）方法来保证调度的正确性。

A. 索引　　　　　　　B. 授权　　　　　　　C. 封锁　　　　　　　D. 日志

4. 事务 T 在修改数据 R 之前必须先对其加 X 锁，直到事务结束才释放，这是（　　）。

A. 一级封锁协议　　　　　　　　　　B. 二级封锁协议

C. 三级封锁协议　　　　　　　　　　D. 零级封锁协议

5. 如果事务 T 获得了数据项 Q 上的 X 锁，则事务 T 对 Q（　　）。

A. 只能读不能写　　　　　　　　　　B. 只能写不能读

C. 既可读又可写　　　　　　　　　　D. 不能读也不能写

6. 设事务 T1 和 T2 对数据库中的数据 A 进行操作，可能有如下几种情况，其中不会发生冲突操作的是（　　）。

A. 事务 T1 正在写 A，事务 T2 要读 A

B. 事务 T1 正在写 A，事务 T2 也要写 A

C. 事务 T1 正在读 A，事务 T2 要写 A

D. 事务 T1 正在读 A，事务 T2 也要读 A

7. 如果有两个事务同时对数据库中同一数据进行操作，不会引起冲突的操作是（　　）。

A. 一个是 DELETE，一个是 SELECT

B. 一个是 SELECT，一个是 DELETE

C. 两个都是 UPDATE

D. 两个都是 SELECT

8. 在数据库技术中，未提交随后又被撤销的数据称为（　　）。

A. 错误数据　　　　　B. 冗余数据　　　　　C. 过期数据　　　　　D. 脏数据

9. 为解决丢失修改问题，事务在更新一个数据集合前，必须获得对它的（　　）。

A. S 锁　　　　　　　B. X 锁　　　　　　　C. S 锁和 X 锁　　　　D. S 锁或 X 锁

10. 在第一个事务以 S 锁方式读数据 A 时，第二个事务可以进行的操作是（　　）。

A. 对数据实行 X 锁并读数据　　　　　B. 对数据实行 S 锁并写数据

C. 对数据实行 X 锁并写数据　　　　　D. 不加封锁的读数据

二、简答题

1. 并发执行可能带来的问题有哪些？

2. 什么是三级封锁协议？

3. 简述封锁带来的问题。

4. 什么是两段封锁协议？

Chapter

第10章

数据库高级应用

学习目标

1. 掌握视图和索引及基本操作
2. 掌握使用 Transact–SQL 进行数据库编程
3. 掌握存储过程、触发器和游标等数据库对象的使用方法

10.1 视图

视图是一个虚拟表，其内容由查询定义。同基本表一样，视图包含一系列带有名称的列和行的数据。视图在数据库中并不是以数据值存储集形式存在的，除非是索引视图。视图中的行和列数据来自定义视图的查询所引用的基本表，并且在引用视图时动态生成。

对其中所引用的基础表来说，视图的作用类似于筛选。定义视图的筛选可以来自当前或其他数据库的一个或多个表，或者其他视图。分布式查询也可用于定义使用多个异类源数据的视图。例如，如果有多台不同的服务器分别存储某单位在不同地区的数据，而需要将这些服务器上结构相似的数据组合起来，这种方式就很有用。

视图通常用来集中、简化和自定义每个用户对数据库的不同需求。视图可用作安全机制，方法是允许用户通过视图访问数据，而不授予用户直接访问视图关联的基础表权限。视图可用于提供向后兼容接口来模拟曾经存在但其架构已更改的基础表。

10.1.1 创建视图

可以使用 Management Studio 和 SQL 命令两种方法来创建视图。

1. 用 Management Studio 创建视图

在"对象资源管理器"窗口中右击选定数据库下的"视图"节点，在弹出的快捷菜单中选择"新建视图"命令，弹出"添加表"对话框。从"表""视图""函数""同义词"选项卡中选择在新视图中包含的元素，单击"添加"和"关闭"按钮。在"关系图窗格"中选择要在新视图中包含的列和其他元素，在"条件窗格"中选择列的排序和筛选条件，即可创建一个新的视图。

2. 用 SQL 命令创建视图

可以使用 SQL 语句 CREATE VIEW 创建视图，其语法格式如下：

```
CREATE VIEW VIEW_NAME[(COLUMN[,…] )]
[WITH <VIEW_ATTRIBUTE >[,…N]]
AS SELECT_STATEMENT
[WITH CHECK OPTION][;]
<VIEW_ATTRIBUTE > ::=
{
[ ENCRYPTION ]
[ SCHEMABINDING ]
[ VIEW_METADATA ]          }
```

各主要参数说明如下。

1）view_ name：视图的名称，必须符合 SQL Server 的标识符命名规则。

2）column：视图的列名称。仅在下列情况下需要列名：列是从算术表达式、函数或常量派生的；两个或更多的列可能会具有相同的名称（通常是由于连接的原因）；视图中的某个列的指定名称不同于其派生来源列的名称。

3）select_ statement：定义视图的 SELECT 语句。该语句可以使用多个表和其他视图。

4）CHECK OPTION：设置针对视图的所有数据修改语句都必须符合 select_ statement 中规定的条件。

5）ENCRYPTION：视图是加密的，如果加上该选项，则无法修改视图。因此，创建视图时需要将脚本保存，否则会再也不能修改。

6）SCHEMABINDING：和底层引用的表进行定义绑定。如果加上该选项，则视图引用的表不能随便更改架构（如列的数据类型）。如果需要更改底层表架构，不能除去参与用架构绑定子句创建的视图中的表或视图，除非该视图已被除去或更改，不再具有架构绑定。否则，SQL Server 会产生错误。另外，如果对参与具有架构绑定的视图的表执行 ALTER TABLE 语句，而这些语句又会影响该架构绑定视图的定义，则这些语句将无法执行。

7）VIEW_ METADATA：不设置该选项，返回给客户端的 metadata 是视图所引用表的 metadata；设置了该选项，则返回视图自身的 metadata。也就是说，VIEW _METADATA 可以让视图看起来像表一样，视图的每一列的定义直接告诉客户端，而不是所引用的底层表列的定义。

【例 10-1】 创建一个女生信息视图 VW_GIRL。

```
CREATE VIEW VW_GIRL
AS SELECT STUNUM, STUNAME, STUBIR,CLASSNUM
FROM T_STUINFO
WHERE STUSEX = '女'
```

【例 10-2】 创建一个计算机 19 - 1 班学生信息视图 VW_COMPSTU01。

```
CREATE VIEW VW_COMPSTU01
AS SELECT STUNUM, STUNAME, STUSEX, STUBIR
FROM T_STUINFO
WHERE CLASSNUM = (
```

```
SELECT CLASSNUM
FROM T_CLASSINFO
WHERE CLASSNAME = '计算机19-1班')
```

视图名字为 VW_COMPSTU01，省略了视图字段列表。视图由子查询中的 STUNUM、STUNAME、STUSEX、STUBIR 列组成。视图创建后，对视图 VW_COMPSTU01 的数据的访问只限制在"计算机19-1班"内，且只能访问 STUNUM、STUNAME、STUSEX、STUBIR 列的内容，从而达到了数据保密的目的。视图创建后，只在数据字典中存放视图的定义，而其中的子查询 SELECT 语句并不执行。只有当用户对视图进行操作时，才按照视图的定义将数据从基本表中取出。

【例 10-3】 创建一个学生情况视图 VW_STUSCORE（包括学号、姓名、课程名、成绩类型及成绩）。

```
CREATE VIEW VW_STUSCORE(STUNUM,STUNAME,COUNAME,TYPE,SCORE)
AS SELECT STU.STUNUM,STUNAME,COUNAME,TYPE,SCORE
FROM T_STUINFO STU,T_COUINFO COU,T_SCOINFO SCO
WHERE STU.STUNUM = SCO.STUNUM AND SCO.COUNUM = COU.COUNUM
```

此视图由 3 个表连接得到，在 T_STUINFO 表和 T_SCOINFO 表中均存在 STUNUM 列，故需指定视图列名。

【例 10-4】 创建一学生期末平均成绩视图 VW_AVGSCORE。

```
CREATE VIEW VW_AVGSCORE (STUNUM, AVG)
AS SELECT STUNUM, AVG (SCORE)
FROM T_SCOINFO
WHERE TYPE = '期末'
GROUP BY STUNUM
```

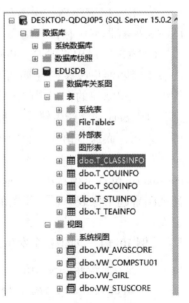

图 10-1 查看视图

此视图的列名之一 AVG 为库函数的计算结果，在定义时需指明列名。

视图创建后，可以在数据库的视图中进行查看，如图 10-1 所示。

10.1.2 修改视图

1. 用 Management Studio 修改视图

1）在"对象资源管理器"窗口中展开"数据库"→"数据库名称"→"视图"节点，右击要修改的视图，在弹出的快捷菜单中选择"设计"命令，即可弹出"修改视图"对话框。

2）对视图内容进行修改后，单击"保存"按钮，存盘退出。

2. 用 SQL 命令修改视图

可以使用 SQL 的 ALTER VIEW 语句修改视图，其语法格式如下：

```
ALTER VIEW <视图名 >[(<视图列表 >)]
```

AS ＜子查询＞

【例 10-5】　修改学生成绩情况视图 VW_STUSCORE（包括姓名、课程名、成绩类型及成绩）。

```
ALTER VIEW VW_STUSCORE(STUNAME,COUNAME,TYPE,SCORE)
AS SELECT STUNAME,COUNAME,TYPE,SCORE
FROM T_STUINFO STU,T_COUINFO COU,T_SCOINFO SCO
WHERE STU.STUNUM = SCO.STUNUM AND SCO.COUNUM = COU.COUNUM
```

10.1.3　删除视图

1. 用 Management Studio 删除视图

在"对象资源管理器"窗口中展开"数据库"→"数据库名称"→"视图"节点，右击要删除的视图，在弹出的快捷菜单中选择"删除"命令，弹出"删除对象"对话框，单击"显示依赖关系"按钮，可以看到依赖于该视图的对象和该视图依赖的对象。单击"确定"按钮，即可删除视图。

2. 用 SQL 命令删除视图

用 SQL 命令删除视图的语法格式如下：

```
DROP VIEW ＜视图名＞
```

【例 10-6】　删除计算机 19 - 1 班学生信息视图 VW_COMPSTU01。

```
DROP VIEW VW_COMPSTU01;
```

视图删除后，只会删除该视图在数据字典中的定义，而与该视图有关的基本表中的数据不会受任何影响；由此视图导出的其他视图的定义不会删除，但已无任何意义，用户应该把这些视图删除。

10.1.4　查询视图

视图定义后，对视图的查询操作与对基本表的查询操作相同。

【例 10 - 7】　查询视图 VW_STUSCORE 中刘丽的期末成绩。

```
SELECT COUNAME,SCORE
FROM VW_STUSCORE
WHERE STUNAME = '刘丽' AND TYPE = '期末'
```

此查询的执行过程是系统首先从数据字典中找到 VW_STUSCORE 的定义，然后把此定义和用户的查询结合起来，转换成等价的对基本表 T_SCOINFO、T_STUINFO、T_COUINFO 的连接查询。这一转换过程称为视图消解（View Resolution），相当于执行以下查询：

```
SELECT COUNAME,SCORE
FROM T_STUINFO STU,T_COUINFO COU,T_SCOINFO SCO
WHERE STU.STUNUM = SCO.STUNUM AND SCO.COUNUM = COU.COUNUM AND STUNAME = '刘丽'
  AND TYPE = '期末'
```

由例 10-7 可以看出，当对一个基本表进行复杂的查询时，可以先对基本表建立一个视图，然后只需对此视图进行查询即可。这样就不必再输入复杂的查询语句，而将一个复杂的查询转换成一个简单的查询，从而简化了查询操作。

10.1.5 更新视图

由于视图是一张虚表，因此对视图的更新最终会转换成对基本表的更新。其更新操作包括添加、修改和删除数据，其语法格式与对基本表的更新操作相同。

有些更新在理论上是不可能的，有些更新实现起来则比较困难，如来自多个基本表的视图。以下仅考虑可以更新的视图。

1. 添加（INSERT）

【例 10-8】 向女生视图 VW_GIRL 中添加一条记录（学号为 S1922，姓名为李丹，出生日期为 1999 – 2 – 15，班级号为 CL03）。

```
INSERT INTO VW_GIRL (STUNUM, STUNAME,STUBIR,CLASSNUM)
VALUES ('S1922','李丹','1999 - 2 - 15','CL03')
```

系统在执行此语句时，首先从数据字典中找到 VW_GIRL 的定义，然后把此定义和添加操作结合起来，转换成等价的对基本表 T_STUINFO 的添加。其相当于执行以下操作：

```
INSERT INTO T_STUINFO (STUNUM, STUNAME,STUSEX,STUBIR,CLASSNUM)
VALUES ('S1922','李丹',NULL,'1999 - 2 - 15','CL03');
```

2. 修改（UPDATE）

【例 10-9】 将女生视图 VW_GIRL 中李丹的班级号改为 CL02。

```
UPDATE VW_GIRL
SET CLASSNUM = 'CL02'
WHERE STUNAME = '李丹'
```

将其转换成对基本表的修改操作：

```
UPDATE T_STUINFO
SET CLASSNUM = 'CL02'
WHERE STUSEX = '女' AND STUNAME = '李丹'
```

3. 删除（DELETE）

【例 10-10】 删除女生视图 VW_GIRL 中李丹老师的记录。

```
DELETE FROM VW_GIRL
WHERE STUNAME = '李丹'
```

将其转换成对基本表的删除操作：

```
DELETE FROM T_STUINFO
WHERE STUSEX = '女' AND STUNAME = '李丹'
```

10.2　索引

10.2.1　索引概述

索引是一种可以加快检索的数据库结构，它包含从表或视图的一列或多列生成的码，以及映射到指定数据存储位置的指针。通过创建设计良好的索引，可以显著提高数据库查询和应用程序的性能。从某种程度上说，可以把数据库看作一本书，把索引看作书的目录。借助目录查找信息，显然比没有目录的书方便快捷。除提高检索速度外，索引还可以强制表中的行具有唯一性，从而确保数据的完整性。

索引一旦创建，将由 DBMS 自动管理和维护。当插入、修改或删除记录时，DBMS 会自动更新表中的索引。编写 SQL 查询语句时，有索引的表与没有索引的表在使用方法上是一致的。虽然索引具有诸多优点，但要避免在一个表中创建大量的索引，否则会影响插入、删除、更新数据的性能，增加索引调整的成本，降低系统的响应速度。

10.2.2　索引类型

在 SQL Server 2019 中有两种基本类型的索引：聚集索引和非聚集索引。除此之外，还有唯一索引、视图索引、全文索引和 XML 索引等。

1. 聚集索引

在聚集索引中，表中行的物理存储顺序与索引码的逻辑（索引）顺序相同。由于真正的物理存储只有一个，因此一个表只能包含一个聚集索引。创建或修改聚集索引可能会非常耗时，因为要根据索引码的逻辑值重新调整物理存储顺序。

在 SQL Server 2019 中创建 PRIMARY KEY 约束时，如果不存在该表的聚集索引且未指定唯一非聚集索引，则自动对 PRIMARY KEY 涉及的列创建唯一聚集索引。在添加 UNIQUE 约束时，默认将创建唯一非聚集索引。如果不存在该表的聚集索引，可以指定唯一聚集索引。

在以下情况下，可以考虑使用聚集索引。

1）包含有限数量的唯一值的列，如仅包含 100 个唯一状态码的列。

2）使用 BETWEEN、>、≥、<和≤等运算符返回某个范围值的查询。

3）返回大型结果集的查询。

2. 非聚集索引

非聚集索引与聚集索引具有相似的索引结构。与聚集索引不同的是，非聚集索引不影响数据行的物理存储顺序，数据行的物理存储顺序与索引码的逻辑（索引）顺序并不一致。每个表可以有多个非聚集索引，而不像聚集索引那样只能有一个。在 SQL Server 2008 R2 中，每个表可以创建最多 249 个非聚集索引，其中包括 PRIMARY KEY 或者 UNIQUE 约束创建的索引，但不包括 XML 索引。

与聚集索引类似，非聚集索引也可以提升数据的查询速度，但会降低插入和更新数据的速度。

当更改包含非聚集索引的表数据时，DBMS 必须同步更新索引。如果一个表需要频繁地更新数据，则不应对其建立太多的非聚集索引。另外，如果硬盘和内存空间有限，也应该限制非聚集索引的数量。

3. 唯一索引

唯一索引能够保证索引码中不包含重复的值，从而使表中的每一行在某种方式上具有唯一性。只有当唯一性是数据本身的特征时，指定唯一索引才有意义。例如，如果希望确保学生表的"姓名"列的值唯一，当主码为"学号"时，可以为"姓名"列创建一个 UNIQUE 约束。当尝试在该列中为多个学生输入相同的姓名时，将显示错误消息，禁止输入重复值。使用多列唯一索引，能保证索引码值中多列的组合是唯一的。例如，如果为成绩表 T_ SCOINFO 中"学号""课程号""考试类型"列的组合创建了唯一索引，则表中任意两行记录不会具有完全相同的"学号""课程号"和"考试类型"值。

聚集索引和非聚集索引都可以是唯一的，可以为同一个表创建一个唯一聚集索引和多个唯一非聚集索引。

创建 PRIMARY KEY 或 UNIQUE 约束时会为指定列自动创建唯一索引。由 UNIQUE 约束自动生成的唯一索引和独立于约束手工创建的唯一索引没有本质区别，两者数据验证的方式是相同的，查询优化器也不会区分唯一索引是由约束自动创建的还是手动创建的。如果目的是要实现数据完整性，则应为列创建 UNIQUE 或 PRIMARY KEY 约束，这样做才能使索引的目标明确。

4. 视图索引

视图也称为虚表，由视图返回的结果集格式与基本表相同，都由行和列组成，在 SQL 语句中使用视图与使用基本表的方式相同。标准视图的结果集不是永久地存储在数据库中的。每次查询引用标准视图时，SQL Server 会在内部将视图的定义替换为该查询，直到修改后的查询仅引用基本表。

对标准视图而言，查询动态生成的结果集开销很大，特别是涉及对大量行进行复杂处理的视图（如聚合大量数据或连接许多行）时。如果在查询中频繁地引用这类视图，可通过对视图创建唯一聚集索引来提升性能。这类索引称为视图索引，对应的视图称为索引视图。索引视图是从 SQL Server 2005 后引入的，可以有效改善标准视图的查询性能。对视图创建唯一聚集索引后，结果集将直接存储在数据库中，就像带有聚集索引的基本表一样。

如果很少更新基础表数据，则索引视图的使用效果最佳；如果经常更新基础表数据，维护索引视图的开销可能超过使用索引视图所带来的性能收益；如果基础表数据以批处理的形式定期更新，但在两次更新之间主要进行只读数据处理，可考虑在更新前删除所有索引视图，更新完毕后再重新生成，这样可提升批处理的更新性能。

5. 全文索引

全文索引是目前搜索引擎的关键技术之一。试想，在 1MB 的文件中搜索一个词可能需要几秒，在 100MB 的文件中搜索可能需要几十秒，在更大的文件中搜索开销会更大。为加快此类检索速度，出现了全文索引技术，也称倒排文档技术。其原理是先定义一个词库，然后在文章中查找并存储每个词条出现的频率和位置，相当于对文件建立了一个以词库为目录的索引，这样查找某个词时就能很快地定位到该词出现的位置。

在 SQL Server 2019 中，每个表只允许有一个全文索引。若要对某个表创建全文索引，该表必须具有一个唯一且非空（NULL）的列。可以对以下类型的列创建全文索引：char、varchar、nchar、nvarchar、text、ntext、image、xml、varbinary 和 varbinary（max），从而可对这些列进行全文搜索。对数据类型为 varbinary、varbinary（max）、image 或 xml 的列创建全文索引需要指定文档类型列，类型列用来存储文件的扩展名（. doc、. pdf 和 . xls 等）。

6. XML 索引

可以对 xml 数据类型的列创建 XML 索引。XML 索引对列中 xml 实例的所有标记、值和路径进行索引，从而提高查询性能。在下列情况下，可考虑创建 XML 索引。

1）对 xml 列进行查询在工作中很常见。但需要注意的是，xml 列如果频繁修改，可能会造成很高的索引维护开销。

2）xml 列的值相对较大，而检索部分相对较小。生成索引避免了在运行时分析所有数据，能实现高效的查询处理。

10. 2. 3　创建索引

1. 使用 Management Studio 创建索引

在"对象资源管理器"窗口中右击"数据库"→"数据库名称"→"表"→"索引"→"聚集索引"节点，在弹出的快捷菜单中选择"新建索引"命令下的"聚集索引"选项，即可弹出"新建索引"窗口，如图 10-2 所示。设置好索引的名称、类型及是否唯一等，添加要索引的列（可以为一列或多列），单击"确定"按钮即可。

2. 使用 SQL 语句创建索引

在 SQL Server 2019 中，可以使用 CREATE INDEX 语句创建索引。既可以创建聚集索引，也可以创建非聚集索引；既可以在一列上创建索引，也可以在多列上创建索引。其基本的语法格式如下：

```
CREATE[UNIQUE][CLUSTERED |NONCLUSTERED]INDEX INDEX_NAME
ON TABLE_OR_VIEW_NAME(COLUMN_NAME[ASC |DESC][,…N])
[WITH < INDEX_OPTION > [,…N]]
[ON{FILEGROUP_NAME |"DEFAULT"}]
```

其中，UNIQUE 表示创建唯一索引，CLUSTERED 表示创建聚集索引，NONCLUSTERED 表示创建非聚集索引。

【例 10-11】 为表 T_SCOINFO 在 STUNUM、COUNUM、TYPE 上建立唯一索引。

```
CREATE UNIQUE INDEX IDX_SCT
ON T_SCOINFO(STUNUM, COUNUM,TYPE)
```

执行此命令后，将为 T_SCOINFO 表建立一个名为 IDX_SCT 的唯一索引，此索引为 STUNUM、COUNUM、TYPE 3 个列的复合索引，即对 T_SCOINFO 表中的行先按 STUNUM 的递增顺序索引；对于相同的 STUNUM，又按 COUNUM 的递增顺序索引；对于相同的 COUNUM，又按 TYPE 的递增顺序索引。由于有 UNIQUE 的限制，因此该索引在（STUNUM，COUNUM，TYPE）组合列的排序上具有唯一性，不存在重复值。

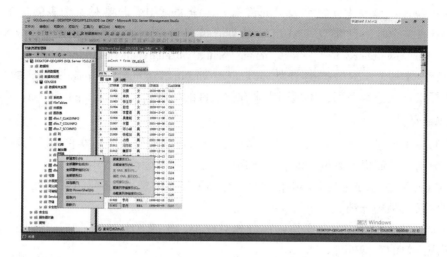

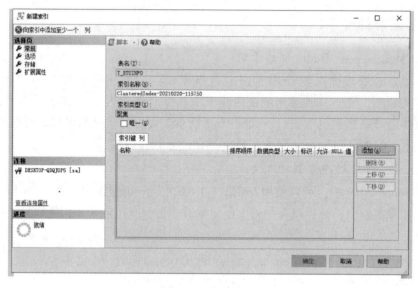

图 10-2　新建索引

【例 10-12】　为教师表 T_TEAINFO 在 TEANAME 上建立聚集索引。

```
CREATE CLUSTERED INDEX IDX_TEA_TEANAME
ON T_TEAINFO(TEANAME)
```

执行此命令后，将为 T_TEAINFO 表建立一个名为 IDX_TEA_TEANAME 的聚集索引，T_TEAINFO表中的记录将按照 TEANAME 的值升序存放。

10.2.4　修改索引

通常情况下，索引建立后由 DBMS 自动维护更新，无须手工干预，但有的情况下可能需要对索引进行修改。例如，向一个带有索引的表中插入大量数据时，为了提高插入性能，可考虑先删除索引，然后重新建立索引。修改索引的 SQL 命令语法格式如下：

```
ALTER INDEX{INDEX_NAME |ALL}
```

```
ON TABLE_OR_VIEW_NAME
{REBUILD
    [[PARTITION = ALL]
        [WITH(<REBUILD_INDEX_OPTION >[,…N] ) ]
    |[PARTITION = PARTITION_NUMBER]
        [WITH(<SINGLE_PARTITION_REBUILD_INDEX_OPTION >[,…N])]
    ]
| DISABLE
| REORGANIZE
    [PARTITION = PARTITION_NUMBER]
        [WITH(LOB_COMPACTION = {ON |OFF})]
| SET (<SET_INDEX_OPTION >[,…N])
}
[;]
```

其主要参数的含义如下。

1）REBUILD：删除索引并且重新生成索引。这样可以根据指定的填充度压缩页来删除磁盘碎片，回收磁盘空间，重新排序索引。

2）PARTITION：指定只重新生成或重新组织索引的一个分区。如果 index_name 不是已分区索引，则不能指定 PARTITION。

3）DISABLE：将索引标记为禁用，从而不能由数据库引擎使用。任何索引均可被禁用，已禁用索引的索引定义保留在没有基础索引数据的系统目录中。禁用聚集索引将阻止用户访问基础表数据。若要启用已禁用的索引，可以使用 ALTER INDEX REBUILD 或 CREATE INDEX WITH DROP_ EXISTING 命令。

4）REORGANIZE：重新组织索引，此子句等同于 DBCC INDEXDEFRAG。ALTER INDEX REORGANIZE 语句始终联机执行，这意味着不保留长期阻塞的表锁，对基础表的查询或更新可以在 ALTER INDEX REORGANIZE 事务处理期间继续执行。不能为已禁用的索引指定 REORGANIZE。

10.2.5　删除索引

1. 通过 Management Studio 删除索引

在“对象资源管理器”窗口中展开“数据库”→“数据库名称”→“表”→“索引”节点，右击要删除的索引，在弹出的快捷菜单中选择“删除”命令，即可删除索引。

2. 通过 SQL 语句删除索引

在 SQL Server 2008 R2 中，可以使用 DROP INDEX 语句删除索引。其语法格式如下：

```
DROP INDEX <TABLE_OR_VIEW_NAME >. < INDEX_NAME >
```

也可以使用如下语法格式：

```
DROP INDEX < INDEX_NAME >ON <TABLE_OR_VIEW_NAME >
```

上述语句中，index_name 表示要删除的索引名，table_or_view_name 表示当前索引基于的表名或者视图名。

10.2.6　查看索引

1. 使用 Management Studio 查看索引

在"对象资源管理器"窗口中展开"数据库"→"数据库名称"→"表"→"索引"节点，即可看到该表下的所有索引。双击其中一个索引，即可查看该索引的详细信息。

2. 用 Sp_helpindex 存储过程查看索引

Sp_helpindex 存储过程可以返回表中的所有索引信息，其语法格式如下：

```
SP_HELPINDEX[@ OBJNAME = ]'NAME'
```

其中，［@ objname = ］ 'name'子句指定当前数据库中的表名。

【例 10-13】　查看表 T_SCOINFO 的索引。

```
EXEC SP_HELPINDEX T_SCOINFO
```

如果要更改索引名称，可利用 Sp_rename 存储过程，其语法格式如下：

```
SP_RENAME'数据表名. 原索引名','新索引名'
```

【例 10-14】　更改 T_TEAINFO 表中的索引 IDX_TEA_TEANAME 名称为 IDX_TEANAME。

```
EXEC SP_RENAME'T_TEAINFO.IDX_TEA_TEANAME','IDX_TEANAME';
```

10.3　Transact – SQL 程序设计

前面用到的 SQL 是关系型数据库系统的标准语言，标准的 SQL 语句可以在绝大多数的关系型数据库系统上不加修改地使用。但是，标准 SQL 不支持流程控制，仅仅是一些简单的语句，使用起来有时不方便。为此，大型的关系型数据库系统都在标准 SQL 的基础上，结合自身的特点推出了可以编程的、结构化的 SQL 编程语言，如 SQL Server 2019 的 Transact – SQL、Oracle 11g 的 PL/SQL 等。

Transact – SQL 就是在标准 SQL 的基础上进行扩充而推出的 SQL Server 专用的结构化 SQL，引入了程序设计的思想，增强了程序的流程控制语句。因此，在 Transact – SQL 中，标准的 SQL 语句可畅通无阻。Transact – SQL 最主要的用途是设计服务器端的能够在后台执行的程序块，如存储过程、触发器等。第 3 章已介绍了标准 SQL 的语法及其基本使用方法，在此只介绍 Transact – SQL 中的其他部分。

10.3.1　变量

变量是可以对其赋值并参与运算的一个实体，其值在运行过程中可以发生改变。变量可以分为全局变量和局部变量两类，其中全局变量由系统定义并维护，局部变量由用户定义并赋值。局部变量的用法非常广泛，除了可以参加运算构成表达式之外，还可以在程序中保存中间结果、控制循环执行次数、保存存储过程的输出结果和函数的返回值等。

1. 全局变量

全局变量是 SQL Server 2019 系统内部使用的变量，其作用范围并不局限于某一程序，而是任何程序均可随时调用。全局变量通常存储一些 SQL Server 2019 的配置设定值和效能统计数据，用户可在程序中用全局变量来测试系统的设定值或 Transact – SQL 命令执行后的状态值。

全局变量不是由用户的程序定义的，而是由系统定义和维护的，用户只能使用预先说明及定义的全局变量。因此，全局变量对用户而言是只读的，用户只能读取全局变量的值，而不能对其进行修改或管理。使用全局变量时必须以@@开头。

2. 局部变量

局部变量是用户可自定义的变量，其名称命名规则同标识符的命名规则，不区分大小写。但局部变量的名称不能与全局变量的名称相同，否则会在应用中出错。局部变量的作用范围仅在其声明的批处理、存储过程或触发器中。局部变量在程序中通常用来存储从表中查询到的数据，或当作程序执行过程中的暂存变量。

（1）局部变量的声明方式　局部变量必须先用 DECLARE 命令声明后才可使用，且局部变量名前必须以@为前缀。其声明形式如下：

```
DECLARE @ 变量名 变量类型 [, @ 变量名 变量类型, …]
```

其中，变量类型可以是 SQL Server 2019 支持的所有数据类型。

（2）局部变量的赋值　在 Transact – SQL 中，不能像在一般的程序设计语言中那样使用"变量 = 变量值"给变量赋值，而必须使用 SELECT 或 SET 命令来给局部变量赋值。其语法格式如下：

```
SELECT @ 变量名 = 变量值
```

或

```
SET @ 变量名 = 变量值
```

【例 10-15】　声明一个长度为 8 个字符的局部变量 id，并将其赋值为 10010001。

```
DECLARE @ ID CHAR(8)
SELECT @ ID = '10010001'
```

在某些时候，需要在程序中使用查询的结果，如在编写存储过程或触发器时就需要将查询结果存储到变量中。

【例 10-16】　从数据表 T_STUINFO 中查询学号为 S1907 的学生的姓名，并将学号与查询到的姓名分别存储到局部变量@ stuno 和@ stuname 中。

```
DECLARE @ STUNO VARCHAR(10), @ STUNAME VARCHAR(10)
SELECT @ STUNO = STUNUM, @ STUNAME = STUNAME FROM T_STUINFO WHERE STUNUM = 'S1907'
```

3. 注释符

利用注释符可以在程序代码中添加注释。注释的作用有两个：①对程序代码的功能及实现方式进行简要的解释和说明，以便于将来对程序代码进行维护；②可以把程序中暂时不用的语句加以注释，使它们暂时不被执行，等需要这些语句时再将其恢复。在 Transact – SQL 中可以使用以下两类注释符。

1）ANSI 标准的注释符 " – – " 用于单行注释。

2）与 C 语言相同的程序注释符，即 "／*…*／"，其中 "／*" 用于注释文字的开头，"*／" 用于注释文字的结尾，可在程序中标识多行文字为注释。

10.3.2 运算符

运算符是一种符号，用来指定要在一个或多个表达式中执行的操作。SQL Server 2019 提供了算术运算符、赋值运算符、字符串连接运算符、比较运算符、逻辑运算符、按位运算符、一元运算符等。

1. 算术运算符

算术运算符对两个表达式执行数学运算，参与运算的表达式必须是数值数据类型或能够进行算术运算的其他数据类型。Transact – SQL 提供的算术运算符如表 10-1 所示。加（+）和减（–）运算符也可用于对 dateime、smalldatetime、money 和 smallmoney 类型的值执行算术运算。

表 10-1　算术运算符

运算符	含义
+	加
–	减
*	乘
/	除
%	求余

2. 赋值运算符

等号（＝）是唯一的 Transact – SQL 赋值运算符。在以下示例中，将创建一个@ MyCounter 局部变量，赋值运算符将@ MyCounter 的值赋为 1。

```
DECLARE @ MYCOUNTER INT
SET @ MYCOUNTER =1
```

3. 字符串连接运算符

加号（+）是字符串连接运算符，可以用它将字符串连接起来。其他所有字符串操作都使用字符串函数进行处理，如'good' + ' ' + 'morning'的结果是 good morning。

4. 比较运算符

比较运算符用来比较两个表达式值之间的大小关系，可以用于除了 text、ntext 和 image 数据类型之外的所有数据类型。

比较运算符的运算结果为 TRUE（真）或 FALSE（假），通常用来构造条件表达式。表 10-2 列出了 Transact – SQL 的比较运算符。

5. 逻辑运算符

逻辑运算符用来对多个条件进行运算，运算结果为 TRUE（真）或 FALSE（假），通常用来表示复杂的条件表达式。表 10-3 列出了 Transact-SQL 的逻辑运算符。

表 10-2　比较运算符

运算符	含义
=	等于
>	大于
<	小于
> =	大于等于
< =	小于等于
< >	不等于
! =	不等于（非 SQL – 92 标准）
! <	不小于（非 SQL – 92 标准）
! >	不大于（非 SQL – 92 标准）

表 10-3　逻辑运算符

运算符	含义
ALL	如果一组比较中都为 TRUE，运算结果就为 TRUE
AND	如果两个表达式的值都为 TRUE，运算结果就为 TRUE
ANY	如果一组比较中任何一个为 TRUE，运算结果就为 TRUE
BETWEEN	如果操作数在某个范围之内，运算结果就为 TRUE
EXISTS	如果子查询包含一些行，运算结果就为 TRUE
IN	如果操作数等于表达式列表中的一个，运算结果就为 TRUE
LIKE	如果操作数与一种模式相匹配，运算结果就为 TRUE
NOT	对逻辑值取反，即如果操作数的值为 TRUE，运算结果为 FALSE，否则为 TRUE
OR	如果两个布尔表达式中的一个为 TRUE，运算结果就为 TRUE
SOME	如果一系列操作数中有些值为 TRUE，运算结果就为 TRUE

6. 按位运算符

按位运算符对两个表达式进行二进制位操作，这两个表达式必须是整型或与整型兼容的数据类型。Transact – SQL 的按位运算符如表 10-4 所示。

表 10-4　按位运算符

运算符	含义	运算规则
&	按位与	两个数对应的二进制位上都是 1 时，该位上的运算结果为 1，否则为 0
|	按位或	两个数对应的二进制位上有一个是 1 时，该位上的运算结果为 1，否则为 0
^	按位异或	两个数对应的二进制位上不同时，该位上的运算结果为 1，否则为 0

例如，表达式 7 & 4 的值为 4。其运算过程如下：7 对应的二进制数为 00000111，4 对应的二进制数为 00000100，两者进行 "&" 运算，对它们对应的二进制位进行按位与运算，即

00000111
&
00000100

00000100

7. 一元运算符

一元运算符只对一个表达式进行运算。Transact – SQL 的一元运算符如表 10-5 所示。

表 10-5　一元运算符

运算符	含义
+	正号，数值为正
–	负号，数值为负
~	按位取反，对操作数进行按进制位取反运算，即二进制位上原来为 1，运算结果为 0，否则为 1

运算符的优先级和结合性：当一个复杂的表达式中有多个运算符时，运算符的优先级决

定着运算的先后次序，执行顺序会影响所得到的运算结果。具有高优先级的运算符先于低优先级的运算符进行计算。如果表达式包含多个具有相同优先级的运算符，则按照从左到右或从右到左的顺序进行运算。

运算符的优先级如表 10-6 所示。

表 10-6 运算符的优先级

优先级（从高到低）	运算符	说明
1	( )	小括号
2	+、−、~	正、负、按位取反
3	*、/、%	乘、除、求余数
4	+、−、+	加、减、字符串连接
5	=、>、<、> =、< =、< >、! =、! >、! <	各种比较运算符
6	^、&、|	位运算符
7	NOT	逻辑非
8	AND	逻辑与
9	ALL、ANY、BETWEEN、IN、LIKE、OR、SOME	逻辑运算符
10	=	赋值运算符

10.3.3 批处理

批处理是包含一个或多个 Transact – SQL 语句的组，批处理的所有语句被整合成一个执行计划。一个批处理内的所有语句要么被放在一起通过解析，要么没有一句能够执行。

批处理是使用 GO 语句将多条 SQL 语句进行分隔，其中每两个 GO 语句之间的 SQL 语句就是一个批处理单元。每个批处理被单独处理，所以一个批处理中的错误不会阻止另一个批处理的运行。

例如：

```
CREATE TABLE DBO.T1(A INT)
INSERT INTO DBO.T1 VALUES (1)
INSERT INTO DBO.T1 VALUES (1.1)
INSERT INTO DBO.T1 VALUES (3)
GO
SELECT *  FROM DBO.T1;
```

首先，对批处理进行编译。对 CREATE TABLE 语句进行编译，但由于表 dbo. T1 尚不存在，因此未编译 INSERT 语句。

然后，批处理开始执行。表已创建，编译第一条 INSERT 语句并立即执行，表 T1 现在具有一个行；编译第二条 INSERT 语句，编译失败，批处理终止。SELECT 语句返回一行。

【例 10-17】 执行批处理程序，依次删除学生成绩表、学生表和班级表。

```
USE EDUSDB      /* 将教学管理数据库 EDUSDB 设置为当前数据库* /
GO
```

```
DELETE FROM T_SCOINFO
DELETE FROM T_STUINFO
DELETE FROM T_CLASSINFO
GO
```

10.3.4 流程控制语句

流程控制语句采用了与程序设计语言相似的机制,使其能够产生控制程序执行及流程分支的作用。通过使用流程控制语句,用户可以完成功能较为复杂的操作,并且使得程序获得更好的逻辑性和结构性。

Transact – SQL 使用的流程控制语句与常见的程序设计语言类似,主要有以下几种。

1. BEGIN…END 语句

BEGIN…END 语句的语法格式如下:

```
BEGIN
<命令行或程序块>
END
```

BEGIN…END 语句用来设定一个程序块,将在 BEGIN…END 语句内的所有程序视为一个单元执行。

BEGIN…END 语句经常在条件语句(如 IF…ELSE)、WHILE 语句等中使用。在 BEGIN…END 语句中可嵌套另外的 BEGIN…END 语句来定义另一个程序块。

2. IF…ELSE 语句

IF…ELSE 语句的语法格式如下:

```
IF <条件表达式>
<命令行或程序块>
[ELSE
<命令行或程序块>]
```

其中,<条件表达式>可以是各种表达式的组合,但表达式的值必须是逻辑值"真"或"假";ELSE 子句是可选的,最简单的 IF 语句没有 ELSE 子句部分。

IF…ELSE 语句用来判断当某一条件成立时执行某段程序,条件不成立时执行另一段程序。如果不使用程序块,IF 或 ELSE 只能执行一条命令。

IF…ELSE 语句可以进行嵌套,在 Transact – SQL 中最多可嵌套 32 级。

【例 10-18】 从数据库 EDUSDB 中的 T_SCOINFO 数据表中求出学号为 S1907 的学生的期末平均成绩,如果此平均成绩大于或等于 60 分,则输出"Pass!"信息。

```
USE EDUSDB
IF(SELECT AVG(SCORE) FROM T_SCOINFO WHERE STUNUM = 'S1907' AND TYPE = '期末') > =60
PRINT 'PASS! '
ELSE
PRINT 'FAIL! '
GO
```

271

3. IF [NOT] EXISTS 语句

IF [NOT] EXISTS 语句的语法格式如下：

```
IF[NOT] EXISTS (SELECT 子查询)
  <命令行或程序块 >
  [ELSE
  <命令行或程序块 >]
```

IF EXISTS 语句用于检测数据是否存在，如果 EXISTS 后面的 "SELECT 子查询" 的结果不为空，即检测到有数据记录存在时，就执行其后面的程序块；否则执行 ELSE 后面的程序块。当采用 NOT 关键字时，则与上面的功能正好相反。

【例 10-19】 从数据库 EDUSDB 中的 T_STUINFO 数据表中读取学号为 S1907 的学生的数据记录。如果存在，则输出 "存在学号为 S1907 的学生"；否则输出 "不存在学号为 S1907 的学生"。

```
USE EDUSDB
DECLARE@ MESSAGE VARCHAR(255)   /* 定义变量 MESSAGE * /
IF EXISTS (SELECT *  FROM T_STUINFO WHERE STUNUM = 'S1907')
SET @ MESSAGE = '存在学号为 S1907 的学生'
ELSE
SET @ MESSAGE = '不存在学号为 S1907 的学生'
PRINT @ MESSAGE
GO
```

4. CASE 语句

CASE 语句有两种语法格式。

（1）格式 1

```
CASE <表达式 >
  WHEN <表达式 > THEN <表达式 >
  …
  WHEN <表达式 > THEN <表达式 >
  [ELSE <表达式 >]
END
```

该语句的执行过程如下：将 CASE 后面表达式的值与各 WHEN 子句中的表达式的值进行比较，如果两者相等，则返回 THEN 后的表达式的值，然后跳出 CASE 语句；否则返回 ELSE 子句中的表达式的值。

ELSE 子句是可选项。当 CASE 语句中不包含 ELSE 子句时，如果所有比较失败，CASE 语句将返回 NULL。

【例 10-20】 从数据库 EDUSDB 中的学生表 T_STUINFO 中选取 STUNAME 和 SEX，如果 SEX 字段值为 "男"，则输出 "M"；如果为 "女"，则输出 "F"。

```
USE EDUSDB
SELECT STUNAME
  SEX =
```

```
    CASE SEX
        WHEN'男'THEN'M'
        WHEN'女'THEN'F'
    END
  PROM T_STUINFO
  GO
```

（2）格式 2

```
CASE
  WHEN <表达式> THEN <表达式>
  WHEN <表达式> THEN <表达式>
  [ELSE <表达式>]
END
```

该语句的执行过程如下：首先测试第一个 WHEN 子句后的表达式的值，如果其值为"真"，则返回 THEN 后面的表达式的值；否则测试下一个 WHEN 子句中的表达式的值。如果所有 WHEN 子句后的值都为"假"，则返回 ELSE 后的表达式的值。如果在 CASE 语句中没有 ELSE 子句，则返回 NULL。

注意：CASE 命令可以嵌套到 SQL 命令中。

【例 10-21】 从数据库 EDUSDB 中的 T_SCOINFO 表中查询所有学生选课的成绩情况，凡成绩为空的输出"缺考"，小于 60 分的输出"不及格"，60~70 分的输出"及格"，70~90 分的输出"良好"，大于或等于 90 分的输出"优秀"。

```
  USE EDUSDB
  GO
  SELECT STUNUM,COUNUM,TYPE,SCORE =
    CASE
      WHEN SCORE IS NULL THEN'缺考'
      WHEN SCORE <60 THEN'不及格'
      WHEN SCORE > =60 AND SCORE <70 THEN'及格'
      WHEN SCORE > =70 AND SCORE <90 THEN'良好'
      WHEN SCORE > =90 THEN'优秀'
    END
  FROM T_SCOINFO
  GO
```

5. WHILE…CONTINUE…BREAK 语句

WHILE…CONTINUE…BREAK 语句的语法格式如下：

```
WHILE <条件表达式>
BEGIN
  <命令行或程序块>
  [BREAK]
  [CONTINUE]
```

```
［命令行或程序块］
END
```

WHILE 语句在设定的条件成立时会重复执行命令行或程序块；CONTINUE 语句可以让程序跳过 CONTINUE 语句之后的语句，回到 WHILE 循环的第一行，继续进行下一次循环；BREAK 语句则让程序完全跳出循环，结束 WHILE 语句的执行。WHILE 语句也可以嵌套。

【例 10-22】 以下程序计算并输出 1 ~ 100 之间所有能被 3 整除的数的总和及个数。

```
DECLARE @ S SMALLINT, @ I SMALLINT, @ NUMS SMALLINT
SET @ S =0
SET @ I =1
SET @ NUMS =0
WHILE (@ I < =100)
  BEGIN
    IF (@ I% 3 =0)
      BEGIN
        SET @ S =@ S +@ I
        SET @ NUMS =@ NUMS +1
      END
    SET @ I =@ I +1
  END
PRINT @ S
PRINT @ NUMS
```

6. WAITFOR 语句

WAITFOR 语句的语法格式如下：

```
WAITFOR {DELAY < '时间' > |TIME < '时间' >
|ERROREXIT | PROCESSEXIT |MIRROREXIT}
```

WAITFOR 语句用来暂时停止程序执行，直到所设定的等待时间已过或所设定的时间已到才继续往下执行。其中，"时间"必须为 DATETIME 类型的数据，但不能包括日期。

其各关键字含义如下。

1）DELAY：用来设定等待的时间，最多可达 24 小时。

2）TIME：用来设定等待结束的时间点。

3）ERROREXIT：直到处理非正常中断。

4）PROCESSEXIT：直到处理正常或非正常中断。

5）MIRROREXIT：直到镜像设备失败。

【例 10-23】 等待 1 小时 2 分零 3 秒后才执行 SELECT 语句。

```
WAITFOR DELAY '01:02:03'
SELECT *  FROM T_STUINFO
```

【例 10-24】 指定在 11：24：00 时间点时开始执行 SELECT 语句。

```
WAITFOR TIME'11:24:00'
```

```
SELECT *  FROM T_STUINFO
```

7. GOTO 语句

GOTO 语句的语法格式如下：

```
GOTO 标识符
```

GOTO 语句用来改变程序执行的流程，使程序跳到标有标识符指定的程序行再继续往下执行。作为跳转目标的标识符可以为数字与字符的组合，但必须以"："结尾。在 GOTO 语句行，标识符后不必加"："。

【例 10-25】 求 $1+2+3+\cdots+100$ 的总和。

```
DECLARE @ S SMALLINT,@ I SMALLINT
SET @ I =1
SET @ S =0
BEG:
  IF (@ I < =100)
    BEGIN
    SET @ S =@ S +@ I
    SET @ I =@ I +1
    GOTO BEG   /* 使程序跳转到标号为 BEG 的地方执行* /
    END
PRINT @ S
```

8. RETURN 语句

RETURN 语句的语法格式如下：

```
RETURN ([整数值])
```

RETURN 语句用于使程序从一个查询、存储过程或批处理中无条件返回，其后面的语句不再执行。在 RETURN 后面的括号内可指定一个整数值，该值可以返回给调用应用程序、批处理或过程；如果没有为 RETURN 指定整数值，则将返回 0。

RETURN 语句不能返回 NULL 值。SQL Server 保留 $-99\sim-1$ 之间的返回值作为系统使用。常用 RETURN 语句返回值及其对应的含义如表 10-7 所示。

表 10-7 常用 RETURN 语句返回值及其对应的含义

返回值	含义	返回值	含义
0	程序执行成功	−8	非致命的内部错误
−1	找不到对象	−9	达到系统配置参数极限
−2	数据类型错误	−10	内部一致性致命错误
−3	死锁错误	−11	内部一致性致命错误
−4	违反权限规则	−12	表或索引崩溃
−5	语法错误	−13	数据库破坏
−6	用户造成的一般错误	−14	硬件错误
−7	资源错误		

10.3.5 常用命令

1. BACKUP

BACKUP 命令用于将数据库内容或其事务处理日志备份到存储介质上（如硬盘、磁带等）。

2. CHECKPOINT

CHECKPOINT 命令用于将当前工作的数据库中被更改过的数据页或日志页从数据缓冲区中强制写入硬盘。CHECKPOINT 的语法格式如下：

```
CHECKPOINT[CHECKPOINT_DURATION]
```

其中，checkpoint_duration 是一个 int 类型的整数值且必须大于零，单位是 s，表示 SQL Server 数据库引擎会在请求的持续时间内尝试执行检查点。如果省略该参数，SQL Server 数据库引擎将自动调整检查点持续时间，以便最大限度地降低对数据库应用程序性能的影响。

例如，使用 CHECKPOINT 命令检查 EDUSDB 数据库中被更改过的数据页或日志页，命令如下：

```
USE EDUSDB
CHECKPOINT
```

3. DBCC

DBCC（Database Consistency Checker，数据库一致性检查）命令用于验证数据库完整性、查找错误、分析系统使用情况等。其语法格式如下：

```
DBCC 子命令
```

DBCC 命令后必须加上子命令，系统才知道要做什么。DBCC 中可以使用的子命令很多，由于篇幅所限，本书不对有关子命令的使用展开讲解，读者可以查看有关的帮助和说明文档。在此只给出一些实例说明 DBCC 的用法。

1）利用 DBCC HELP（'?'）可以查询 DBCC 使用的所有子命令。

2）利用 DBCC HELP（'子命令'）可以查询指定的 DBCC 子命令的语法说明，如执行 DBCC HELP（'CHECKALLOC'）可以查询子命令 CHECKALLOC 使用的语法格式。

3）利用 DBCC CHECKALLOC（'EDUSDB'）可以检查 EDUSDB 数据库的磁盘空间分配结构的一致性情况。

4. DECLARE

DECLARE 的语法格式如下：

```
DECLARE {{@ LOCAL_VARIABLE DATA_TYPE}
|{@ CURSOR_VARIABLE_NAME CURSOR}
|{TABLE_TYPE_DEFINITION}
} [,…N]
```

DECLARE 命令用于声明一个或多个局部变量、游标变量或表变量。在用 DECLARE 命令声明之后，所有变量都被赋予初值 NULL。需要用 SELECT 或 SET 命令来给变量赋值。变量类型可为系统定义的类型或用户定义的类型，但不能为 TEXT、NTEXT 和 IMAGE 类型。CURSOR 指明变量是局部的游标变量。

如果变量为字符型，那么在 data_ type 表达式中应指明其最大长度，否则系统认为其长度为 1。例如：

```
DECLARE @ X CHAR, @ Y CHAR(10)
SELECT  @ X = '123', @ Y = 'DATA_TYPE'
PRINT @ X
PRINT @ Y
```

其运行结果如下：

```
1
DATA_TYPE
```

5. EXECUTE

EXECUTE（或 EXEC）命令用来执行存储过程。

6. KILL

KILL 命令用于终止某一过程的执行。

7. PRINT

PRINT 的语法格式如下：

```
PRINT 'ANY ASCII TEXT' |@ LOCAL_VARIABLE |@ @ FUNCTION |STRING_EXPRESSION
```

PRINT 命令向客户端返回一个用户自定义的信息，即显示一个字符串、局部变量或全局变量。如果变量值不是字符串，必须先用数据类型转换函数 CONVERT（）将其转换为字符串。其中，string_expression 是可返回一个字符串的表达式。表达式的长度可以超过 8000 个字符，但超过 8000 后的字符将不会显示。

8. RAISERROR

RAISERROR 命令用于在 SQL Server 系统返回错误信息时，同时返回用户指定的信息。

9. RESTORE

RESTORE 命令用来将数据库或其事务处理日志备份文件由存储介质存储到 SQL Server 系统中。

10. SELECT

SELECT 命令用于给局部变量赋值，其语法格式如下：

```
SELECT{@ LOCAL_VARIABLE = EXPRESSION}[,…N]
```

SELECT 命令可以一次给多个变量赋值。当表达式 expression 为列名时，SELECT 命令可利用其查询功能一次返回多个值，变量中保存的是其返回的最后一个值。如果 SELECT 命令没有返回值，则变量值仍为原来的值。当表达式 expression 是一个子查询时，如果子查询没有返回值，则变量被置为 NULL。

例如，以下代码利用 SELECT 命令同时对声明的变量@ STUNO 和@ STUNAME 赋值。

```
DECLARE @ STUNO VARCHAR(6), @ STUNAME NVARCHAR(10)
SELECT @ STUNO = 'S1932', @ STUNAME = '姜维'
GO
```

11. SET

SET 命令有两种用法。

1）SET 命令用于给局部变量赋值，其语法格式如下：

```
SET{{@ 1OCA1_ VARIABLE = EXPRESSION}|{@ CURSOR_ VARIABLE =
  {@ CURSOR_VARIABLE1 CURSOR_NAME
    |{CURSOR
    [FORWARD_ONLY | SCROLL]
    [STATIC|KEYSET | DYNAMIC|FAST_ FORWARD]
    [READ_ONLY | SCROLL_LOCKS|OPTIMISTIC]
    [TYPE_ WARNING]
    FOR SELECT_STATEMENT
    [FOR{READ_ONLY
    |UPDATE[ OF COLUMN_NAME[,···N]]}]}}}}}
```

在用 DECLARE 命令声明之后，所有变量都被赋予初值 NULL，需要用 SET 命令来给变量赋值，其与 SELECT 命令不同的是，SET 命令一次只能给一个变量赋值。不过，由于 SET 命令功能更强且更严密，因此 SQL Server 推荐使用 SET 命令来给变量赋值。

2）SET 命令用于用户执行 SQL 命令时，SQL Server 处理选项的设定有以下几种设定方式。

SET：选项 ON。

SET：选项 OFF。

SET：选项值。

12. SHUTDOWN

SHUTDOWN 的语法格式如下：

```
SHUTDOWN [WITH NOWAIT]
```

SHUTDOWN 命令用于停止 SQL Server 的执行。当使用 NOWAIT 参数时，SHUTDOWN 命令立即停止 SQL Server，在终止所有的用户过程并对每一个现行的事务发生一个回滚后，退出 SQL Server。当没有用 NOWAIT 参数时，SHUTDOWN 命令将按以下步骤执行。

1）阻止任何用户登录 SQL Server。

2）等待尚未完成的 Transact-SQL 命令或存储过程执行完毕。

3）在每个数据库中执行 CHECKPOINT 命令。

4）停止 SQL Server 的执行。

13. USE

USE 的语法格式如下：

```
USE {database}
```

USE 命令用于改变当前使用的数据库为指定的数据库。用户必须是目标数据库的用户，或者在目标数据库中建有 GUEST 用户账号时，使用 USE 命令才能成功切换到目标数据库。

例如，USE EDUSDB 命令用于将 EDUSDB 数据库指定为当前使用的数据库。

10.3.6　常用函数

函数是能够完成特定功能并返回处理结果的一组 Transact – SQL 语句，其处理结果称为返回值，处理过程称为函数体。函数可以用来构造表达式，可以出现在 SELECT 语句的选择列表中，也可以出现在 WHERE 子句的条件中。SQL Server 提供了许多系统内置函数，同时也允许用户根据需要自己定义函数。

SQL Server 提供的常用的内置函数主要有统计函数、算术函数、字符串函数、数据类型转换函数、日期函数等。

1. 统计函数

在 SQL Server 2019 中，除第 3 章中所讲述的聚合函数外，还提供了以下函数。

（1）STDEV( )函数　STDEV( )函数的语法格式如下：

```
STDEV (EXPRESSION)
```

STDEV( )函数返回表达式中所有数据的标准差。表达式通常为表中某一数据类型为 NUMERIC 的列，或近似 NUMERIC 类型的列，如 MONEY 类型，但 BIT 类型除外。表达式中的 NULL 值将被忽略，其返回值为 FLOAT 类型。

（2）STDEVP( )函数　STDEVP( )函数的语法格式如下：

```
STDEVP (EXPRESSION)
```

STDEVP( )函数返回表达式中所有数据的总体标准差。其表达式及返回值类型同 STDEV( )函数。

（3）VAR( )函数　VAR( )函数的语法格式如下：

```
VAR (EXPRESSION)
```

VAR( )函数返回表达式中所有数据的统计变异数。其表达式及返回值类型同 STDEV( )函数。

（4）VARP( )函数　VARP( )函数的语法格式如下：

```
VARP (EXPRESSION)
```

VARP( )函数返回表达式中所有数据的总体变异数。其表达式及返回值类型同 STDEV( )函数。

2. 算术函数

算术函数可对数据类型为整型、浮点型、实型、货币型和 SMALLMONEY 型的列进行操作。它的返回值是 6 位小数，如果使用出错，则返回 NULL 值，并显示警告信息。可以在 SELECT 语句的 SELECT 和 WHERE 子句及表达式中使用算术函数。Transact – SQL 中的算术函数如表 10-8 所示。

表 10-8 Transact – SQL 中的算术函数

函数类别	函数名	功能	示例
三角函数	SIN（表达式）	返回以弧度表示的表达式的正弦	SIN（0）的值为 0
	COS（表达式）	返回以弧度表示的表达式的余弦	COS（0）的值为 1
	TAN（表达式）	返回以弧度表示的表达式的正切	TAN（3. 14159/4）的值为 0. 999998
	COT（表达式）	返回以弧度表示的表达式的余切	COT（1）的值为 0. 642092
反三角函数	ASIN（表达式）	返回以表达式的值为正弦值的角（弧度）	ASIN（0）的值为 0
	ACOS（表达式）	返回以表达式的值为余弦值的角（弧度）	ACOS（1）的值为 0
	ATAN（表达式）	返回以表达式的值为正切值的角（弧度）	ATAN（0）的值为 0
角度弧度转换	DEGREES（表达式）	把弧度转换为角度	DEGREES（1）的值为 57
	RADIANS（表达式）	把角度转换为弧度	RADIANS（90. 0）的值为 1. 570796
指数函数	EXP（表达式）	返回以 e 为底、以表达式为指数的幂值	EXP（1）的值为 2. 718282
对数函数	LOG（表达式）	返回表达式的以 e 为底的自然对数值	LOG（1）的值为 0
	LOG10（表达式）	返回表达式的以 10 为底的对数值	LOG10（10）的值为 1
平方根函数	SQRT（表达式）	返回表达式的平方根	SQRT（4）的值为 2
取近似值函数	CEILING（表达式）	返回大于等于表达式的最小整数	CEILING（ – 5. 6）的值为 – 5
	FLOOR（表达式）	返回小于等于表达式的最大整数	FLOOR（ – 5. 2）的值为 – 6
	ROUND（表达式）	将表达式四舍五入为指定的精度 n	ROUND（5. 6782，2）的值为 – 5. 6800
符号函数	ABS（表达式）	返回表达式的绝对值	ABS（ – 3. 4）的值为 3. 4
	SIGN（表达式）	测试表达式的正负号，返回 0、1 或 – 1	SIGN（ – 3. 4）的值为 – 1
其他函数	PI（）	返回值为 π，即 3. 1415926535897936	
	RAND（）	返回 0 ~ 1 之间的随机浮点数	

3. 字符串函数

字符串函数作用于 CHAR、VARCHAR、BINARY 和 VARBINARY 数据类型及可以隐式转换为 CHAR 或 VARCHAR 的数据类型。可以在 SELECT 语句的 SELECT 和 WHERE 子句及表达式中使用字符串函数。常用的字符串函数如下。

（1）字符串转换函数

1）ASCII（）函数。ASCII（）函数返回字符表达式最左端字符的 ASCII 码值，其语法格式如下：

```
ASCII(CHARACTER_EXPRESSION)
```

例如，SELECT ASCII（'ABCD'）的结果为 65，即输出字符串 "ABCD" 中首字符 "A" 的 ASCII 码 65。

2）CHAR（）函数。CHAR（）函数用于将 ASCII 码转换为对应的字符，其语法格式如下：

```
CHAR(INTEGER_ EXPRESSION)
```

如果参数不是 0~255 之间的整数值，则 CHAR( ) 函数会返回一个 NULL 值。

例如，SELECT CHAR（97）的结果为字符"a"，即输出 ASCII 码为 97 对应的字符"a"。

3）LOWER( ) 函数。LOWER( ) 函数用于把字符串全部转换为小写，而字符串中非字母的字符保持不变，其语法格式如下：

```
LOWER (CHARACTER_EXPRESSION)
```

例如，SELECT LOWER（'ABCDE123'）的结果为"abcde123"。

4）UPPER( ) 函数。UPPER( ) 函数用于把字符串全部转换为大写，而字符串中非字母的字符保持不变，其语法格式如下：

```
UPPER(CHARACTER_EXPRESSION)
```

例如，SELECT UPPER（'abcd123XYZ'）的结果为"ABCD123XYZ"。

5）STR( ) 函数。STR( ) 函数用于把数值型数据转换为字符型数据，其语法格式如下：

```
STR(FLOAT_EXPRESSION [, LENGTH[, <DECIMAL >]])
```

其中，参数 length 和 decimal 必须是非负值，length 指定返回的字符串的长度，decimal 指定返回的小数位数。如果没有指定参数 length 的值，则默认的 length 值为 10，decimal 值为 0。当实际小数位数大于 decimal 值时，STR( ) 函数将其下一位四舍五入。指定长度应大于或等于数字的符号位数、小数点前的位数、小数点位数、小数点后的位数之和。如果 <float_expression> 小数点前的位数超过了指定长度，则返回指定长度的"＊"。

例如，SELECT STR（12.5678，6，1）的结果为" 12.6"；

SELECT STR（12.5678，6，3）的结果为"12.568"；

SELECT STR（12.5678，1，2）的结果为"＊"。

（2）去空格函数

1）LTRIM( ) 函数。LTRIM( ) 函数用于把字符串头部的空格去掉，其语法格式如下：

```
LTRIM(CHARACTER_EXPRESSION)
SELECT LTRIM('  ABCD123')的结果为"ABCD123"。
```

2）RTRIM( ) 函数。RTRIM( ) 函数用于把字符串尾部的空格去掉，其语法格式如下：

```
RTRIM(CHARACTER_EXPRESSION)
```

在许多情况下，往往需要得到头部和尾部都没有空格字符的字符串，这时可将以上两个函数嵌套使用。例如，SELECT RTRIM（LTRIM（'ABCD123'）的结果为"ABCD123"。

（3）取子串函数

1）LEFT( ) 函数。LEFT( ) 函数返回部分字符串，其语法格式如下：

```
LEFT(CHARACTER_EXPRESSION, INTEGER_EXPRESSION)
```

LEFT( ) 函数返回的子串是从字符串最左边起到第 integer_expression 个字符的部分。若 integer_ expression 为负值，则返回 NULL 值。

例如，SELECT LEFT（'BEIJING'，3）的结果为"BEI"，即从字符串"BEIJING"的左端取出 3 个字符形成子串。

2）RIGHT()函数。RIGHT()函数返回部分字符串，其语法格式如下：

```
RIGHT(CHARACTER_EXPRESSION, INTEGER_EXPRESSION)
```

RIGHT()函数返回的子串是从字符串右边第 integer_expression 个字符起到最后一个字符的部分。若 integer_expression 为负值，则返回 NULL 值。

例如，SELECT RIGHT（'BEIJING'，4）的结果为"JING"，即从字符串"BEIJING"的右端取出 4 个字符形成子串。

3）SUBSTRING()函数。SUBSTRING()函数返回部分字符串，其语法格式如下：

```
SUBSTRING(EXPRESSION, STARTING_POSITION, LENGTH)
```

SUBSTRING()函数返回的子串是从字符串左边第 starting_position 个字符起 length 个字符的部分。其中，表达式可以是字符串或二进制串或含字段名的表达式。SUBSTRING()函数不能用于 TEXT 和 IMAGE 数据类型。

例如，SELECT SUBSTRING（'ABCDEFGHI'，2，3）的结果为"BCD"，即从字符串"ABCDEFGHI"中的第 2 个字符开始取出 3 个字符形成子串。

（4）字符串比较函数

1）CHARINDEX()函数。CHARINDEX()函数返回字符串中某个指定的子串出现的开始位置，其语法格式如下：

```
CHARINDEX (SUBSTRING_EXPRESSION, EXPRESSION)
```

其中，substring_expression 是所要查找的字符表达式；expression 可为字符串，也可为列名表达式。如果没有发现子串，则返回 0 值。此函数不能用于 TEXT 和 IMAGE 数据类型。

例如，SELECT CHARINDEX（'BCD'，'ABCDEFGHI'）的结果为 2，即在字符串"ABCDEFGHI"中查找字符串"BCD"出现的起始位置序号。

2）PATINDEX()函数。PATINDEX()函数返回字符串中某个指定的子串出现的开始位置，其语法格式如下：

```
PATINDEX('% SUBSTRING_EXPRESSION% ',EXPRESSION)
```

其中，子串表达式前后必须有百分号"%"，否则返回值为 0。

与 CHARINDEX()函数不同的是，PATINDEX()函数的子串中可以使用通配符，且此函数可用于 CHAR、VARCHAR 和 TEXT 数据类型。

例如，SELECT PATINDEX（'% BCD% '，'ABCDEFGHI'）的结果为 2，即在字符串"ABCDEFGHI"中查找子串"BCD"出现的位置，但字符串"BCD"两端必须用"%"。

（5）字符串操作函数

1）QUOTENAME()函数。QUOTENAME()函数返回被特定字符括起来的字符串，其语法格式如下：

```
QUOTENAME (CHARACTER_EXPRESSION [, QUOTE_CHARACTER])
```

其中，quote_character 标明括字符串所用的字符，如"，""（""["等，其默认值为"["。

例如，SELECT QUOTENAME（'China'）的结果为［China］，即返回由"［］"括起来的字符串［China］；SELECT QUOTENAME（'China'，'['）的结果为［China］，即返回由"［］"括起来的字符串［China］；SELECT QUOTENAME（'China'，'('）的结果为（China），即返回由"（）"括起来的字符串（China）。

2）REPLICATE（）函数。REPLICATE（）函数返回一个重复指定次数的由 character_expression指定的字符串，其语法格式如下：

```
REPLICATE(CHARACTER_EXPRESSION, INTEGER_EXPRESSION)
```

如果 integer_expression 为负值，则 REPLICATE（）函数返回 NULL 串。

例如，SELECT REPLICATE（'AB'，5）的结果为字符串"ABABABABAB"，即返回由字符串"AB"5次重复后形成的字符串"ABABABABAB"。

3）REVERSE（）函数。REVERSE（）函数将指定的字符串的字符排列顺序颠倒，其语法格式如下：

```
REVERSE(CHARACTER_EXPRESSION)
```

其中，character_expression 可以是字符串常数或一个列的值。

例如，SELECT REVERSE（'abcd'）的结果为字符串"dcba"，即将字符串"abcd"倒置。

4）REPLACE（）函数。REPLACE（）函数返回被替换了指定子串的字符串，其语法格式如下：

```
REPLACE(STRING_EXPRESSION1, STRING_EXPRESSION2, STRING_EXPRESSION3)
```

REPLACE（）函数用 string_expression3 替换在 string_expression1 中的子串 string_expression2。

例如，SELECT REPLACE（'ABCDABCEFXABCD'，'BC'，'bc'）的结果为字符串"AbcDAbcEFXAbcD"，即返回将字符串"ABCDABCEFXABCD"中出现的子串"BC"替换为字符串"bc"后的字符串。

5）SPACE（）函数。SPACE（）函数返回一个由参数 integer_expression 指定长度的空格字符串，其语法格式如下：

```
SPACE(INTEGER_EXPRESSION)
```

如果 integer_expression 为负值，则 SPACE（）函数返回 NULL 串。

例如，SELECT SPACE（5）的结果为"   "，即返回由 5 个空格字符组成的字符串。

6）STUFF（）函数。STUFF（）函数用另一子串替换字符串中指定位置长度的子串，其语法格式如下：

```
STUFF(CHARACTER_EXPRESSION1, START_POSITION,LENGTH, CHARACTER_EXPRESSION2)
```

其中，参数 character_expression1 为源字符串；参数 start_position 为一个整数，表示替换操作的起始位置；参数 length 为一个整数，表示被替换的字符串长度；参数 character_expression2为目标字符串。

如果参数起始位置 start_position 或长度 length 的值为负，或者起始位置大于 character_ expression2 的长度，则 STUFF（）函数返回 NULL 值；如果 length 长度大于 character_ expression1的长度，则 character_ expression1 只保留首字符。

例如，SELECT STUFF（'123456789'，5，2.'ABCD'）的结果为字符串"1234ABCD789"，即从源字符串"123456789"中的第 5 个字符开始，将第 5、6 两个字符替换成目标字符串"ABCD"。

4. 数据类型转换函数

当不同数据类型的数据一起参加运算时，对于数据类型相近的数据，SQL Server 会自动进行隐式类型转换。例如，当表达式中用了 INTEGER、SMALLINT 或 TINYINT 时，SQL Server 可将 INTEGER 数据类型或表达式转换为 SMALLINT 数据类型或表达式。

如果不能确定 SQL Server 是否能完成隐式转换或者使用了不能隐式转换的其他数据类型，就需要使用数据类型转换函数进行显式转换，此类数据类型转换函数有两个。

（1）CAST（）函数　CAST（）函数的语法格式如下：

```
CAST（<EXPRESSION>AS（DATA_TYPE>[LENGTH]）
```

其中，expression 为指定的需要进行类型转换的表达式，AS 为参数分隔符，data_type 为目标数据类型，length 用于指定数据的长度。

例如，SELECT CAST（'20170210'AS DATE）的结果是将字符类型的数据"20170210"转换为日期类型的数据"2017 – 02 – 10"；再如，SELECT CAST（100 AS CHAR（5））的结果是将整数 100 转换为带有 5 个显示宽度的字符串类型"100"。

（2）CONVERT（）函数　CONVERT（）函数的语法格式如下：

```
CONVERT（<DATA_TYPE>[（LENGTH）]，<EXPRESSION>[，STYLE]）
```

其中，参数 data_ type 为 SQL Server 系统定义的数据类型，表示转换后的目标数据类型；参数 length 用于指定数据的长度，默认值为 30；参数 style 是将 DATATIME 和 SMALLDATETIME数据转换为字符串时所选用的由 SQL Server 系统提供的转换样式编号，不同的样式编号用不同的格式显示日期和时间，如表 10-9 所示。

表 10-9　DATATIME 和 SMALLDATETIME 类型数据的转换格式

参与 style 取值（不带世纪位，年份为两位 YY）		标准	输出格式
	0 或 100	默认	mon dd yyyy hh：mi AM/PM
1	101	USA	mm/dd/yy
2	102	ANSI	yy. mm. dd
3	103	UK/French	dd/mm/yy
4	104	German	dd. mm. yy
5	105	Italian	dd – mm – yy
6	106		dd mon yy
7	107		mon dd yy

（续）

8	108		hh：mi：ss
9	109		mon dd yyyy hh：mi：sss Am/Pm
10	110	USA	mm − dd − yy
11	111	Japan	yy/mm/dd
12	112	ISO	yymmdd
13	113	Europe	dd mon yyyy hh：mi：ss：mmm（24h）
14	114		hh：mi：ss：mmm（24h）
20	120	ODBC1	yyyy − mm − dd hh：mi：ss（24h）
21	121	ODBC2	yyyy − mm − dd hh：mi：ss：mmm（24h）

例如，假设系统当前日期为 2017 年 2 月 22 日下午 1 点 34 分，则 SELECT CONVERT（CHAR，GETDATE（），0）的结果为字符串"02 22 2017 1：34PM"，SELECT CONVERT（CHAR，GETDATE（），100）的结果也为字符串"02 22 2017 1：34PM"，可见参数 style 的取值为 0 或 100 的效果是一样的。再如，SELECT CONVERT（CHAR，GETDATE（），101）的结果为字符串"02/22/2017"。

5. 日期函数

日期函数用来操作 DATETIME 和 SMALLDATETIME 类型的数据。与其他函数一样，可以在 SELECT 语句的 SELECT 和 WHERE 子句及表达式中使用日期函数。常用的日期函数有以下几种。

（1）DAY（）函数　DAY（）函数的语法格式如下：

```
DAY（<DATE_EXPRESSION>）
```

DAY（）函数返回 date_expression 中的日期值。

（2）MONTH（）函数　MONTH（）函数的语法格式如下：

```
MONTH（<DATE_EXPRESSION>）
```

MONTH（）函数返回 date_expression 中的月份值。

与 DAY（）函数不同的是，当 MONTH（）函数的参数为整数时，一律返回整数值 1。

（3）YEAR（）函数　YEAR（）函数的语法格式如下：

```
YEAR（<DATE.EXPRESSION>）
```

YEAR（）函数返回 date_expression 中的年份值。

例如，SELECT'年' = YEAR（GETDATE（）），'月' = MONTH（GETDATE（）），'日' = DAY（GETDATE（））的结果为显示系统当前日期的年、月和日。

（4）DATEADD（）函数　DATEADD（）函数的语法格式如下：

```
DATEADD（<DATEPART>，<NUMBER>，<DATE>）
```

DATEADD（）函数返回指定日期 date 加上指定的额外日期间隔 number 产生的新日期。参数 datepart 在日期函数中经常被使用，用来指定构成日期类型数据的各组件，如年、季、月、日、星期等，其取值及含义如表 10-10 所示。

表 10-10　日期函数中 datepart 参数的取值及含义

参数 datepart 取值	参数 datepart 取值缩写	含义
YEAR	YY 或 YYYY	年
QUARTER	QQ 或 Q	季度
MONTH	MM 或 M	月
DAYOFYEAR	DY 或 Y	一年内的天
DAY	DD 或 D	天
WEEK	WK 或 WW	星期
WEEKDAY	DW	一星期内的天
HOUR	HH	小时
MINUTE	MI 或 N	分钟
SECOND	SS 或 S	秒
MILLISECOND	MS	毫秒

例如，假设系统当前日期是 2017 年 2 月 22 日，则 SELECT DATEADD（MONTH，1，CONVERT（DATE，GETDATE（），120）或 SELECT DATEADD（MM，1，CONVERT（DATE，GETDATE（），101）的结果为日期"2017－03－22"，即输出当前日期加上 1 个月以后的日期；SELECT DATEADD（YEAR，1，CONVERT（DATEGETDATE（），120）或 SELECT DATEADD（YYYY，1，CONVERT（DATE，GETDATE（），101））的结果为日期"2018－02－22"，即输出当前日期加上 1 年以后的日期；SELECT DATEADD（DAY，I5，CONVERT（DATE，GETDATE（），120）或 SELECT DATEADD（DD，15，CONVERT（DATE，GETDATE（），101））的结果为日期"2017－03－09"，即输出当前日期加上 15 天以后的日期。

（5）DATEDIFF（）函数　DATEDIFF（）函数的语法格式如下：

```
DATEDIFF(<DATEPART>,<DATE1>,<DATE2>)
```

DATEDIFF（）函数返回两个指定日期在 datepart 方面的不同之处，即 date2 超过 date1 的差距值，其结果值是一个带有正负号的整数值。

例如，SELECT DATEDIFF（DAY，'2017－01－01'，'2017－02－01'）的结果为"31"，即两个日期之间相差 31 天；而 SELECT DATEDIFF（WEEK，'2017－01－01'，'2017－02－01'）的结果为"4"，即两个日期之间相差 4 个星期。

（6）DATENAME（）函数　DATENAME（）函数的语法格式如下：

```
DATENAME(<DATEPART>,<DATE>)
```

DATENAME（）函数以字符串的形式返回日期的指定部分，此部分由 datepart 来指定。

例如，SELECT DATENAME（YEAR，'2017－02－22'）的结果为"2017"，即输出指定日期"2017－02－22"中的年份值。

（7）DATEPART（）函数　DATEPART（）函数的语法格式如下：

```
DATEPART(<DATEPART>, <DATE>)
```

DATEPART( )函数以整数值的形式返回日期的指定部分，此部分由 datepart 来指定。DATEPART（dd，date）等同于 DAY（date），DATEPART（mm，date）等同于 MONTH（date），DATEPART（yy，date）等同于 YEAR（date）。

例如，SELECT DATEPART（DAY，'217-02-22'）的结果为"22"，即输出日期 2010-02-22 中的日值。

（8）GETDATE( )函数　GETDATE( )函数的语法格式如下：

```
GETDATE()
```

GETDATE( )函数以 DATETIME 的默认格式返回系统当前的日期和时间，其常作为其他函数或命令的参数使用。

6. 用户自定义函数

在 SQL Server 2019 中，用户可以自定义函数，并将其作为一个数据库对象来管理，可以利用 Transact – SQL 命令来创建（CREATE FUNCTION）、修改（ALTER FUNCTION）和删除（DROP FUNCTION）。

根据函数返回值的类型，可以把 SQL Server 用户自定义函数分为标量值函数（数值函数）、表值函数（内联表值函数）和多语句表值函数。数值函数返回结果为单个数据值，表值函数返回结果集（table 数据类型）。

（1）创建标量值函数　标量值函数的函数体由一条或多条 Transact – SQL 语句组成，这些语句以 BEGIN 开始，以 END 结束。

创建标量值函数的语法格式如下：

```
CREATE FUNCTION FUNCTION_NAME
( [ {@ PARAMETER_ NAME [AS] PARAMETER_ DATA_ TYPE [ = DEFAULT ] [ READONLY] }
[ , …N ]
]
)
RETURNS RETURN_ DATA_ TYPE
[WITH ENCRYPTION]
[AS]
BEGIN
FUNCTION_ BODY
RETURN SCALAR_ EXPRESSION
END
```

说明：

1）function_name：函数名。

2）@ parameter_name：参数名，必须以@ 开头，可以定义多个参数，中间以逗号分开。

3）parameter_data_type：参数的数据类型。

4）［ = default］：参数的默认值。如果定义了 default 值，则无须指定此参数的值即可执行函数。

5）READONLY：指示函数定义中不能更新或修改参数。如果参数类型为用户定义的表类型，则应指定 READONLY。

6）return_data_type：函数返回值的类型。其不能是 text、ntext、image 和 timestamp 等类型。

7）WITH ENCRYPTION：当使用 ENCRYPTION 选项时，函数被加密，函数定义的文本将以不可读的形式存储在 Syscomments 表中，任何人都不能查看该函数的定义，包括函数的创建者和系统管理员在内。

8）BEGIN…END 语句块之间的语句是函数体，其中必须有一条 RETURN 语句返回函数值。

【例10-26】 自定义一个标量函数 Fun1，判断一个整数是否为素数，如果为素数，则函数返回 1，否则返回 0。待判断的整数通过参数传递给函数。

```
CREATE FUNCTION DBO.FUN1(@ N AS INT)
RETURNS INT
AS
BEGIN
  DECLARE @ I INT
  DECLARE @ SIGN INT
  SET @ SIGN = 1
  SET @ I = 2
  WIHLE @ I < = SQRT (@ N)
  BEGIN
    IF @ N % I = 0
      BEGIN
        SET @ SIGN = 0
        BREAK
      END
    SET @ I = @ I + 1
  END
  RETURN @ SIGN
END
```

用户可以通过执行命令 SELECT dbo.Fun1（13）调用函数 Fun1，判断 13 是否为素数，其执行结果为 1，表明 13 为素数。

（2）创建内联表值函数　创建内联表值函数的语法格式如下：

```
CREATE FUNCTION FUNCTION_NAME
([{@ PARAMETER_NAME [AS] PARAMETER_DATA_TYPE [ = DEFAULT][READONLY]}
  [,…N]
  ]
)
RETURNS TABLE
[WITH ENCRYPTION]
```

```
[AS]
RETURN (SELECT_STATEMENT)
```

说明：

1）内联表值函数没有函数体。

2）RETURNS TABLE 子句指明该用户自定义函数的返回值是一个表。

3）RETURN 子句中的 SELECT 语句决定了返回表中的数据。

【例 10-27】 内联表值函数示例。

```
CREATE FUNCTION DBO.FUN2()
RETURNS TABLE
AS
RETURN SELECT STUNUM,STUNAME FROM T_STUINFO
```

以上自定义函数 Fun2 能返回表 T_STUINFO 中所有记录的 STUNUM 和 STUNAME 两个字段的值（返回结果集为 table 类型）。

（3）创建多语句表值函数 与内联表值函数不同的是，多语句表值函数在返回语句之前还有其他的 Transact – SQL 语句。其具体的语法格式如下：

```
CREATE FUNCTION FUNCTION_NAME
([{@ PARAMETER_NAME[AS]PARAMETER_DATA_TYPE[=DEFAULT][READONLY]}
  [,…N]
  ]
)
RETURNS @ RETURN_VARIABLE TABLE <TABLE_TYPE_DEFINITION>
[WITH ENCRYPTION]
[AS]
BEGIN
  FUNCTION_BODY
  RETURN
END
```

说明：

1）RETURNS @ return_variable 子句指明该函数的返回值是一个局部变量，该变量的数据类型是 table，而且在该子句中还需要对返回的表进行表结构的定义。

2）BEGIN…END 语句块之间的语句是函数体。该函数体中必须包括一条不带参数的 RETURN 语句用于返回表，在函数体中可以通过 INSERT 语句向表中添加记录。

【例 10-28】 创建返回 table 的函数。通过学号作为实参调用该函数，显示该学生期末不及格的课程名称及成绩。

```
CREATE FUNCTION SCORE_TABLE
(@ STUNO CHAR(6))
RETURNS @ T_SCORE TABLE
(COURSENAME VARCHAR(20),
SCORE INT
```

```
        )
        AS
        BEGIN
          INSERT INTO @ T_SCORE
          SELECT COUNAME,SCORE
          FROM T_SCOINFO SCO,T_COUINFO COU
          WHERE SCO. COUNUM = COU. COUNUM AND SCO. STUNUM = @ STUNO AND SCORE < 60 AND TYPE =
          '期末'
        RETURN
        END
```

以上自定义函数定义完成后，可以执行命令 SELECT ＊ FROM Score_Table（'S1902'）
对函数 Score_Table 进行调用，结果返回学号为 S1902 的学生所有不及格课程的课程名和
成绩。

10.4　存储过程

在大型数据库系统中，存储过程和触发器具有非常重要的作用。无论是存储过程还是触
发器，都是 SQL 语句和流程控制语句的集合。就本质而言，触发器也是一种存储过程。

10.4.1　存储过程的概念、优点及分类

1．存储过程概述

使用 SQL Server 数据库存储数据的最终目的是开发各种应用系统来对这些数据进行处理
和管理，而能够对 SQL Server 数据库执行操作的只有 Transact – SQL 语句，所以各种前台开
发工具，如 VB、C#、Java 等都是通过调用 Transact – SQL 语句来执行对数据库的操作的，
其本身的编程语法要素用来完成输入/输出和编程逻辑。

程序中的 Transact – SQL 语句最终由 SQL Server 服务器上的执行引擎来编译执行。程序
每调用一次 Transact – SQL 语句，执行引擎就要先进行编译，然后执行。此时，如果有很多
并发的用户同时对 SQL Server 数据库进行操作，这样的 Transact – SQL 语句的执行效率是非
常低下的。造成 Transct – SQL 语句执行效率低下的原因有以下两个方面。

1）应用程序中存储 Transact – SQL 语句，SQL Server 服务器被动执行 Transact – SQL 语
句，它事先并不知道客户机程序到底要执行什么 Transact – SQL 语句，所以只能每次都进行
编译，然后执行。

2）应用程序执行 Transact – SQL 语句只能是逐句进行，所以有比较复杂的 Transact –
SQL 程序时网络上会产生大量的流量，这样执行的效率也会很低。

为此，SQL Server 提出了存储过程（Stored Procedure）的概念。存储过程的提出引发了
数据库应用开发技术的革命。

目前主流的关系数据库系统如 SQL Server、Oracle、MySQL 等都支持存储过程技术。

2．存储过程的概念

存储过程是存储在 SQL Server 数据库中的一种数据库对象。它是一组为了完成特定功能

的 SQL 语句集，这些 SQL 语句集经编译后存储在数据库中，可以被客户机管理工具、应用程序和其他存储过程调用，同时可以传递参数。用户通过指定存储过程的名字并给出参数（如果该存储过程带有参数）来执行它。

SQL Server 中的存储过程与其他编译语言中的过程类似，原因是存储过程可以接受输入参数并以输出参数的形式将多个值返回至调用过程或批处理、包含执行数据库操作（包括调用其他过程）的编译语句，向调用过程或批处理返回状态值，以表明成功或失败（以及失败的原因）。

3. 存储过程的优点

（1）模块化的程序设计　创建好的存储过程被存储在其隶属的数据库中，以后在应用程序中可以随意调用。存储过程一般由数据库编程技术人员创建，并可独立于程序源代码而单独修改。

（2）高效率的执行　存储过程在创建时，SQL Server 就对其进行编译、分析和优化。存储过程在第一次被执行后就存储在服务器的内存中，这样客户机应用程序再执行时就可以直接调用内存中的代码执行，无须再次进行编译，这就大大加快了执行速度。而客户机应用程序的 Transact – SQL 代码每次运行时，都要从客户端重复发送，并且在 SQL Server 每次执行这些语句时，都要对其进行编译和优化。

（3）减少网络流量　一个需要数百行 Transact – SQL 代码的操作由一条执行存储过程代码的单独语句就可实现，而不需要在网络中发送数百行代码。

（4）可以作为安全机制使用　即使对于没有直接执行存储过程中语句权限的用户，也可授予他们执行该存储过程的权限。这样用户可以执行存储过程，而不必拥有访问数据库的权限。

4. 存储过程的分类

按照存储过程定义的主体，可将存储过程分为以下 3 类。

（1）系统存储过程　系统存储过程是由 SQL Server 系统默认提供的存储过程，主要存储在 master 数据库中并以 "sp_" 为命名前缀，并且系统存储过程主要是从系统表中获取信息，从而为系统管理员管理 SQL Server 提供支持。通过系统存储过程，SQL Server 中的许多管理性或信息性的活动（如了解数据库对象、数据库信息）都可以被顺利有效地完成。尽管这些系统存储过程被放在 master 数据库中，但是仍可以在其他数据库中对其进行调用，在调用时不必在存储过程名前加上数据库名。当创建一个新数据库时，一些系统存储过程会在新数据库中被自动创建。

（2）用户自定义存储过程　用户自定义存储过程是由用户（程序开发人员或数据库管理员）创建并能完成某一特定功能的存储过程。本节中涉及的存储过程主要是指用户自定义存储过程。

（3）扩展存储过程　扩展存储过程是用以扩展 SQL Server 服务器功能的存储过程，其名称以 "xp_" 为命名前缀进行标识。

10.4.2　创建存储过程

在 SQL Server 2019 中，既可以通过对象资源管理器，也可以通过使用 CREATE

PROCEDRUE语句的方式来创建存储过程。

当创建存储过程时，需要确定存储过程的 3 个组成部分。

1）所有的输入参数及传给调用者的输出参数。

2）被执行的针对数据库的操作语句，包括调用其他存储过程的语句。

3）返回给调用者的状态值，以指明调用成功还是失败。

1. 用 CREATE PROCEDURE 命令创建存储过程

用 CREATE PROCEDURE 命令能够创建存储过程，在创建存储过程之前应该考虑以下几个方面。

1）在一个批处理中，CREATE PROCEDURE 语句不能与其他 SQL 语句合并在一起。

2）数据库所有者具有默认的创建存储过程的权限，其可把该权限传递给其他的用户。

3）存储过程作为数据库对象，其命名必须符合标识符的命名规则。

4）只能在当前数据库中创建属于当前数据库的存储过程。

用 CREATE PROCEDURE 创建存储过程的语法格式如下：

```
CREATE PROCEDURE PROCEDURE_NAME[;NUMBER]
  [{@ PARAMETER DATA_TYPE}
  [VARYING][＝DEFAULT][OUTPUT]
  ][,…N]
[WITH
  {RECOMPILE |ENCRYPTION |RECOMPILE,ENCRYPTION}]
[FOR REPLICATION ]
  AS SQL_STATEMENT[,…N]
```

其各参数的含义如下。

1）procedure_name：要创建的存储过程的名字。它后面跟一个可选项 number，number 是一个整数，用来区分一组同名的存储过程。存储过程的命名必须符合标识符的命名规则。在一个数据库中或对其所有者而言，存储过程的名字必须唯一。

2）@ parameter：存储过程的参数。在 CREATE PROCEDURE 语句中可以声明一个或多个参数，当有多个参数时，各参数间用逗号隔开。当调用该存储过程时，用户必须给出所有的参数值，除非定义了参数的默认值。若参数的形式以 @ parameter = value 出现，则参数的次序可以不同，否则用户给出的参数值必须与参数列表中参数的顺序保持一致。若某一参数以@ parameter = value 形式给出，那么其他参数也必须以该形式给出。一个存储过程至多有 1024 个参数。

3）data_type：参数的数据类型。在存储过程中，所有的数据类型（包括 TEXT 和 IM-AGE ）都可被用作参数的类型。但是，游标 CURSOR 数据类型只能被用作 OUTPUT 参数。当定义游标型数据类型时，也必须对 VARING 和 OUTPUT 关键字进行定义。对可能是游标型数据类型的 OUTPUT 参数而言，参数的最大数目没有限制。

4）VARYING：指定由 OUTPUT 参数支持的结果集，仅应用于游标型参数。

5）default：参数的默认值。如果定义了默认值，那么即使不给出参数值，该存储过程仍可被调用。默认值必须是常数或者是空值。

6）OUTPUT：表明该参数是一个返回参数。用 OUTPUT 参数可以向调用者返回信息。

TEXT 类型参数不能用作 OUTPUT 参数。

7）RECOMPILE：指明 SQL Server 并不保存该存储过程的执行计划，该存储过程每执行一次都要重新编译。

8）ENCRYPTION：表明 SQL Server 加密了 syscomments 表，该表的 text 字段是包含 CREATE PROCEDURE 语句的存储过程文本。使用该关键字无法通过查看 syscomments 表来查看存储过程内容。

9）FOR REPLICATION：指明为复制创建的存储过程不能在订阅服务器上执行，只有在创建过滤存储过程时（仅当进行数据复制时过滤存储过程才被执行）才使用该选项。FOR REPLICATION 与 WITH RECOMPILE 选项互不兼容。

10）AS：指明该存储过程将要执行的动作。

11）SQL_STATEMENT：包含在存储过程中的 SQL 语句（数量和类型不限）。

另外，一个存储过程最大为 128MB。用户定义的存储过程必须创建在当前数据库中。

【例 10-29】　在 EDUSDB 数据库中，创建一个名称为 MyProc 的不带参数的存储过程，该存储过程的功能是从数据表 T_STUINFO 中查询所有男学生的信息。

```
USE EDUSDB
GO
CREATE PROCEDURE MYPROC AS
SELECT *  FROM T_STUINFO WHERE STUSEX = '男'
```

【例 10-30】　定义具有参数的存储过程。在 EDUSDB 数据库中创建一个名称为 InsertRecord 的存储过程，该存储过程的功能是向 T_STUINFO 数据表中插入一条记录，新记录的值由参数提供。

```
USE EDUSDB
GO
CREATE PROCEDURE INSERTRECORD
( @ STUNO VARCHAR(6),
  @ STUNAME NVARCHAR(10),
  @ STUSEX NCHAR(1),
  @ STUBIR DATE,
  @ CLASSNO NVARCHAR (20)
)
AS
INSERT INTO T_STUINFO VALUES (@ STUNO,@ STUNAME, @ STUSEX,@ STUBIR, @ CLASSNO)
```

【例 10-31】　定义具有参数默认值的存储过程。在 EDUSDB 数据库中创建一个名称为 Insert RecordDefa 的存储过程，该存储过程的功能是向 T_STUINFO 数据表中插入一条记录，新记录的值由参数提供。如果未提供班级 CLASSNUM 的值，则由参数的默认值代替。

```
USE EDUSDB
GO
CREATE PROCEDURE INSERTRECORDDEFA
(@ STUNO VARCHAR(6),
```

```
@ STUNAME NVARCHAR(10),
@ STUSEX NCHAR(1),
@ STUBIR DATE,
@ CLASSNO NVARCHAR (20) = '无'
)
AS
INSERT INTO T_STUINFO VALUES (@ STUNO,@ STUNAME, @ STUSEX,@ STUBIR, @ CLASSNO)
```

【例 10-32】 定义能够返回值的存储过程。在 EDUSDB 数据库中创建一个名称为 QueryCLASS的存储过程，该存储过程的功能是从数据表 T_STUINFO 中根据学号查询某一学生的姓名和班级，查询的结果由参数@ stuname 和@ classno 返回。

```
USE EDUSDB
GO
CREATE PROCEDURE QUERYCLASS
(@ STUNO VARCHAR(6),
@ STUNAME NVARCHAR(10) OUTPUT,
@ CLASSNO NVARCHAR(20) OUTPUT
)
AS
SELECT @ STUNAME = STUNAME,@ CLASSNO = CLASSNUM
FROM T_STUINFO
WHERE STUNUM = @ STUNO
```

2. 利用对象资源管理器创建存储过程

其具体操作步骤如下。

1）在选定的数据库下打开"可编程性"节点。

2）找到"存储过程"节点，右击，在弹出的快捷菜单中选择"新建存储过程"命令。

3）在新建的查询窗口中可以看到关于创建存储过程的语句模板，在其中添加相应的内容，单击"执行"按钮即可。

10.4.3 查看存储过程

在 SQL Server 2019 中，既可以使用系统存储过程，也可以通过对象资源管理器查看存储过程及其有关内容。

1. 利用系统存储过程查看存储过程

存储过程被创建以后，其名字存储在系统表 sysobjects 中，源代码存放在系统表 syscomments 中。可以通过 SQL Server 提供的系统存储过程 sp_helptext 查看关于用户创建的存储过程信息，其语法格式如下：

```
SP_HELPTEXT 存储过程名称
```

【例 10-33】 查看数据库 EDUSDB 中存储过程 MyProc 的源代码。

```
USE EDUSDB
GO
EXEC SP_HELPTEXT MYPROC
```

　　如果在创建存储过程时使用了 WITH ENCRYPTION 选项，那么无论是使用对象资源管理器还是使用系统存储过程 sp_helptext，都无法查看到存储过程的源代码。

　　2. 利用对象资源管理器查看存储过程

　　利用对象资源管理器查看存储过程的具体步骤如下。

　　1）在对象资源管理器中依次展开数据库、EDUSDB（存储过程所属的数据库）及"可编程性"，可以看到"存储过程"。

　　2）展开"存储过程"，可以看到在当前数据库中已经创建的所有存储过程的名称。

10.4.4　重命名存储过程

　　通过对象资源管理器可以很容易实现重命名存储过程，其具体步骤如下。

　　1）在对象资源管理器中依次展开数据库、存储过程所属的数据库及"可编程性"。

　　2）展开"存储过程"，右击要重命名的存储过程名称，在弹出的快捷菜单中选择"重命名"命令。

　　3）输入新的存储过程的名称。

10.4.5　删除存储过程

　　在 SQL Server 2019 中，既可以使用"DROP PROCEDURE"命令，也可以通过对象资源管理器删除存储过程。

　　1. 利用"DROP PROCEDURE"命令删除存储过程

　　"DROP PROCEDURE"命令可将一个或多个存储过程或者存储过程组从当前数据库中删除，其语法格式如下：

```
DROP PROCEDURE {PROCEDURE}[,…N]
```

　　【例 10-34】　从数据库 EDUSDB 中删除存储过程 MyNewProc（假设数据库 EDUSDB 中已创建了存储过程 MyNewProc）。

```
USE EDUSDB
GO
DRDP PROCEDURE MYNEWPROC
```

　　2. 利用对象资源管理器删除存储过程

　　利用对象资源管理器删除存储过程的具体步骤如下。

　　1）在对象资源管理器中依次展开数据库、存储过程所属的数据库及"可编程性"。

　　2）展开"存储过程"，可以看到在当前数据库中已经创建的所有存储过程的名称。

　　3）在某个存储过程的名称上右击，在弹出的快捷菜单中选择"删除"命令，即可删除该存储过程。

10.4.6 执行存储过程

执行已创建的存储过程可以使用"EXECUTE"命令（可简写为 EXEC），其语法格式如下：

```
[EXECUTE]
{[[@ RETURN_STATUS = ]
{PROCEDURE_NAME[;NUMBER] | @ PROCEDURE_NAME_VAR}
[[[@ PARAMETER = ]{VALUE | @ VARIABLE[OUTPUT] | [DEFAULT]}][,…N]
WITH RECOMPILE] }
```

其各参数的含义如下。

1）@ return_status：可选的整型变量，用来保存存储过程向调用者返回的值。

2）@ procedure_name_var：变量名，用来代表存储过程的名字。

其他参数和保留字的含义与 CREATE PROCEDURE 中介绍的一样。

【例 10-35】 执行数据库 EDUSDB 中已定义的不带参数的存储过程 MyProc。

```
USE EDUSDB
GO
EXEC MYPROC
```

【例 10-36】 执行数据库 EDUSDB 中的带参数的存储过程 InsertRecoerd，调用时向存储过程中传递 5 个参数值，存储过程在执行过程中利用这 5 个参数的值组成一条新记录。

```
USE EDUSDB
EXEC INSERTRECORD @ STUNO = 'S1933', @ STUNAME = '王大利', @ STUSEX = '男', @ STUBIR
= '2009 -01 -18', @ CLASSNO = '计算机系'
```

【例 10-37】 执行数据库 EDUSDB 中的带默认参数值的存储过程 InsertRecordDefa，调用时向存储过程中传递 4 个参数值，而未给第 5 个参数@ classno 传递值，这样存储过程 InsertRecordDefa 在执行过程中，将利用参数@ classno 的默认值"无"进行运算。

```
USE EDUSDB
GO
EXEC INSERTRECORDDEFA @ STUNO = 'S1934', @ STUNAME = '贾玲', @ STUSEX = '女',
@ STUBIR = '2010 -12 -25'
```

【例 10-38】 执行数据库 EDUSDB 中的带输出参数的存储过程 QueryCLASS，存储过程 QueryCLASS 执行完毕后，所需结果保存到输出参数@ stuname 和@ classno 中。

```
USE EDUSDB
GO
DECLARE @ STUNAME VARCHAR(10)
DECLARE @ CLASSNO NVARCHAR (20)
EXEC QUERYCLASS 'S1907',@ STUNAME OUTPUT, @ CLASSNO OUTPUT
SELECT '姓名' = @ STUNAME, '班级' = @ CLASSNO
```

以上代码的功能是执行存储过程 QueryCLASS，执行结束后，能从学生表 T_STUINFO 中查找学号为 S1907 的学生信息，并将查到的该学生的姓名和班级信息存储到局部变量 stuname和 classno 中，然后将结果显示出来。

10.4.7 修改存储过程

1. 利用"ALTER PROCEDURE"命令修改存储过程

利用"ALTER PROCEDURE"命令修改用"CREATE PROCEDURE"命令创建的存储过程，并且不改变权限的授予情况及不影响任何其他的独立的存储过程或触发器。其语法格式如下：

```
ALTER PROCEDURE PROCEDURE_NAME [;NUMBER]
    [{@ PARAMETER DATA_TYPE} [VARYING] [ = DEFAULT] [OUTPUT]][,…N]
[WITH
    RECOMPILE |ENCRYPTION |RECOMPILE, ENCRYPTION}]
[FOR REPLICATION]
AS
    SQL_STATEMENT [,…]
```

其中，各参数和保留字的具体含义可参看"CREATE PROCEDURE"命令。

2. 利用对象资源管理器修改存储过程

利用对象资源管理器修改存储过程的具体步骤如下。

1) 在对象资源管理器中依次展开数据库、存储过程所属的数据库及"可编程性"。

2) 展开"存储过程"，可以看到在当前数据库中已经创建的所有存储过程的名称。

3) 在某个存储过程的名称上右击，在弹出的快捷菜单中选择"修改"命令，即可看到该存储过程中定义的代码。

4) 对存储过程代码进行修改，修改完成后，单击"执行"按钮，即可完成存储过程的修改。

10.5 触发器

10.5.1 触发器概述

1. 触发器的概念

触发器是一种特殊的存储过程，其中包含一系列的 Transact – SQL 语句，但它的执行不是用"EXECUTE"命令显式调用，而是在满足一定条件下自动激活而执行，如向表中插入记录、更新记录或者删除记录时被系统自动地激活并执行。

触发器与存储过程的区别在于触发器能够自动执行并且不含有参数。

使用触发器主要有以下优点。

1) 触发器是在某个事件发生时自动激活而执行的。例如，在数据库中定义了某个对象之后，或对表中的数据做了某种修改之后立即被激活并自动执行。

2）触发器可以实现比约束更为复杂的完整性要求。例如，CHECK 约束中不能引用其他表中的列，而触发器可以引用；CHECK 约束只是由逻辑符号连接的条件表达式，不能完成复杂的逻辑判断功能。

3）触发器可以根据表数据修改前后的状态，根据其差异采取相应的措施。

4）触发器可以防止恶意的或错误的 INSERT、UPDATE 和 DELETE 操作。

2. 触发器的种类

SQL Server 2019 提供了 3 种类型的触发器：DML 触发器、DDL 触发器和登录触发器。

（1）DML 触发器　DML 触发器是在执行 DML 事件时被激活而自动执行的触发器。当数据库服务器对数据表中的数据进行插入（INSERT）、修改（UPDATE）和删除（DELETE）操作，即执行 DML 事件时自动运行的存储过程。根据触发器代码执行的时机，DML 触发器可以分为两种：After 触发器和 Instead of 触发器。

After 触发器是在执行了 INSERT、UPDATE 或 DELETE 语句之后被激活执行的触发器，即在记录已经改变之后（After）才会被激活执行。因此，After 触发器主要用于记录数据变更后的处理或检查。这种触发器只能在表上定义，不能在视图上定义。

Instead of 触发器用来代替激活触发器的 DML 操作（INSERT、UPDATE、DELETE）的执行，即在记录变更之前不去执行原来 SQL 语句里的 INSERT、UPDATE、DELETE 操作，而去执行触发器中的代码所定义的操作。Instead of 触发器可以定义在表上或视图上。

（2）DDL 触发器　DDL 触发器是在响应各种 DDL 事件时而被激活执行的存储过程，这些事件主要与以关键字 CREATE、ALTER 和 DROP 开头的 Transact – SQL 语句对应。DDL 触发器一般用于执行数据库中的管理任务，如审核和规范数据库操作、防止数据库表结构被修改等。

（3）登录触发器　登录触发器是由登录（LOGON）事件激活的触发器，与 SQL Server 实例建立用户会话时将引发此事件。登录触发器将在登录的身份验证阶段完成之后且用户会话实际建立之前激发。

10.5.2　触发器的工作原理

SQL Server 为每个触发器都创建了两个特殊的表：插入表（Inserted 表）和删除表（Deleted 表）。这两个表实际上是系统在线生成的、动态驻留在内存中的临时表，是由系统管理的逻辑表。这两个表的结构总是与被该触发器作用的表的结构相同。Deleted 表存放由于执行 DELETE 或 UPDATE 语句而要从表中删除的所有行。Inserted 表存放由于执行 INSERT 或 UPDATE 语句而要向表中插入的所有行，如表 10-11 所示。这两个表都不允许用户直接对其修改，触发器工作完成后系统自动删除这两个表。

表 10-11　Inserted 表和 Deleted 表的存储内容

对表的操作	Inserted 表	Deleted 表
增加记录（INSERT）	存放增加的记录	无
删除记录（DELETE）	无	存放被删除的记录
修改记录（UPDATE）	存放更新后的记录	存放更新前的记录

由表 10-11 可以看出，如果表中定义了针对 INSERT 操作的触发器（INSERT 触发器），则 Inserted 表存储向表中插入的记录内容；如果表中定义了针对 DELETE 操作的触发器（DELETE 触发器），则 Deleted 表用来存储所有的被删除的记录；如果表中定义了针对 UP-DATE 操作的触发器，由于 UPDATE 操作包括删除原记录、插入新记录两步操作，因此当对表执行 UPDATE 操作时，在 Deleted 表中存放原来的记录，而在 Inserted 表中存放新的记录。

1. INSERT 触发器的工作原理

INSERT 触发器的工作原理如图 10-3 所示。

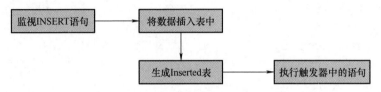

图 10-3　INSERT 触发器的工作原理

当对表进行 INSERT 操作时，INSERT 触发器被激发。新的数据行被添加到创建触发器的表和 Inserted 表。Inserted 表是一个临时的逻辑表，含有插入行的副本。

2. DELETE 触发器的工作原理

DELETE 触发器的工作原理如图 10-4 所示。

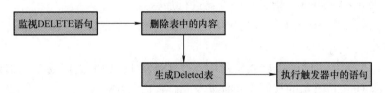

图 10-4　DELETE 触发器的工作原理

当试图删除触发器保护的表中的一行或多行记录时，即对表进行 DELETE 操作时，DELETE 触发器被激发，系统从被影响的表中将删除的行放入一个特殊的 Deleted 表中。Deleted 表是一个临时的逻辑表，含有被删除行的副本。

3. UPDATE 触发器的工作原理

UPDATE 触发器的工作原理如图 10-5 所示。

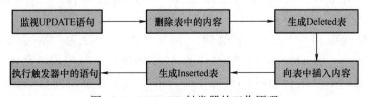

图 10-5　UPDATE 触发器的工作原理

当试图更新定义有 UPDATE 触发器的表中的数据时，即当执行 UPDATE 操作时，触发器被激活。UPDATE 触发器将原始行移入 Deleted 表中，把更新行插入 Inserted 表中。触发器将检查 Deleted 表和 Inserted 表及被更新的表，确定是否更新多行及如何执行触发器动作。

10.5.3 创建触发器

前面介绍了有关触发器的概念、作用及工作原理，本小节将介绍在 SQL Server 2019 中如何使用 Transact – SQL 语句和对象资源管理器创建触发器。

1. 创建 DML 触发器

（1）使用 CREATE TRIGGER 语句创建 DML 触发器　使用 CREATE TRIGGER 语句创建 DML 触发器的语法格式如下：

```
CREATE TRIGGER TRIGGER_NAME
ON {TABLE | VIEW}
[WITH ENCRYPTION]
{FOR | AFTER | INSTEAD OF}
{[INSERT] [,] [UPDATE] [,] [DELETE]}
AS SQL_STATEMENT [;]
```

其参数说明如下。

1）trigger_name：触发器名称，必须遵守标识符命名规则，并且不能以#或##开头。

2）table | view：对其执行触发器的表或视图。视图上不能定义 For 和 After 触发器，只能定义 Instead of 触发器。

3）WITH ENCRYPTION：指定对触发器进行加密处理。

4）FOR | AFTER：指定触发器在相应的 DML 操作（INSERT、UPDATE、DELETE）成功执行后才触发。

5）Instead of：指定执行 DML 触发器而不是 INSERT、UPDATE 或 DELETE 语句。在使用了 With Check Option 语句的视图上不能定义 Instead of 触发器。

6）[INSERT] [,] [UPDATE] [,] [DELETE]：指定能够激活触发器的操作，必须至少指定一个操作。

7）SQL_STATEMENT：触发器代码，根据数据修改或定义语句来检查或更改数据。其通常包含流程控制语句，一般不应向应用程序返回结果。

【例 10-39】 设计一个触发器，该触发器的作用为：当在学生表 T_STUINFO 中删除某一个学生信息时，在学生成绩表 T_SCOINFO 中的选课记录也全部被删除。

提示：此例由于涉及学生表的删除操作，因此需要设计一个 DELETE 类型的触发器。

在新建的查询窗口中输入如下语句，单击"执行"按钮，执行结束后，则在表 T_STUINFO上创建了一个针对 DELETE 操作的 After 触发器，触发器的名称为 del_STU。这样，当对表 T_STUINFO 进行 DELETE 操作时，触发器将被触发而自动执行 AS 子句后面的语句块。

```
USE EDUSDB
CREATE TRIGGER DEL_STU ON T_STUINFO
AFTER DELETE
```

```
AS
DELETE FROM T_SCOINFO
WHERE T_SCOINFO.STUNUM
IN(SELECT STUNUM FROM DELETED)
GO
```

该触发器建立完成后，当执行如下 DELETE 操作语句时，系统将会自动激活触发器 del_STU，从而执行 AS 子句后面的语句，将对应地删除 T_SCOINFO 表中 S1901 学生的全部选课记录。

```
DELETE FROM T_STUINFO WHERE STUNUM = 'S1901'
```

【例 10-40】　设计一个触发器，该触发器能够保证在学生成绩表 T_SCOINFO 中添加新的记录时，新学生的学号 STUNUM 必须已经存在于学生基本信息表 T_STUINFO 中。

提示：设计该触发器有助于实现选课信息的完整性。此例中由于涉及学生选课表中的添加操作，因此需要设计一个 INSERT 类型的触发器。

在新建的查询窗口中输入如下语句，单击"执行"按钮，执行结束后，则在表 T_SCOINFO 上创建了一个针对 INSERT 操作的 After 触发器，触发器的名称为 insert_SCO。这样，当对表 T_SCOINFO 进行 INSERT 操作时，触发器将被激发而自动执行 AS 子句后面的语句块。

```
USE EDUSDB
CREATE TRIGGER insert_SCO ON T_SCOINFO
AFTER INSERT
AS
IF EXISTS (SELECT *  FROM INSERTED WHERE STUNUM IN (SELECT STUNUM FROM T_STUIN-
FO))
    PRINT '添加成功！'
ELSE
BEGIN
    PRINT '学生表 T_STUINFO 中没有该学生的基本信息拒绝插入！'
    ROLLBACK TRANSACTION
END
```

该触发器建立完成后，当在 T_SCOINFO 表中插入一条在 T_STUINFO 表中并不存在的学生的成绩记录时，将会给出图 10-6 所示的提示信息，说明该学生的选课记录无法插入成绩表 T_SCOINFO 中。

（2）使用对象资源管理器创建 DML 触发器　使用对象资源管理器创建 DML 触发器的具体步骤如下。

1）打开"对象资源管理器"窗

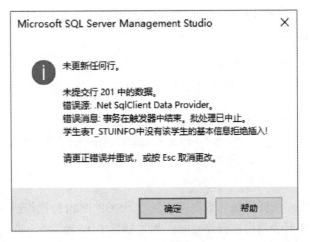

图 10-6　添加操作被取消

口，找到希望创建 DML 触发器的表并将其展开。

2）找到"触发器"节点，右击，在弹出的快捷菜单中选择"新建触发器"命令。

3）在新建的查询窗口中可以看到关于创建 DML 触发器的语句模板，在其中添加相应的内容，单击"执行"按钮即可。

2. 创建 DDL 触发器

创建 DDL 触发器的 CREATE TRIGGER 语句的语法格式如下：

```
CREATE TRIGGER TRIGGER_NAME
ON {ALL SERVER  | DATABASE}
[WITH ENCRYPTION]
{FOR |AFTER} {EVENT_TYPE |EVENT_GROUP} [,… N]
AS SQL_STATEMENT [;]
```

其参数说明如下。

1）trigger_name：触发器名称，必须符合标识符命名规则。

2）ALL SERVER：指定 DDL 触发器的作用域为当前服务器。如果指定了此参数，则只要当前服务器中的任何位置上出现 event_type 或 event_ group，就会激活该触发器。

3）DATABASE：指定 DDL 触发器的作用域为当前数据库。如果指定了此参数，则只要当前数据库中的任何位置上出现 event_type 或 event_group，就会激活该触发器。

4）With Encryption：指定将触发器的定义文本进行加密处理。

5）FOR | AFTER：指定 DDL 触发器仅在触发 SQL 语句中指定的所有操作都已成功执行时才被触发。

6）event_ type：将激活 DDL 触发器的 Transact – SQL 事件的名称。这些事件由 SQL Server定义，如 CREATE _TABLE（创建表）、DROP_TABLE（删除表）、ALTER_TABLE（修改表）等，具体可查阅 SQL Server 有关文档。

7）event_group：预定义的 Transact – SQL 事件分组的名称。执行任何属于 event_group 的 Transact – SQL 事件之后，都将激活 DDL 触发器。

8）sql_statement：触发器代码。

【例 10-41】 创建一个 DDL 触发器 safety，禁止修改和删除当前数据库中的任何表。

```
USE EDUSDB
CREATE TRIGGER SAFETY
ON DATABASE
FOR DROP_TABLE, ALTER_TABLE
AS PRINT '不能删除或修改数据库表！'
ROLLBACK
GO
```

这样，每当数据库中发生 DROP TABLE 操作或 ALTER TABLE 操作，试图对表进行删除或对表结构进行修改时，都将触发 DDL 触发器 safety 执行，从而禁止相关操作。

10.5.4　查看触发器

1. 查看表中触发器

执行系统存储过程 sp_helptrigger 查看表中触发器的语法格式如下：

```
EXEC SP_HELPTRIGGER 'TABLE'[,'TYPE']
```

其中，table 是触发器所在的表名；type 指定列出某一操作类型的触发器，包括 INSERT、DELETE、UPDATE，若不指定，则列出所有触发器。

【例 10-42】　查看数据表 T_STUINFO 中已创建的所有类型的触发器。

```
USE EDUSDB
GO
EXEC SP_HELPTRIGGER 'T_STUINFO'
GO
```

如果只查看数据表 T_STUINFO 中已创建的 DELETE 类型的触发器，则可以用以下语句：

```
USE EDUSDB
GO
EXEC SP_HELPTRIGGER 'T_STUINFO','DELETE'
GO
```

2. 查看触发器的定义文本

触发器的定义文本存储在系统表 syscomments 中，利用系统存储过程 sp_helptext 可查看某个触发器的内容，其语法格式如下：

```
EXEC SP_HELPTEXT 'TRIGGER_NAME'
```

【例 10-43】　查看已创建的触发器 insert_sco 的内容。

```
USE EDUSDB
GO
EXEC SP_HELPTEXT 'INSERT_SCO'
GO
```

3. 查看触发器的所有者和创建日期

系统存储过程 sp_help 可用于查看触发器的所有者和创建日期，其语法格式如下：

```
EXEC SP_HELP 'TRIGGER_NAME'
```

【例 10-44】　查询已创建的触发器 insert_sco 的有关信息。

```
USE EDUSDB
GO
EXEC SP_HELP 'INSERT_SCO'
GO
```

10.5.5　修改触发器

1. 利用对象资源管理器修改触发器

利用对象资源管理器修改触发器，可以在已有的触发器的基础上进行修改，而不需要重新编写。其具体的步骤如下。

1）打开"对象资源管理器"窗口，找到希望修改触发器的表，并将其展开。

2）找到"触发器"节点展开，在要修改的触发器名称节点上右击，在弹出的快捷菜单中选择"修改"命令。

3）这时将打开修改触发器的窗口，显示触发器的所有内容，用户可以在原有的基础上进行修改。修改完成后，单击"执行"按钮，即可完成触发器的修改。

2. 利用 ALTER TRIGGER 语句修改触发器

1）修改 DML 触发器的 ALTER TRIGGER 语句的语法格式如下：

```
ALTER TRIGGER SCHEMA_NAME.TRIGGER_NAME
ON (TABLE |VIEW)
[WITH ENCRYPTION]
{FOR | AFTER | INSTEAD OF}
{[ DELETE] [,] [INSERT] [,] [UPDATE]}
AS SQL_STATEMENT [;]
```

2）修改 DDL 触发器的 ALTER TRIGGER 语句的语法格式如下：

```
ALTER TRIGGER TRIGGER_NAME
ON { ALL SERVER |DATABASE }
[WITH ENCRYPTION]
{FOR |AFTER} {EVENT_TYPE |EVENT_GROUP } [, …N]
AS SQL_STATEMENT[ ; ]
```

相关参数的含义和 CREATE TRIGGER 语句中的参数相同，此处不再赘述。

3. 使触发器无效

在有些情况下，用户希望暂停触发器的作用，但并不删除它。这时就可以通过DISABLE TRIGGER 语句使触发器无效，其语法格式如下：

```
DISABLE TRIGGER { [SCHEMA_NAME.] TRIGGER_NAME [,…N]|ALL }
ON OBJECT_NAME
```

各参数的含义如下：

1）schema_name：触发器所属架构的名称。

2）trigger_name：要禁用的触发器的名称。

3）ALL：指示禁用在 ON 子句作用域中定义的所有触发器。

4）object_name：在其上创建 DML 触发器的对象名称。

【例 10-45】　将例 10-41 中在数据库上已创建的触发器 safety 失效并进行验证。

```
SELECT *  INTO TS FROM T_STUINFO - -产生一个临时表 TS
```

```
DROP TABLE TS   --删除表 TS 失效
GO
DISABLE TRIGGER SAFETY ON DATABASE--使 SAFETY 触发器无效
DROP TABLE TS   --成功删除表 TS
GO
```

4. 使触发器重新有效

要使 DML 触发器重新有效，可使用 ENABLE TRIGGER 语句，其语法格式如下：

```
ENABLE TRIGGER{[SCHEMA_NAME.]TRIGGER.NAME[,…N]|ALL}
ON OBJECT NAME
```

其参数含义与 DISABLE TRIGGER 语句中各参数的含义相同。

10.5.6　删除触发器

当不再需要某个触发器时，可以将其删除。删除了触发器后，它所基于的表和数据不会受到影响。删除表则将自动删除其上的所有触发器。

1. 利用对象资源管理器删除触发器

利用对象资源管理器删除触发器的步骤如下。

1）在"对象资源管理器"窗口中找到需要删除触发器的表节点，并将其展开。

2）在要删除的触发器名称节点上右击，在弹出的快捷菜单中选择"删除"命令。

3）这时将弹出确认删除窗口，单击"确定"按钮即可删除触发器。

2. 使用 DROP TRIGGER 语句删除触发器

使用 DROP TRIGGER 语句可以删除触发器。根据要删除的触发器的类型不同，DROP TRIGGER 语句的语法格式也有所不同。

删除 DML 触发器的 DROP TRIGGER 语句的语法格式如下：

```
DROP TRIGGER TRIGGER_NAME [,…N][;]
```

10.6　游标

关系数据库中的操作是基于集合的操作，即对整个行集产生影响，由 SELECT 语句返回的行集包括所有满足条件子句的行，这一完整的行集称为结果集。在执行 SELECT 语句进行查询时，就可以得到该结果集。但有时用户需要对结果集中的每一行或部分行进行单独处理，这在 SELECT 的结果集中是无法实现的。游标（Cursor）提供了这种机制的结果集扩展，它可以逐行处理结果集。

10.6.1　游标概述

游标包括以下两部分内容。

1）游标结果集：由定义游标的 SELECT 语句返回的结果的集合。

2）游标当前行指针：指向该结果集中的某一行的指针。

游标的组成如图 10-7 所示。

图 10-7 游标的组成

通过游标机制，可以使用 SQL 语句逐行处理结果集中的数据。游标具有如下特点。

1）允许定位结果集中的特定行。

2）允许从结果集的当前位置检索一行或多行。

3）支持对结果集中当前行的数据进行修改。

4）为由其他用户对显示在结果集中的数据所做的更改提供不同级别的可见性支持。

10.6.2 使用游标

使用游标的一般过程如图 10-8 所示。

1. 声明游标

声明游标实际是定义服务器端游标的特性，如游标的滚动行为和用于生成游标结果集的查询语句。声明游标使用 DECLARE CURSOR 语句，该语句有两种格式：一种是基于 SQL－92 标准的语法，另一种是使用 Transact－SQL 扩展的语法。这里只介绍使用 Transact－SQL 声明游标的方法。

Transact－SQL 声明游标的简化语法格式如下：

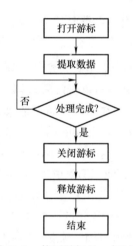

图 10-8 使用游标的一般过程

```
DECLARE CURSOR_NAME CURSOR
[FORWARD ONLY | SCROLL]
[STATIC | KEYSET | DYNAMIC | FAST_FORWARD ]
FOR SELECT_ STATEMENT
[FOR UPDATE [OF COLUMN_NAME [,…N] ] ]
```

各参数含义如下。

1）CURSOR_NAME：游标名称。

2）FORWARD_ ONLY：指定游标只能从第一行滚动到最后一行。这种方式的游标只支持 FETCH NEXT 提取选项。如果在指定 FORWARD_ONLY 时没有指定 STATIC、KEYSET 和 DYNAMIC 关键字，则游标作为 DYNAMIC 游标进行操作。如果 FORWARD_ ONLY 和 SCROLL 均未指定，则除非指定了 STATIC、KEYSET 或 DYNAMIC 关键字，否则默认为 FORWARD_ ONLY，STATIC、KEYSET 和 DYNAMIC 游标默认为 SCROLL。

3）STATIC：静态游标。游标的结果集在打开时建立在 tempdb 数据库中。因此，在对该游标进行提取操作时返回的数据并不反映游标打开后用户对基本表所做的修改，并且该类型游标不允许对数据进行修改。

4）KEYSET：键集游标。指定当游标打开时，游标中行的成员身份和顺序已经固定。

任何用户对基本表中的非主码列所做的更改在用户滚动游标时是可见的，对基本表数据进行的插入是不可见的（不能通过服务器游标进行插入操作）。如果某行已被删除，则对该行进行提取操作时，返回@@FETCH_STATUS = -2。@@FETCH_STATUS 的含义将在后文介绍。

5）DYNAMIC：动态游标。该类游标反映在结果集中做的所有更改。结果集中的行数据值、顺序和成员在每次提取数据时都会更改，所有用户做的 UPDATE、DELETE 和 INSERT 语句通过游标均可见。动态游标不支持 ABSOLUTE 提取选项。

6）FAST_FORWARD：只向前的游标。只支持对游标数据从头到尾的顺序提取。FAST_FORWARD 和 FORWARD_ONLY 是互斥的，只能指定其中一个。

7）SELECT_STATEMENT：定义游标结果集的 SELECT 语句。

8）UPDATE［OF COLUMN NAME［，…n］］：定义游标内可更新的列。如果提供了 OF COLUMN_NAME［，…］，则只允许修改列出的列。如果在 UPDATE 中未指定列，则所有列均可更新。

2. 打开游标

打开游标的语句是 OPEN，其语法格式如下：

```
OPEN CURSOR_NAME
```

其中，cursor_name 为游标名。

注意：只能打开已声明但还没有打开的游标。

3. 提取数据

游标被声明和打开之后，游标的当前行指针就位于结果集中的第一行位置。可以使用 FETCH 语句从游标结果集中按行提取数据，其语法格式如下：

```
FETCH [ [ NEXT | PRIOR | FIRST|LAST
    | ABSOLUTE N
    | RELATIVE N]
    FROM
  ]
CURSOR_NAME [ INTO @ VARIABLE_NAME [,…N ] ]
```

各参数含义如下。

1）NEXT：返回紧跟在当前行之后的数据行，并且当前行递增为结果行。如果 FETCH NEXT 是对游标的第一次提取操作，则返回结果集中的第一行。NEXT 为默认的游标提取选项。

2）PRIOR：返回紧临当前行前面的数据行，并且当前行递减为结果行。如果 FETCH PRIOR 是对游标的第一次提取操作，则没有行返回并且将游标当前行置于第一行之前。

3）FIRST：返回游标中的第一行并将其作为当前行。

4）LAST：返回游标中的最后一行并将其作为当前行。

5）ABSOLUTE n：如果 n 为正数，则返回从游标第一行开始的第 n 行并将返回的行变成新的当前行；如果 n 为负数，则返回从游标最后一行开始之前的第 n 行并将返回的行变成新的当前行；如果 n 为 0，则没有行返回。n 必须为整型常量。

6）RELATIVE n：如果 n 为正数，则返回当前行之后的第 n 行并将返回的行变成新的当前行；如果 n 为负数，则返回当前行之前的第 n 行并将返回的行变成新的当前行；如果 n 为 0，则返回当前行；如果对游标的第一次提取操作时 FETCH RELATIVE 的 n 为负数或 0，则没有行返回。n 必须为整型常量。

7）CURSOR_NAME：要从中进行提取数据的游标名称。

8）INTO @ VARIABLE_NAME［，…n］：将提取的列数据存放到局部变量中。列表中的各个变量从左到右与游标结果集中的相应列对应，各变量的数据类型必须与相应结果列的数据类型匹配，变量的数目必须与游标选择列表中的列的数目一致。

在对游标数据进行提取的过程中，可以使用@ @ FETCH_STATUS 全局变量判断数据提取的状态。@ @ FETCH_STATUS 返回 FETCH 语句执行后的游标最终状态。@ @ FETCH_STATUS 的取值和含义如表 10-12 所示。

表 10-12 @@FETCH_STATUS 的取值和含义

取值	含义
0	FETCH 语句成功
−1	FETCH 语句失败或此行不在结果集中
−2	被提取的行不存在

@ @ FETCH_STATUS 返回的数据类型是整型。

由于@ @ FETCH_STATUS 对于在一个连接上的所有游标都是全局性的，不管是对哪个游标，只要执行一次 FETCH 语句，系统都会对@ @ FETCH_STATUS 全局变量赋一次值，以表明该 FETCH 语句的执行情况。因此，在每次执行完一条 FETCH 语句后，都应该测试@ @ FETCH_STATUS 全局变量的值，以观测当前提取游标数据语句的执行情况。

注意：在对游标进行提取操作前，@@FETCH_STATUS 的值没有定义。

4. 关闭游标

关闭游标使用 CLOSE 语句，其语法格式如下：

```
CLOSE CURSOR_NAME
```

在使用 CLOSE 语句关闭游标后，系统并没有完全释放游标的资源，并且也没有改变游标的定义，当再次使用 OPEN 语句时可以重新打开此游标。

5. 释放游标

释放游标是释放分配给游标的所有资源。释放游标使用 DEALLOCATE 语句，其语法格式如下：

```
DEALLOCATE CURSOR_NAME
```

【例 10-46】 对 EDUSDB 数据库的 T_STUINFO 表定义查询姓"王"的学生姓名和所在班级的游标，并输出游标结果。

```
DECLARE @ N CHAR(10), @ CLASSNAME VARCHAR(20)
 - -声明存放游标结果集的数据变量
DECLARE stuname_cursor CURSOR FOR   - -声明游标
```

```
    SELECT STUNAME,CLASSNAME
    FROM T_STUINFO STU
    JOIN T_CLASSINFO CLASS
    ON STU. CLASSNUM = CLASS. CLASSNUM
    WHERE STUNAME LIKE '王% '
OPEN STUNAME_CURSOR        - -打开游标
FETCH NEXT FROM STUNAME_CURSOR INTO @ N,@ CLASSNAME
 - -首先提取第一行数据
 - -通过检查@ @ FETCH_STATUS 的值判断是否还有可提取的数据
WHILE @ @ FETCH_STATUS = 0
BEGIN
  PRINT @ N + @ CLASSNAME
  FETCH NEXT FROM STUNAME_CURSOR INTO @ N,@ CLASSNAME
END
CLOSE STUNAME_CURSOR    - -关闭游标
DEALLOCATE STUNAME_CURSOR    - -释放游标
```

本 章 小 结

本章介绍了数据库的一些高级应用，包括视图、索引、Transact - SQL、存储过程、触发器及游标。

其中，视图提供了一定程度的数据逻辑独立性，并可增加数据的安全性。视图封装了复杂的查询，简化了客户端访问数据库数据的编程，为用户提供了从不同角度看待同一数据的方法。对视图进行查询的方法与基本表的查询方法相同。

建立索引的目的是提高数据库的检索效率，但存储索引需要空间的开销，维护索引需要时间的开销。

当在数据库编程中涉及复杂的业务逻辑时，需要通过 Transact - SQL 进行实现。Transact - SQL 是 SQL Server 2019 对于基本 SQL 语句的扩展，通过一些函数简化了用户操作，提高了开发效率。

存储过程是一段可执行的代码块，该代码块经过编译后生成的可执行代码被保存在内存一个专用区域中，这种模式可以极大地提高后续执行存储过程的效率。存储过程同时还提供了模块共享功能，简化了客户端数据库访问的编程，同时还提供了一定的数据安全机制。

触发器是由对表进行插入、删除、更改语句触发执行的代码，主要用于实现数据完整性约束和业务规则。当某个约束条件能够用完整性约束语句（PRIMARY KEY、FOREIGN KEY、CHECK、UNIQUE）实现，也能够用触发器实现时，一般选用完整性约束语句实现，因为触发器的开销比完整性约束语句大。

游标是一个查询语句产生的结果，该结果被保存在内存中，并允许用户对其进行定位访问。利用游标可以实现对查询集合内部的操作。游标提供的定位操作是有代价的，它降低了数据访问效率，因此当不需要深入结果集内部操作数据时，应尽可能不使用游标机制。

习　题

一、选择题

1. 下列关于视图的说法，正确的是（　　　）。

A. 通过视图可以提高数据表的查询效率

B. 视图提供数据的逻辑独立性

C. 视图只能建立在基本表上

D. 定义视图的语句可以包含数据更改语句

2. 在SQL Server中不是对象的是（　　　）。

A. 索引　　　　　　B. 视图　　　　　　C. 表　　　　　　D. 数据类型

3. 建立索引可以加快数据的查询效率。在数据库三级模式结构中，索引属于（　　　）。

A. 内模式　　　　　B. 模式　　　　　　C. 外模式　　　　　D. 概念模式

4. 设用户在某数据库中经常进行如下查询操作：

```
SELECT *  FROM T1 WHERE C1 = 'A' ORDER BY C2
```

设T1表中已经在C1列上建立了主码约束，且该表只建立该约束。为提高该查询的执行效率，下列方法中可行的是（　　　）。

A. 在C1列上建立一个聚集索引，在C2列上建立一个非聚集索引

B. 在C1列和C2列上分别建立一个非聚集索引

C. 在C2列上建立一个非聚集索引

D. 在C1列和C2列上建立一个组合的非聚集索引

5. 下列关于CREATE UNIQUE INDEX IDX1 ON T（C1，C2）语句作用的说法，正确的是（　　　）。

A. 在C1列和C2列上分别建立一个唯一聚集索引

B. 在C1列和C2列上分别建立一个唯一非聚集索引

C. 在C1列和C2列的组合上建立一个唯一聚集索引

D. 在C1列和C2列的组合上建立一个唯一非聚集索引

6. 声明了变量DECLARE @i int，@c char（4），现在为@i赋值10，为@c赋值'abcd'，正确的语句是（　　　）。

A. SET @i = 10，@c = 'abcd'

B. SET @i = 10，SET @c = 'abcd'

C. SELECT @i = 10，@c = 'abcd'

D. SELECT @i = 10，SELECT @c = 'abcd'

7. 在SQL Server服务器上，存储过程是一组预先定义并（　　　）的Transact – SOL语句。

A. 保存　　　　　　B. 编译　　　　　　C. 解释　　　　　　D. 编写

8. 当以下代码中的［ ］位置分别为BREAK、CONTINUE或RETURN时，输出的值为（　　　）。

```
DECLARE @ N INT
SET @ N = 3
WHILE @ N > 0
BEGIN
SET @ N = @ N - 1
IF @ N = 1 [ ]
END
PRINT @ N
```

A. 1，0，不输出　　B. 1，1，_　　　　　C. 0，0，0　　　　　D. 0，1，2

9. 关于游标的说法错误的是（　　）。

A. 游标允许用户定位到结果集中的某行

B. 游标允许用户读取结果集中当前行位置的数据

C. 游标允许用户修改结果集中当前行位置的数据

D. 游标中有一个当前行指针，该指针只能在结果集中单向移动

10. 对游标的操作一般包括声明、打开、处理、关闭、释放等几个步骤，下列关于关闭游标的说法，错误的是（　　）。

A. 游标被关闭后，还可以通过 OPEN 语句再次打开

B. 游标一旦被关闭，其所占用的资源即被释放

C. 游标被关闭之后，其所占用的资源没有被释放

D. 关闭游标之后的下一个操作可以是释放游标，也可以是再次打开该游标

二、填空题

1. 对视图的操作最终都转换为对_____的操作。

2. 修改视图定义的语句是_____。

3. 在一个表上最多可以建立_____个聚集索引，可以建立_____个非聚集索引。

4. 当在表 T 的 C1 列上建立聚集索引后，数据库管理系统会将 T 数据按_____列进行_____。

5. Transact - SQL 中可以使用_____和_____两种变量。

6. 在 Transact - SQL 中可以使用两类注释符：单行注释_____和多行注释_____。

7. 用于声明一个或多个局部变量的命令是_____。

8. 无论是存储过程还是触发器，都是_____语句和_____语句的集合。

9. SQL Server 2019 支持_____、_____和_____3 种类型的触发器。

10. 每个触发器有_____和_____两个特殊的表在数据库中。

11. 打开游标的语句是_____。

12. 在操作游标时，判断数据提取状态的全局变量是_____。

三、简答题

1. 简述使用视图的好处。

2. 索引分为哪几种类型？它们的主要区别是什么？

3. 什么是触发器？触发器的作用有哪些？

4. 游标的作用是什么？

参考文献

［1］ 施伯乐，丁宝康，汪卫．数据库系统教程［M］．3 版．北京：高等教育出版社，2008.

［2］ 马俊，袁暋．SQL Server 2012 数据库管理与开发［M］．北京：人民邮电出版社，2016.

［3］ 明日科技．SQL Server 从入门到精通［M］．北京：清华大学出版社，2012.

［4］ 孔蕾蕾．数据库设计与开发［M］．北京：清华大学出版社，2013.

［5］ 陈志泊．数据库原理及应用教程［M］．4 版．北京：人民邮电出版社，2017.

［6］ 何玉洁，刘福刚．数据库原理及应用［M］．2 版．北京：人民邮电出版社，2012.

［7］ 冯建华，周立柱，郝晓龙．数据库系统设计与原理［M］．2 版．北京：清华大学出版社，2018.

［8］ 李建中，王珊．数据库系统基础教程［M］．2 版．北京：机械工业出版社，2017.

［9］ 王春玲，刘高，何丽，等．数据库原理及应用［M］．北京：中国铁道出版社，2012.

［10］ 肖海蓉，任民宏．数据库原理与应用［M］．北京：清华大学出版社，2016.

［11］ 陈志泊．数据库原理及应用［M］．4 版．北京：人民邮电出版社，2017.

［12］ 王珊，萨师煊．数据库系统概论［M］．5 版．北京：高等教育出版社，2014.

［13］ PONNIAH P．数据库设计与开发教程［M］．韩泓志，译．北京：清华大学出版社，2005.

［14］ INMON W H．数据仓库［M］．王志海，译．北京：机械工业出版社，2000.